XIAOFANG ANQUAN GUANLI 300WEN

消防安全管理 300问

第二版

戴明月　主编

化学工业出版社
·北京·

内容简介

本书共分为 6 章，主要介绍了消防安全管理、建筑工程消防安全管理、特殊场所的消防安全管理、易燃易爆设备和危险品管理、消防系统管理、消防安全检查与火灾事故处置等内容。本书还配备了视频和电子课件等多媒体资源。

本书易于理解，便于执行，方便读者及时查阅和解决实际问题。本书可供消防管理人员以及其他相关人员参考使用。

图书在版编目（CIP）数据

消防安全管理 300 问 / 戴明月主编. -- 2 版.

北京：化学工业出版社，2024. 8（2025. 8 重印）. -- ISBN 978-7-122-45801-8

Ⅰ. TU998. 1-44

中国国家版本馆 CIP 数据核字第 2024C5H012 号

责任编辑：徐　娟　　　　　　加工编辑：冯国庆
责任校对：宋　夏　　　　　　装帧设计：韩　飞

出版发行：化学工业出版社
　　　　　（北京市东城区青年湖南街 13 号　邮政编码 100011）
印　　装：涿州市般润文化传播有限公司
880mm×1230mm　1/32　印张 11½　字数 313 千字
2025 年 8 月北京第 2 版第 2 次印刷

购书咨询：010-64518888　　　　售后服务：010-64518899
网　　址：http://www.cip.com.cn
凡购买本书，如有缺损质量问题，本社销售中心负责调换。

定　　价：58.00 元　　　　　　　　版权所有　违者必究

前　言

在日常生活中，我们常常可以看到消防员在火灾现场奋力救火，他们的英勇无畏让我们十分敬佩。但是，消防安全工作并不仅仅是在火灾发生时才可以发挥作用，它更多的是通过预防和教育来保障公众的安全。所谓防范胜于救灾，消防安全工作就是保护人民生命财产安全的重要一环。消防隐患无处不在，如果未被发现，就会造成严重的后果。所以，为了消除隐患，我们就需要运用专业的消防管理知识来一一排查，将隐患消除。根据我国的消防安全水平，为了适应消防安全管理的需要，又能为提高我国消防安全水平尽微薄之力，我们编写了本书第一版。本书第一版自出版以来深受读者好评，多次重印。但由于近年来国家对《建筑设计防火规范》（GB 50016—2014）（2018 年版）、《建筑防火通用规范》（GB 55037—2022）、《消防设施通用规范》（GB 55036—2022）等规范进行了修改，因此，我们对第一版进行了相应的修订。

本书共分为 6 章，以问答的形式介绍了消防安全管理、建筑工程消防安全管理、特殊场所的消防安全管理、易燃易爆设备和危险品管理、消防系统管理、消防安全检查与火灾事故处置等内容。本书还配备了视频和电子课件等多媒体资源，方便读者学习和教师授课。

本书由戴明月主编，由于涛、付那仁图雅、孙石春、王媛媛、张丹、夏欣、孙丽娜、齐丽娜、刘艳君、王红微、董慧、张黎黎、白雅君等共同协助完成。

由于编者的经验和学识有限，尽管尽心尽力编写，但内容难免有疏漏之处，敬请广大专家、学者批评指正。

编者

2024.05

第一版前言

　　火灾是严重危害人类生命财产安全、直接影响到社会发展和稳定的一种最为常见的灾害。　虽然社会在进步，但预防火灾依然不可掉以轻心。　所谓防范胜于救灾，对于消防安全而言，只有拿出一整套完善、合理、可行的防范措施，堵住漏洞，才能化解危机。消防安全工作是一项科学性、技术性、群众性和专业性都很强的工作，要求消防管理人员不仅要有较高的思想觉悟和修养，还必须具有较好的消防安全管理素质和技术水平。　因为消防隐患无处不在，如果没有被发现，就会造成严重的后果。　所以，为了消除隐患，我们就需要根据专业的消防管理知识来一一排查，将隐患消除。　根据我国的消防安全水平，为了适应消防安全管理的需要，又能为提高我国消防安全水平做出一点努力，我们编写了本书。

　　本书共分为6章，主要介绍了消防安全管理，建筑工程消防安全管理，特殊场所的消防安全管理，易燃易爆设备和危险品管理，消防系统管理，消防安全检查与火灾事故处置等内容。　本书简要明确，实用性强，可供消防管理人员以及其他相关人员参考使用。

　　本书由戴明月主编，由于涛、付那仁图雅、孙石春、王媛媛、张家翾、夏欣、孙丽娜、齐丽娜、刘艳君、王红微、董慧、张黎黎、白雅君等共同协助完成。

　　由于编者的经验和学识有限，尽管尽心尽力编写，但内容难免有疏漏之处，敬请广大专家、学者批评指正。

编者

2017. 7

目　录

1　消防安全管理

2　建筑工程消防安全管理　　71

3　特殊场所的消防安全管理　　99

4　易燃易爆设备和危险品管理　　174

6　消防安全检查与火灾事故处置　　232

1　消防安全管理

1.1　消防设施、设备及器材

问1：如何使用灭火器?

灭火器是最为常用的消防设施之一，其中干粉灭火器具有普遍适用性。干粉灭火器的适用范围和使用方法如下。

酸碱氢钠干粉灭火器适用于易燃、可燃液体和气体及带电设备的初起火灾；磷酸铵盐干粉灭火器除可用于以上几类火灾外，还可用于扑救固体类物质的初期火灾，但都不能扑救金属燃烧火灾。

灭火时，可手提或者肩扛灭火器迅速奔赴火场，在距燃烧处5m左右，放下灭火器。如在室外，应选择在上风方向喷射。使用的干粉灭火器若是外挂式储压式的，操作者应一手紧握喷枪，另一手提起储气瓶上的开启提环。如果储气瓶的开启是手轮式的，则应按逆时针方向旋开，并旋至最高位置，随即提起灭火器。当干粉喷出后，迅速对准火焰的根部扫射。使用的干粉灭火器如果是内置式储气瓶或是储压式的，操作者应先拔下开启把上的保险销，然后握住喷射软管前段喷射嘴部，另一只手将开启压把压下，打开灭火器进行灭火。使用有喷射软管的灭火器或者储压式灭火器时，一手应始终压下压把，不能将其放开，否则会中断喷射。

如何使用灭火器

问2： 使用灭火器时有哪些注意事项？

扑救 A 类火灾（固体物质火灾）可以选用水型灭火器、泡沫灭火器、磷酸铵盐干粉灭火器、卤代烷灭火器；扑救 B 类火灾（液体火灾或可熔化固体物质火灾）可以选择泡沫灭火器（化学泡沫灭火器只限于扑灭非极性溶剂）、卤代烷灭火器、干粉灭火器、二氧化碳灭火器；扑救 C 类火灾（气体火灾）可选择干粉灭火器、卤代烷灭火器、二氧化碳灭火器等；扑救 D 类火灾（金属火灾）可选择专用干粉灭火器、粉状石墨灭火器，也可用干砂或铸铁屑末代替。扑救带电火灾可选择卤代烷灭火器、干粉灭火器、二氧化碳灭火器等；带电火灾是指家用电器、电子元件、电气设备（计算机、复印机、打印机、传真机、电动机、发电机、变压器等）以及电线电缆等燃烧时仍带电的火灾，而顶挂、壁挂的日常照明灯具及起火后可自行将电源切断的设备所发生的火灾则不应列入带电火灾范围。

问3： 日常如何维护和管理灭火器？

（1）使用单位必须加强对灭火器的日常管理和维护。

（2）使用单位要对灭火器的维护情况至少每季度检查一次。

（3）使用单位应当至少每 12 个月自行组织或委托维修单位对所有灭火器进行一次功能性检查。

问4： 如何使用消火栓？

消防栓分为 301 型、302 型以及 303 型等不同种类，一般的使用方法是取出并展开消防水带，接上消火栓口，将消防水枪接上，开启阀门，对准火源即可。

如何使用
消火栓

问5： 消防设施和消防器材有什么区别？

（1）消防器材指的是用于灭火、防火以及火灾事故的器材，主要包括灭火器、消火栓、水带、水枪、破拆工具等。

其中，灭火器根据充装的灭火剂可分为四类。

① 干粉类灭火器。

② 二氧化碳灭火器。

③ 水基型灭火器（包括清水灭火器、泡沫灭火器）。

④ 洁净气体灭火器（如卤代烷型灭火器）。

根据驱动灭火器的压力形式可将其分为三类。

① 储气式灭火器，指灭火剂由灭火器上的储气瓶释放的压缩气体或者液化气体的压力驱动的灭火器。

② 储压式灭火器，指灭火剂由灭火器同一容器内的压缩气体或者灭火蒸气的压力驱动的灭火器。

③ 化学反应式灭火器，指灭火剂由灭火器内化学反应产生的气体压力驱动的灭火器。

（2）消防设施指的是火灾自动报警系统、消火栓系统、自动灭火系统、防烟排烟系统以及应急广播和应急照明、安全疏散设施等。

1.2　消防安全管理的基本概念

问6：　消防安全管理有哪些目标？

消防安全管理的过程涉及从选择最佳消防安全管理目标开始，到实现这一目标的过程。最佳消防安全管理目标是在特定条件下，通过消防安全管理活动将火灾发生的危险性和火灾造成的危害性降到最低程度。

在现实中，没有绝对安全的单位或场所，也无法完全避免火灾事故的发生。但在设施设备正常运转、使用功能正常的情况下，可以通过有效的消防安全管理来降低火灾发生的频率，减少火灾造成的损失，使其达到社会公众所能接受的限度，这就是消防安全管理工作实现的目标。

问7：　消防安全管理的主体是什么？

（1）人民政府。《中华人民共和国消防法》（以下简称《消防法》）第3条规定，国务院领导全国的消防工作，地方各级人民政府负责本行政区域内的消防工作。《消防法》第70条规定，责令停产停业，对经济和社会生活影响较大的，由住房和城乡建设主管部门或者应急管理部门报请本级人民政府依法决定。由此可见，各级人民政府还是具有执法权的监督管理主体。

（2）公安机关。公安机关是我国的行政机关，负责包括消防安全在内的公共安全事务的管理，依法行使国家的行政权和司法权。虽然具体的消防监督管理一般由消防救援机构实施，但对于特定的消防行政执法权限仍然由公安机关实施，如《消防法》第70条规定："本法规定的行政处罚，除应当由公安机关依照《中华人民共和国治安管理处罚法》的有关规定决定的外，由住房和城乡建设主管部门、消防救援机构按照各自职权决定。"此外，《消防法》第53条规定："公安派出所可以负责日常消防监督检查，开展消防宣传教育，具体办法由国务院公安部门规定。"由此可看出，各级公安机关是消防安全管理主体，且属于具有执法权的消防监督管理主体。

（3）消防救援机构。消防救援机构是公安机关设立的职能部门之一，是公安机关内部专门行使消防监督管理权的部门，根据法律授权可以以自己的名义独立执法。《消防法》第4条规定："国务院应急管理部门对全国的消防工作实施监督管理。县级以上地方人民政府应急管理部门对本行政区域内的消防工作实施监督管理，并由本级人民政府消防救援机构负责实施。"由此可见，消防救援机构是地方各级政府消防监督管理权的实施者，是法律授权的消防监督管理主体。

（4）主管部门。依据《消防法》的规定，县级以上人民政府其他有关部门在各自的职责范围内，依照本法和其他相关法律、法规的规定做好消防工作。对于消防救援机构的监督管理，政府及其有关部门要依法予以支持。质量监管、工商以及建设等部门，在消防执法工作中涉及消防产品生产、销售以及建设工程消防设计审核等工作的，要积极履职，结合各自职责要求，对于发现的火灾隐患，依法查处或者移送、通报消防救援机构进行处理；教育、民政、铁路、交通、农业、文化、卫生、民航、广电、体育、旅游、文物以及人防等部门，要建立健全消防安全工作领导机制和责任制，制定消防安全管理办法，定期组织消防安全专项检查，及时排查和整改火灾隐患。此外，依据《消防法》规定，军事设施的消防工作，由其主管单位监督管理，消防救援机构协助；矿井地下部分、核电厂、海上石油天然气设施的消防工作，由其主管单位监督管理。

（5）社会单位。每个单位本身都涉及消防安全管理问题，单位为自身消防安全管理的主体。《消防法》第16条规定，单位的主要负责人是本单位的消防安全责任人。《单位消防安全管理规定》第4条也规定，法人单位的法定代表人或非法人单位的主要负责人是本单位的消防安全责任人，对本单位的消防工作全面负责。他们既是单位内部消防安全管理的主体，又是政府及其消防救援机构对单位实施消防监督管理的客体。

（6）群众自治组织。村民委员会、居民委员会是村民和居民自我管理、自我教育以及自我服务的基层群众性自治组织，是社区、居民区、住宅小区以及乡村消防安全管理工作的主体。《消防法》规定，村民委员会、居民委员会应当协助人民政府以及公安机关、应急管理等部门，加强消防宣传教育；应当确定消防安全管理人，组织制定消防安全公约，进行消防安全检查；根据需要，建立志愿消防队等多种形式的消防组织，开展群众性自防自救工作。

问8：消防安全管理的客体是什么？

消防安全管理的客体有时又称为消防安全管理相对人，指的是在消防安全管理中与消防管理主体相对应的处于被管理地位的单位和个人。

（1）国家机关。国家机关指的是管理国家事务的单位或机构。国家机关包括国家权力机关、国家行政机关以及司法机关。虽然根据分工分别行使国家权力，但是在消防安全问题上，这些机关都是消防安全管理的客体，均应接受消防救援机构的监督及管理。

（2）社会团体。社会团体指的是为一个共同的目的、利益而联合或者正式组织起来的群体。社会团体主要包括：人民团体，如共青团、妇联等；文艺团体，如艺术家协会；社会公益团体，如红十字会；学术团体，如法学会；宗教团体，如佛教协会等。根据《消防法》规定，工会、共产主义青年团、妇女联合会等团体应当结合各自工作对象的特点，组织开展消防宣传教育。

（3）企业、事业单位。企业是从事生产、运输以及贸易等经济活动的单位。企业包括中资企业、外资企业以及中外合资企业等。事业单位一般指的是没有生产收入，由国家经费开支，不进行经济核算，为国家创造和改善生产条件，促进社会福利，满足人民文化、卫生等需要的组织。根据消防法律、法规的规定，企业、事业单位在涉及消防事务的活动中，应遵守消防法律、法规，接受消防行政执法主体的依法监督及有关部门的消防安全管理，从而成为消防管理的客体之一。

（4）个体工商户。根据《中华人民共和国民法通则》第26条规定，公民在法律允许的范围内，依法经核准登记，从事工商业经营的，为个体工商户。为确保消防安全，根据《消防监督检查规定》第37条的规定，有固定生产经营场所且有一定规模的个体工商户，应当纳入消防监督检查范围。由此可见，个体工商户也是消防安全管理的客体。

（5）自然人。消防安全管理的自然人包括我国公民与我国境内的外国人。

公民是指具有我国国籍并根据我国法律规定享有权利、承担义务的自然人。公民在消防行政法律关系中是非常重要的相对人。外国人包括外国公民和无国籍人。《中华人民共和国宪法》第32条规定："中华人民共和国保护在中国境内的外国人的合法权利和利益，在中国境内的外国人必须遵守中华人民共和国的法律。"在中国境内从事某些活动的外国人，有可能成为我国消防监督管理相对人。

问9： 消防安全管理的对象包括哪些？

消防安全管理对象又称消防安全管理资源，主要包括人员、资金、物资、信息、时间、事务六个方面。

（1）人员。人员是指消防安全管理系统中被管理的人员。人员是消防安全管理活动中至关重要的对象和资源，因为任何消防安全管理活动都需要人的参与和实施。此外，消防安全管理的指导思想是以人为本，优先保障人员的消防安全。

（2）资金。资金是指用于消防安全管理系统正常运转的经费开支。消防经费的开支应与经济增长速度相适应。不同的消防安全管理主体应当根据职责加强对资金的管理。例如，政府负责宏观消防安全管理工作的财政支持，其他主体在消防安全管理中应当从经济成本的角度，合理高效地使用消防经费。

（3）物资。物资是指消防安全管理系统中的建筑设施、机器设备、物质材料以及能源等。物资是应严格控制的消防管理对象，也是消防技术标准所要调整和规范的对象。例如，可燃的原材料、半成品、成品等，机器设备的故障，建筑设施的安全因素等，都是需要严格控制的对象。

（4）信息。信息指的是开展消防安全管理活动所需的文件、资料、数据以及消息等。信息通过文字、图像、符号、颜色、声音、光线等形式在系统中传递。信息流也是系统正常运作的前提，应充分利用系统中的安全信息流，发挥它们在消防安全管理工作中的作用。例如，在单位或厂区张贴禁止烟火、禁止关窗、禁止占用等标志，起到消防安全提示的作用。

（5）时间。时间是指消防安全管理活动的工作顺序、工作程序、工作时限、工作效率等。针对消防安全管理工作，应统筹安排各项工作的先后顺序，注意工作的时限或者时效性，提高工作效率。对于时间的管理，在消防救援机构等有关消防行政执法主体实施监督管理时应更加严格。

（6）事务。事务又称事情，是指消防安全管理活动中的工作任务、工作职责和工作指标等。消防安全管理活动应根据工作任务设置工作岗位，并确定岗位工作职责，建立健全逐级岗位责任，明确完成各项任务的工作指标或者工作标准，尽可能对各项工作进行量化管理。

问10： 消防安全管理有哪些特征？

消防安全管理与其他类型的管理行为相比具有明显的区别，其特征主要表现在以下几个方面。

（1）全方位性。从空间范围来看，消防安全管理工作需要覆盖所有用火场所，容易形成燃烧条件的场所，使用、储存、生产易燃易爆化学物品的场所，以及具有火灾危险性的大型活动场所。

（2）全天候性。从时间范围来看，消防安全管理工作需要在全年的任何季节、月份、日期以及每天的任何时段进行，因为火灾发生的时间是无法预测的。

（3）全过程性。从系统的生存发展进程来看，消防安全管理工作需要贯穿于整个建筑的规划、设计、施工、安装、装修、使用、维护、维修直到报废的过程中。

（4）全员性。消防安全管理工作需要所有单位和个人的参与，无论是法人还是自然人，无论是单位还是家庭，都需要参与消防安全管理活动。

（5）强制性。消防安全管理不仅包括社会单位和个人的自我管理，还包括相关部门依法实施的消防监督管理。对于涉及消防安全的事项，相关部门会进行严格的管理，并对违反消防法律、法规的行为进行行政处罚或刑事处罚，体现了消防安全管理工作的强制性。

问11： 什么是消防安全管理的自然属性？

消防安全管理活动是人类与火灾现象做斗争的活动，这是消防安全管理的自然属性。这一属性决定了消防安全管理活动的目的是要解决人类如何借助科学技术战胜火灾。在消防安全管理实践活动中，主要是根据国家的消防技术标准和规范来限制建筑物、机械设备、物质材料等的状态并调整它们之间的关系。

问12: 消防安全管理有哪些法律政策依据?

消防法律依据体系主要包括:宪法、法律、法律解释、行政法规、地方性法规、自治条例与单行条例、部门规章以及地方政府规章。

(1) 宪法。宪法为国家的根本大法,由国家最高权力机关——全国人民代表大会制定,为制定其他法律规范的依据,具有最高的法律地位,其他法律、法规以及规章等都不得与宪法相抵触。宪法为消防监督管理的重要依据。

(2) 法律。法律依据分为消防管理专门法律,以及与消防管理相关的法律和国家行政管理基本法律。我国目前消防管理的专门法律是《消防法》;消防监督管理中应用较多的相关法律有《中华人民共和国安全生产法》(以下简称《安全生产法》)、《中华人民共和国治安管理处罚法》(以下简称《治安管理处罚法》)、《中华人民共和国产品质量法》(以下简称《产品质量法》)等;消防管理中应用较多的国家行政管理基本法律有《中华人民共和国行政处罚法》(以下简称《行政处罚法》)、《中华人民共和国行政许可法》《中华人民共和国行政诉讼法》和《中华人民共和国行政复议法》等。

(3) 法律解释。全国人民代表大会常务委员会对狭义的法律做出的有关解释。

(4) 行政法规。行政法规是由国务院根据宪法和法律进行制定并颁布的规范性文件。消防监督管理所涉及的行政法规主要包括:《森林防火条例》《草原防火条例》《危险化学品安全管理条例》《民用核设施安全监督管理条例》《生产安全事故报告和调查处理条例》以及《特别重大事故调查程序暂行规定》等。

(5) 地方性法规。地方性法规是由省、自治区、直辖市、较大市的人民代表大会及其常务委员会根据本行政区域的具体情况及实际需要,在不与宪法、法律、行政法规相抵触的前提下,制定并颁布的规范性文件。

（6）自治条例与单行条例。自治条例与单行条例是由民族区域自治地方的人民代表大会依照当地民族的政治、经济以及文化特点，制定并颁布的规范性文件。

（7）部门规章。部门规章是指由国务院各部委、中国人民银行、审计署和具有行政管理职能的直属机构，根据法律和国务院的行政法规、决定以及命令，在本部门的权限范围内，制定并颁布的规范性文件。目前常用的有：《消防监督检查规定》《建设工程消防监督管理规定》《火灾事故调查规定》《社会消防安全教育培训规定》《公共娱乐场所消防安全管理规定》《公安机关办理行政案件程序规定》《单位消防安全管理规定》以及《集贸市场消防安全管理办法》等。

（8）地方政府规章。地方政府规章为由省、自治区、直辖市和较大市的人民政府，根据法律、行政法规和本省、自治区以及直辖市的地方性法规，制定并颁布的规范性文件。作为消防监督管理依据的地方政府规章一般是有关消防管理的规范性文件。

问13：消防安全管理的标准依据有哪些？

消防标准为国务院各部委或各地方政府部门依据《中华人民共和国标准化法》的有关法定程序单独或联合制定颁发的，用以规范消防技术领域中人与物、物与物的科学技术关系的准则或者标准。消防标准具有极强的科学性、技术性以及可操作性。当这些标准在法律上被确认后，就成为技术法规，具有法律上的约束力。把技术关系纳入法律规定的内容，根本目的在于避免使用某种非法定技术、方法以及标准时产生某种社会无法承受的危害后果。

《消防法》第9条规定，建设工程的消防设计、施工必须符合国家工程建设消防技术标准。

第26条规定，建筑构件、建筑材料和室内装修、装饰材料的防火性能必须符合国家标准；没有国家标准的，必须符合行业标准。人员密集场所室内装修、装饰，应当按照消防技术标准的要求，使用不燃、难燃材料。

第 27 条规定，电器产品、燃气用具的产品标准，应当符合消防安全的要求。电器产品、燃气用具的安装、使用及其线路、管路的设计、敷设、维护保养、检测，必须符合消防技术标准和管理规定。

消防标准为消防科学管理的重要技术基础，是社会各单位在工程建设的设计、施工、生产管理、消防产品的生产销售及消防救援机构实施消防监督管理的重要依据，对提高消防产品质量、合理调配资源、保护人身和财产安全以及创造经济效益和社会效益均有十分重要的作用。

问14： 消防标准按照其内容如何分类？

消防标准按照其内容可分为消防基础标准、消防工程技术标准、消防产品标准以及消防管理标准。

（1）消防基础标准。消防基础标准主要是规范消防基本术语、基本方法以及基本概念的标准，如《火灾分类》（ GB/T 4968—2008）。

（2）消防工程技术标准。消防工程技术标准主要是规范建筑、库房、桥梁、涵洞及消防设施等建设工程的设计、施工和验收等方面的标准，如《火灾自动报警系统施工及验收规范》（GB 50166—2019）等。

（3）消防产品标准。消防产品标准主要是规范固定灭火系统、灭火剂、消防车、防火材料、建筑构件、灭火器以及消防装备等消防产品的技术参数、性能要求、检测试验以及使用维护等方面的标准，如《消防员隔热防护服》（ GA 634—2015）。

（4）消防管理标准。消防管理标准主要是规范消防安全管理方面的标准，既包括社会单位与公民个人自我管理方面的标准，又包括消防救援机构等行政主体对社会消防工作实施监督检查及内部管理等方面的标准，如《住宿与生产储存经营场所消防安全技术要求》（ XF 703—2007）。

问15： **消防安全管理的基本方法有哪些？**

（1）法律手段。法律手段是指依据国家制定的法律、法规，采取强制性措施来处理、调解和制裁一切违反消防安全行为的管理方法。

（2）行政手段。行政手段主要依靠行政机构及其领导者的职权，通过行政命令的强制性执行，直接对管理对象产生影响，按照行政组织系统进行消防安全管理的方法。其优点在于有利于统一领导和统一步调，缺点是要求行政管理机构的层次不能过多。行政手段通常与法律手段、宣传教育手段和行为激励手段等相结合使用。

（3）行为激励手段。行为激励手段主要是通过设置条件和刺激，激发人们的行为动机，有效地达到行为目标的管理方法。在消防安全管理实践中，行为激励手段可以从精神和物质两个层面，规范管理对象的消防安全行为，消除不安全因素。

（4）咨询顾问手段。咨询顾问手段是指消防安全管理者借助专家顾问的智慧进行分析、论证和决策的管理方法。

（5）宣传教育手段。宣传教育手段主要通过各种信息传播手段，向被管理者传达消防法律、法规、方针政策、任务和消防安全知识以及技能，使被管理者树立消防安全意识和观念，激发正确的行为，从而实现消防安全管理的目标。

（6）舆论监督手段。舆论监督手段主要是针对被管理者的消防安全违法违规行为，利用各种舆论媒介进行曝光和揭露，制止违法行为，维护正义，通过负面教育达到警醒世人的消防安全管理目标的方法。

问16： **消防安全管理的技术方法有哪些？**

消防安全管理技术方法主要包括安全检查表分析方法、因果分析方法、事故树分析方法和消防安全状况评估方法等。

（1）安全检查表分析方法。安全检查表分析方法将消防安全管理的内容按照一定的分类划分为多个子项，对每个子项进行分析。

根据相关规定和经验，确定可能导致火灾的各种危险因素，并将其列为检查项目，制作成表格供安全检查使用。

（2）因果分析方法。因果分析方法通过绘制因果分析图来分析问题产生的原因和可能导致的后果。这种方法可以帮助管理者了解问题的根本原因，并采取相应的措施进行改进和预防。

（3）事故树分析方法。事故树分析方法是一种树状模型，从结果到原因描述火灾事故发生的过程。通过事故树图可以逻辑推理分析火灾事故因果关系，包括可能发生的火灾事故（终端事件）、系统内的危险因素和与危险因素相关的逻辑因果关系。

（4）消防安全状况评估方法。消防安全状况评估方法首先将社会上公认或允许的防火安全指标作为评价标准，然后将自身的安全状况与这些指标进行比较。通过评估，可以发现工作中存在的不足和优势，并采取相应的技术或管理措施进行改进和加强。

1.3 消防安全组织及其职责

问17：消防安全组织的组成是什么？

消防安全组织由消防安全委员会或消防工作领导小组、消防安全管理归口部门和其他相关部门组成。在多产权单位或大型企业中，通常会成立消防安全委员会。成立消防安全组织的目的是贯彻"预防为主、防消结合"的消防工作方针，制定科学合理且行之有效的消防安全管理制度和措施，落实自我管理、自我检查、自我整改和自我负责的消防安全机制，以确保本单位的消防安全，预防火灾事故和风险的发生。

问18：消防安全委员会或者消防安全工作领导小组承担哪些职责？

消防安全委员会或消防安全工作领导小组由单位消防安全责任人、消防安全管理部门和其他部门的主要负责人组成，承担以下消防安全职责。

（1）严格执行《消防法》和相关的行政法规、技术规范等消防管理规定。

（2）起草并下发本单位的消防管理工作文件，制定与消防管理相关的规定和制度，组织和策划重要的消防管理活动。

（3）监督和指导单位的消防管理部门及其他部门加强消防基础档案与消防设施建设，落实逐级防火责任制，推动消防管理的科学化、技术化、法治化和规范化。

（4）组织对本单位的专职或兼职消防管理人员进行业务培训，指导和鼓励本单位员工积极参与消防活动，推动开展消防知识和技能培训。

（5）组织进行防火检查和定期的重点抽查工作。

（6）组织对重大火灾隐患进行认定和整改工作。

（7）组织制定、演练和完善本单位重点部位的消防应急预案，根据工作实际统一相关的消防工作标准。

（8）支持和配合消防救援机构进行日常的消防管理监督工作，协助进行火灾事故的调查、处理以及完成消防救援机构交办的其他工作。

问19： 消防安全管理部门职责有哪些？

单位根据自身特点和工作实际，设立或确定消防安全管理的归口职能部门。消防安全管理部门履行以下职责。

（1）根据当地消防救援机构的工作布置，结合单位实际情况，研究并制订计划，并贯彻执行。定期或不定期向单位主管领导、领导小组和当地消防救援机构汇报工作。

（2）处理单位消防安全委员会、消防安全工作领导小组和主管领导交办的日常工作，发现违反消防规定的行为，及时提出纠正意见。如果未被采纳，可以向单位的消防安全委员会、消防安全工作领导小组或当地消防救援机构报告。

（3）推行逐级防火责任制和岗位防火责任制，执行国家消防法律、法规和单位的规章制度。

（4）进行定期的消防教育，普及消防常识，组织和培训专职或志愿消防队员。

（5）定期深入单位内部进行防火检查，协助各部门进行火灾隐患整改工作。

（6）负责消防器材的分布管理、检查、保管、维修和使用。

（7）协助领导和相关部门处理单位发生的火灾事故，详细记录每起火灾事故，并定期分析单位的消防工作形势。

（8）严格管理用火和用电，执行审批动火申请制度，安排专人现场监督和指导，进行跟班作业。

（9）建立健全消防档案。

（10）积极参加当地消防救援机构组织的安全工作会议，并做好记录，会后向单位的消防安全责任人和消防安全管理人员汇报有关工作情况。

问20： 其他消防安全部门应当履行哪些职责？

其他部门根据单位的分工，建立和完善本部门的消防安全管理规章制度、程序、方法和措施，负责本部门内部的日常消防安全管理，形成自上而下的一级抓一级、一级对一级负责的消防安全管理体系。其他部门履行以下消防安全职责。

（1）下级部门对上级部门负责，上级部门与直属下级部门按照职责签订《消防安全责任书》和《消防安全管理承诺书》。

（2）明确本部门及所有岗位人员的消防工作职责，真正承担起与部门、岗位相适应的消防安全责任。确保分工合理、责任分明，各司其职、各尽其责。

（3）配合消防安全管理部门和专职或兼职消防队员，执行本部门职责范围内的每日防火巡查、每月防火检查等消防安全工作，并在相关的检查记录上签字，及时落实火灾隐患整改措施和防范措施。

（4）指定负责心强、工作能力强的人员担任本部门的消防安全工作人员，负责保管和检查本部门管辖范围内的各种消防设施。发生故障后，及时向本部门的消防安全责任人和消防安全管理归口部门汇报，并协调解决相关事宜。

（5）负责监督、检查和落实与本部门工作有关的消防安全制度的执行和落实。

（6）积极组织本部门职工参加消防知识教育和灭火应急疏散演练，提高消防安全意识。

（7）在发生火灾或其他突发情况时，按照灭火应急疏散预案的规定和分工，履行相应职责。

问21：一般消防安全单位应当履行哪些职责？

一般消防安全单位必须依法组织实施消防安全管理工作，并建立完善的消防安全责任体系，确保落实消防安全主体责任，履行以下职责。

（1）明确各级、各岗位的消防安全责任人及其职责，制定本单位的消防安全制度、操作规程、灭火和应急疏散预案。定期组织灭火和应急疏散演练，进行消防工作检查考核，确保各项规章制度得到有效实施。

（2）确保投入足够的资金用于防火检查巡查、消防设施器材的维护保养、建筑消防设施的检测、火灾隐患的整改，以及专职或志愿消防队和微型消防站的建设等消防工作。生产经营单位的安全费用中应适当列支用于消防工作。

（3）按照相关标准配备消防设施和器材，设置消防安全标志，定期检验和维修，每年至少进行一次全面检测以确保其完好有效。对于设有消防控制室的单位，应实行 24h 值班制度，每班不少于 2人，并持有相应的上岗证书。

（4）保障疏散通道、安全出口、消防车通道的畅通，确保防火防烟分区和防火间距符合消防技术标准规定。同时，确保建筑构件、建筑材料和室内装修装饰材料等符合消防技术标准规定。人员密集场所的门窗不得设置影响逃生和灭火救援的障碍物。

（5）定期进行防火检查和巡查，及时消除火灾隐患。

（6）根据需要建立专职或志愿消防队、微型消防站，加强队伍建设，定期组织训练和演练，加强消防装备的配备和灭火药剂的储备。建立与消防专业队伍的联勤联动机制，提高初起火灾扑救能力。

（7）履行消防法律、法规、规章以及政策文件规定的其他职责。

问22：消防安全重点单位需要履行哪些消防安全职责？

消防安全重点单位除了需要遵守一般消防安全单位的职责外，还需要履行以下职责。

（1）明确负责单位消防安全管理的部门，指定消防安全管理人员，并向当地消防救援机构备案，组织实施本单位的消防安全管理工作。消防安全管理人员应按照法律规定接受消防培训。

（2）建立消防档案，确定消防安全的重点部位，并设置防火标志，执行严格的管理措施。

（3）按照相关标准和用电、用气安全管理规定，安装、使用电器产品、燃气用具和敷设电气线路、管线，并定期进行维护保养和检测。

（4）组织员工进行岗前消防安全培训，并定期组织消防安全培训和疏散演练。

（5）根据需要建立微型消防站，积极参与消防安全区域的联防联控工作，提高自身的防范和自救能力。

（6）积极应用消防远程监控、电气火灾监测、物联网技术等技术防范和物理防范措施。

问23：火灾高风险单位应履行哪些消防安全职责？

对于人员密集场所、易燃易爆单位以及高层和地下公共建筑等火灾高风险单位，除了履行一般消防安全单位和消防安全重点单位的职责外，还需要履行以下职责。

（1）定期召开消防安全工作例会，讨论本单位的消防工作，处理关于消防经费投入、消防设施设备采购和火灾隐患整改等重大问题。

（2）鼓励消防安全管理人员获得注册消防工程师执业资格，消防安全责任人和特定工种人员必须接受消防安全培训；自动消防设施操作人员应获得消防设施操作员资格证书。

（3）根据本单位火灾危险特性，专职消防队或微型消防站应配备相应的消防装备和器材，储备足够的灭火救援药剂和物资，并定期组织消防业务学习和灭火技能训练。

（4）按照国家标准配备应急逃生设施和疏散引导设备。

（5）建立消防安全评估制度，定期由具备资质的机构进行评估，并将评估结果向社会公开。

（6）参加火灾公众责任保险。

问24： 多个产权共用建筑的单位应按照哪些要求履行消防安全职责？

在大（中）型建筑，尤其是各类综合体建筑中，常常存在多个产权单位、租赁单位共同使用建筑的情况。为了方便管理，建筑产权和使用单位通常会委托物业服务单位进行统一管理。在这类建筑中，各相关单位需要按照以下要求履行各自的职责。

（1）建设（产权）单位需要提供符合消防安全要求的建筑物，并提供住房和城乡建设主管部门验收合格或者竣工验收备案抽查合格的证明文件资料。

（2）产权单位、使用单位、管理单位等在签订合同时，需要根据相关规定明确各方的消防安全责任，明确专有和共用部位，以及专有和共用消防设施的消防安全责任和义务。

（3）产权单位和使用单位需要确定责任人或委托管理人，统一管理共用的疏散通道、安全出口、建筑消防设施和消防车通道；其他单位则需要依法履行各自使用和管理场所的消防安全管理职责。

（4）物业服务单位需要按照合同约定提供消防安全管理服务，对管理区域内的共用消防设施、疏散通道、安全出口和消防车通道进行维护管理，及时劝阻和制止占用、堵塞、封闭疏散通道、安全出口和消防车通道等行为；对于劝阻和制止无效的，应立即向相关主管部门报告；定期开展防火检查巡查和消防宣传教育。

（5）在建筑局部施工需要使用明火时，施工单位和使用、管理单位需要共同采取措施，将施工区和使用区进行防火分隔，清除施工区域内的易燃物和可燃物，配置消防器材，派驻专人监护，确保施工区和使用区的消防安全。

问25： 消防安全职责具体分工中，消防技术服务机构应承担的职责是什么？

消防设施检测、维护保养和消防安全评估、咨询以及监测等消防技术服务机构应依法获得相应的资质，依法依规提供消防安全技术服务，并且对服务质量负责。

问26： 专（兼）职消防安全管理人员应履行哪些消防安全职责？

专（兼）职消防安全管理人员是确保消防安全的重要力量，在消防安全责任人和消防安全管理人的领导下负责开展消防安全管理工作。

专（兼）职消防安全管理人员应履行以下责任。

（1）熟悉消防法律、法规，了解本单位的消防安全状况，并及时向上级报告。

（2）确定消防安全重点部位，提出落实消防安全管理措施的建议。

（3）进行日常的防火检查和巡查，及时发现火灾隐患，并落实火灾隐患整改措施。

（4）管理和维护消防设施、灭火器材和消防安全标志。

（5）组织开展消防宣传活动，对全体员工进行教育培训。

（6）编制灭火和应急疏散预案，并组织演练。

（7）记录相关消防安全管理工作的开展情况，完善消防档案。

（8）完成其他与消防安全管理相关的工作。

问27： 自动消防设施操作人员包括哪些，并有哪些职责？

自动消防设施操作人员包括单位消防控制室的值班操作人员和

自动消防设施的维护管理人员。

（1）消防控制室值班操作人员的职责如下。

① 熟悉并掌握消防控制室设备的功能和操作规程，并持有相应的上岗证书；按照规定测试自动消防设施的功能，确保消防控制室设备正常运行。

② 核实并确认火警信息，一旦确认火灾，立即报警并向消防主管人员汇报，随即启动灭火和应急疏散预案。

③ 及时确认故障报警信息，排除消防设施故障，若无法排除，应立即向部门主管人员或消防安全管理人员报告。

④ 不间断值守岗位，记录消防控制室的火警、故障和值班情况。

（2）自动消防设施维护管理人员的职责如下。

① 熟悉并掌握消防设施的功能和操作规程。

② 根据管理制度和操作规程，对消防设施进行定期检查、维护和保养，确保消防设施和消防电源正常运行，并确保相关阀门处于正确位置。

③ 及时发现故障并进行排除，若无法排除，及时向上级主管人员报告。

④ 记录消防设施的运行、操作和故障情况。

问28：部门的消防安全责任人在具体分工中应履行哪些职责？

部门的主要负责人同时兼任本部门的消防安全责任人，对本部门的消防安全工作负有总责，应亲自带头并督促本部门的员工遵守各种消防安全法律、法规和各项消防安全管理制度，积极利用多种途径学习消防安全知识。

部门的消防安全责任人履行以下职责。

（1）组织实施本部门的消防安全管理工作计划。

（2）根据本部门的实际情况，开展消防安全教育与培训，制定相应的消防安全管理制度，并确保消防安全措施的有效执行。

（3）按照规定进行消防安全巡查和定期检查，管理重点消防安全区域，维护本部门管辖范围内的消防设施。

（4）及时发现并消除火灾隐患，若无法消除，应采取相应措施并及时向消防安全管理人员报告。

（5）发现火灾时，应立即报警，并组织人员疏散和初期扑救火灾。

问29：志愿消防队员在具体分工中应履行哪些职责？

志愿消防队员是单位的员工，定期组织训练、考核和应急疏散演练，是单位在火灾发生时的主要灭火力量。

志愿消防队员履行以下职责。

（1）熟悉本单位的灭火与应急疏散预案，了解自己在志愿消防队中的职责分工。

（2）参加消防业务培训以及灭火和应急疏散演练，增加消防知识，掌握灭火与疏散技能，并熟练使用灭火器材和消防设施。

（3）在日常工作中，负责本部门和本岗位的防火安全工作，宣传消防安全常识，督促他人共同遵守，并开展群众性的自防自救工作。

（4）在火灾发生时，立即前往现场，服从现场指挥，积极参与扑灭火灾、疏散人员、救助伤员、保护现场等工作。

问30：单位员工在消防安全具体分工中应履行哪些职责？

单位员工应根据各自的岗位分工，认真履行消防安全管理工作，并履行以下职责。

（1）明确自身的消防安全责任，切实执行本单位的消防安全制度和操作规程，维护消防安全，预防火灾的发生。

（2）保护消防设施和器材，确保消防通道的畅通。

（3）一旦发现火灾，立即进行报警。

（4）积极参与组织的灭火工作。

（5）在火灾发生后，作为公共场所的现场工作人员，立即组织和引导在场人员进行安全疏散。

（6）接受单位组织的消防安全培训，确保理解火灾的危险性，掌握预防火灾的措施，了解扑灭火灾的方法，掌握火灾现场的逃生方法。同时，掌握报警火灾、使用灭火器材、扑灭初起火灾、组织疏散逃生的技能。

1.4　消防安全制度及其落实

问31：　消防安全制度的种类有哪些？

根据《消防法》和《机关、团体、企业、事业单位消防安全管理规定》等文件的规定，单位的消防安全制度主要包括下列内容：消防安全责任制；消防安全教育、培训；防火巡查、检查；安全疏散设施管理；消防设施器材维护管理；消防（控制室）值班；火灾隐患整改；用火、用电安全管理；灭火和应急疏散预案演练；易燃易爆危险品和场所防火防爆管理；专职（志愿）消防队组织管理；燃气和电气设备检查和管理（包括防雷、防静电）；消防安全工作考评和奖惩等制度。

问32：　消防安全责任制的主要内容都有什么？

消防安全责任制是单位消防安全管理制度中最基础的制度。制度需要明确单位消防安全责任人、消防安全管理人以及全体人员应履行的消防安全职责，明确逐级和岗位消防安全职责，确定各级、各岗位的消防安全责任人，签订责任书，确保消防安全责任的履行。消防安全责任制主要包括以下内容。

（1）确定单位消防安全委员会（或消防安全工作领导小组）领导机构及其责任人的消防安全职责。

（2）明确消防安全管理归口部门和消防安全管理人的消防安全职责。

（3）明确单位各部门、各岗位的消防安全责任人和专（兼）职消防安全管理人员的职责。

（4）明确单位志愿消防队、专职消防队、微型消防站的组成及其人员的职责。

（5）明确各岗位员工的岗位消防安全职责。

问33： 防火巡查、检查制度的主要内容包括什么？

单位要明确防火巡查、检查的时间、频次及方法，确定防火巡查、检查的内容；如实记录防火巡查、检查的参加人员、检查部位、检查内容及方法、发现的火灾隐患、处理和报告程序、整改和防范措施等，并由相关人员签字确认，建档备查。

问34： 消防（控制室）值班制度的主要内容包括什么？

单位要明确消防控制室管理部门、管理人员及操作人员的职责，明确值班制度、突发事件处置程序、报告程序以及工作交接等内容。

问35： 安全疏散设施管理制度的主要内容包括什么？

单位应严格按照国家法律、法规和消防技术标准、规范的要求配置消防安全疏散设施，并建立相应的管理制度。安全疏散设施管理制度应明确消防安全疏散设施管理的责任部门和责任人，规定维护和检查的周期要求，并详细说明安全疏散设施的管理要求，以确保安全疏散通道和安全出口的畅通，设施的完好和有效。

问36： 消防设施器材维护管理制度的主要内容包括什么？

单位要明确按有关规定定期对消防设施进行维护保养及维修检查的要求，明确消防设施器材维护保养的责任单位，制定每日检查、月（季）度试验检查和年度检查内容及方法，做好检查记录，填写建筑消防设施维护保养报告备案表。

问37：火灾隐患整改制度的主要内容包括什么？

单位应及时消除存在的火灾隐患，并明确和落实各级领导和相关方面的责任。单位应确定具体的整改措施，明确整改所需的资金、负责整改的部门、人员和期限，并积极主动进行整改，以确保单位的消防安全。对于存在无法确保消防安全、可能引发火灾或一旦发生火灾会严重危及人身安全的火灾隐患和危险部位，单位应采取果断的措施，即停产、停业或停工进行整改。在消除火灾隐患之前，单位应落实相应的防范措施，确保消防安全的保障措施有效执行。

问38：消防安全教育、培训制度的主要内容包括什么？

该制度的目的是提高员工的消防安全素质，确保员工遵守消防安全方针和管理要求，有效执行消防安全管理制度和措施。单位需要明确消防安全教育和培训的责任部门与责任人，通过多种形式定期进行消防安全宣传和培训活动，确定教育的频率和主要内容，并制定相应的考核和奖惩措施。

问39：专职（志愿）消防队组织管理制度的主要内容包括什么？

单位应确定专职（志愿）消防队的人员组成，并明确其归口管理责任。同时，需要明确培训内容、培训频次、培训实施方法和培训要求，并严格执行。为确保专职（志愿）消防队员的素质和能力，还应定期进行业务考核演练，并明确奖惩措施。如果人员发生变动，单位应及时进行调整和补充，以保障专职（志愿）消防队的有效运作。

问40：灭火和应急疏散预案演练制度的主要内容包括什么？

单位要明确灭火和应急疏散预案的编制与演练的部门及负责

人，确定演练范围、演练程序、演练频次、注意事项、演练情况记录、演练后的总结和自评以及预案修订等内容。

问41： 易燃易爆危险品和场所防火防爆管理制度的主要内容包括什么？

单位要明确危险品的储存方法、防火措施以及灭火方法，配备足够的相应的消防器材。性质与灭火方法相抵触的物品不得混存。根据储存易燃易爆危险品的仓库要求，定期检查，规定储存的数量。

问42： 用火、用电安全管理制度的主要内容包括什么？

单位要明确安全用电、用（动）火管理部门，明确用电、用（动）火的审批范围、程序和要求以及电焊、气焊人员的岗位资格及其职责要求等内容。

问43： 消防安全工作考评和奖惩制度的主要内容包括什么？

单位应确定消防安全工作考评和奖惩实施的部门，确定考评频次、考评内容（包括执行规章制度和操作规程的情况、履行岗位职责的情况等），明确考评办法、奖励以及惩戒的具体行为，并可以根据行为的程度区别奖惩等级。

问44： 单位如何定期开展防火巡查、检查？

单位应按照下列方法、频次和内容开展防火巡查、检查，排查并消除火灾隐患。

（1）单位应实行逐级防火检查制度和火灾隐患整改责任制。定期组织防火巡查和检查，及时发现并消除火灾隐患；消防安全责任人负总责，对火灾隐患整改，消防安全管理人和归口职能部门负责具体组织火灾隐患整改工作，员工应认真履行火灾隐患整改责任。

（2）单位的消防安全责任人和消防安全管理人每月至少组织一次防火检查，以确保消防安全制度和管理措施的执行情况，并执行消防安全操作规程。内设部门负责人每周至少进行一次防火检查，确保本部门的消防安全制度和管理措施得到有效执行。员工每天班前和班后进行岗位的防火检查，及时发现火灾隐患。

（3）单位应按规定每日至少进行一次防火巡查，重点关注消防安全的部位。对于公众聚集场所，在营业期间内至少每2h进行一次防火巡查，营业结束时应检查现场，消除遗留的火源。夜间，公众聚集场所、医院、养老院、寄宿制学校、托儿所和幼儿园至少进行两次防火巡查。

（4）防火巡查的内容主要包括以下方面：用火、用电、用气等情况；安全出口、疏散通道、安全疏散指示标志、应急照明等情况；常闭式防火门的关闭状态、防火卷帘的使用情况；消防设施、器材和消防安全标志等情况；消防安全重点部位的人员在岗情况；其他与消防安全相关的情况。

（5）单位和其内设部门进行的防火检查主要包括以下内容：检查消防车通道和消防水源情况；评估安全疏散通道、楼梯、安全出口以及其疏散指示标志和应急照明情况；检查消防安全标志的设置情况；评估灭火器材的配置和完好程度；检查建筑消防设施的运行情况；审查消防控制室的值班情况、消防控制设备的运行情况和相关记录；评估用火、用电、用气情况；检查消防安全重点部位的管理情况；审查防火巡查的落实情况和记录；评估火灾隐患的整改情况以及防范措施的落实情况；检查易燃易爆危险品场所的防火、防爆和防雷措施的落实情况；评估楼板、防火墙和竖井孔洞等重点防火分隔部位的封堵情况；检查消防安全重点部位的员工和其他员工对消防知识的掌握情况。

（6）在人员密集场所的使用或营业期间，进行电焊、气焊等明火作业时，必须按照规定办理审批手续，并落实相应的防护措施。在动火期间，需要对动火施工区域与使用或营业区域进行防火分隔；在进行电焊、气焊等明火作业之前，必须清除易燃和可燃物，配备灭火器材，并落实现场监护人和安全措施，在确认无火灾和爆炸危险后方可进行动火施工；商店和公共娱乐场所在营业时间禁止进行动火施工。

（7）员工应当履行本岗位的消防安全职责，遵守消防安全制度和操作规程，了解本岗位的火灾危险性，掌握火灾防范措施，进行防火检查，及时发现本岗位的火灾隐患。员工在班前和班后的防火检查应包括以下内容：检查用火、用电是否存在违章情况；评估安全出口和疏散通道是否畅通，是否存在堵塞或锁闭情况；检查消防器材和消防安全标志的完好情况；确保场所没有遗留火源。

（8）发现火灾隐患应立即采取措施消除，如果无法立即消除，发现人应向消防安全管理归口部门或消防安全管理人报告，并按程序进行整改，并做好记录。收到火灾隐患报告后，消防安全管理归口部门或消防安全管理人应立即组织核查，制定整改方案，确定整改措施、整改期限、整改责任人和部门，并报单位的消防安全责任人审批。社会单位的消防安全责任人应督促执行火灾隐患整改措施，并提供经费和组织支持来保障整改工作的进行。

（9）火灾隐患整改责任人和部门应按照整改方案的要求，落实整改措施，并加强整改期间的安全防范，确保消防安全。火灾隐患整改完成后，消防安全管理人应组织验收，并将验收结果报告消防安全责任人。对被相关部门或机构责令改正的火灾隐患，应立即开始整改，并将整改情况报告相关部门和机构。

问45：燃气和电气设备检查及管理（包括防雷、防静电）制度的主要内容都包括什么？

单位应明确负责燃气和电气设备检查和管理的部门和人员，并定期进行消防安全工作的考评和奖惩制度。同时，需要确定电气设备和燃气设备管理检查的内容、方法和频次，记录检查中发现的隐患，并实施相应的整改措施。此外，还需要确定专业部门对建筑物和设备的防雷与防静电情况进行检查及测试，并记录检查结果，提供相应的测试报告。对于改变燃气的用途或安装、改装、拆除固定的燃气设施和燃气器具的情况，单位应到消防救援机构和燃气经营企业办理相关手续。

问46： **单位如何组织消防安全知识宣传教育培训？**

单位应按照下列形式和内容组织消防安全知识宣传与教育培训。

（1）社会单位应指定专（兼）职消防宣传教育培训人员。这些人员应经过专业培训，具备宣传教育培训的能力。

（2）单位应购买或制作消防宣传教育培训资料，如书籍、报纸、刊物等，并悬挂或张贴消防宣传标语。同时，可以利用展板、专栏、广播、电视、网络等形式开展消防宣传教育培训活动。

（3）员工在上岗或转岗前，必须经过消防安全教育培训并合格。在岗人员应每半年接受一次消防安全教育培训。

（4）单位的消防安全责任人、消防安全管理人员和员工通过消防安全教育培训应掌握以下内容：与消防相关的法律、法规和消防安全管理制度以及保障消防安全的操作规程；本单位和本岗位的火灾危险性及防火措施；建筑消防设施和灭火器材的性能、使用方法及操作规程；报火警、扑灭初期火灾、应急疏散和自救逃生的知识及技能；本单位或场所的安全疏散路线，人员疏散的程序和方法；灭火和应急疏散预案的内容及操作程序。

问47： **单位如何确定消防安全责任？**

全面贯彻单位的消防安全主体责任是提升单位消防安全管理能力和水平的根本。首先，单位必须积极推进和执行消防安全责任制度，按照消防安全组织要求，明确各级和各部门的消防安全责任人，他们要对本级和本部门的消防安全负责，并指导、监督下级单位的消防安全工作，层层落实消防安全责任。目前，大多数社会单位通过签订《消防安全责任书》的方式来履行责任。需要注意的是，《消防安全责任书》的作用是督促下一级消防安全责任主体切实履行消防安全责任，但不能通过这种"契约"的方式将上级消防安全主体的责任全部或部分转嫁给下级消防安全责任主体，否则将构成不正当条款。签订《消防安全责任书》只是上级消防安全责任人实施消防安全管理的一种方法，而不能作为转移消防安全责任的手段。

问48： 单位如何开展灭火和疏散逃生演练？

单位应按照下列方法和要求组织开展灭火及疏散逃生演练。

（1）消防安全责任人、消防安全管理人应熟悉本单位灭火力量和扑救初起火灾的组织指挥程序。社会单位员工应熟悉或者掌握本单位的下列情况：本单位的消防设施、器材设置情况，灭火器、消火栓等消防器材、设施的使用方法，初起火灾的处置程序和扑救初起火灾基本方法，灭火和应急疏散预案。

（2）员工发现火灾立即呼救，起火部位现场员工于1min内形成灭火第一战斗力量，在第一时间内采取如下措施：灭火器材、设施附近的员工利用现场灭火器、消火栓等器材、设施灭火；电话或者火灾报警按钮附近的员工打"119"电话报警，报告消防控制室或者单位值班人员；安全出口或者通道附近的员工负责引导人员疏散。

（3）火灾确认后，单位于3min内形成灭火第二战斗力量，及时采取如下措施：通信联络组按照灭火和应急预案要求通知预案涉及的员工赶赴火场，向消防救援机构报警，向火场指挥员报告火灾情况，将火场指挥员的指令下达至有关员工；灭火行动组根据火灾情况利用本单位的消防器材、设施扑救火灾；疏散引导组按分工组织引导现场人员疏散；安全救护组负责协助抢救、护送受伤人员；现场警戒组阻止无关人员进入火场，维持火场秩序。

（4）单位的消防安全责任人、消防安全管理人员和员工应熟悉本单位的疏散逃生路线和引导人员疏散的程序，掌握避难逃生设施的使用方法，并具备基本的火场自救逃生技能。

（5）火灾发生后，员工应迅速确定危险地点和安全地点，并立即按照疏散逃生的基本要领和方法组织引导疏散逃生。

（6）一旦火灾确认，应立即启动建筑内的所有火灾声光警报器，并向整栋建筑进行紧急广播，发出疏散通知。

（7）人员密集场所的员工在火灾发生时，通过喊话、广播等方式稳定火场人员的情绪，消除恐慌心理，积极引导群众采取正确的逃生方法，向安全出口、疏散楼梯、避难层（间）、楼顶等安全地点疏散逃生，并防止拥堵和踩踏事件的发生。

（8）人员密集场所的主要出入口应张贴《消防安全责任告知书》和《消防安全承诺书》，在显著位置和每个楼层提示场所的火灾危险性，标明安全出口、疏散通道的位置和逃生路线，以及消防器材的位置和使用方法。

问49： 消防安全重点单位实行的"三项报告"备案制度是什么？

"三项报告"备案制度是巩固社会单位消防安全管理、全面落实消防安全重点单位消防安全主体责任、推进消防工作社会化的一项重要举措。该制度要求消防安全重点单位定期向当地消防救援机构报告消防安全责任人和消防安全管理人的履职情况，同时记录日常的消防安全管理情况。具体包括以下三项内容。

（1）消防安全管理人员报告备案。消防安全重点单位应在法定期限内向当地消防救援机构报告备案消防安全责任人、消防安全管理人、专（兼）职消防管理员和消防控制室值班操作人员等，以确保消防安全工作得到有效的监管和管理。消防安全责任人和消防安全管理人应切实履行消防安全职责，接受消防救援机构的指导和培训，全面提高单位的消防安全管理水平。

（2）消防设施维护保养报告备案。设有建筑消防设施的消防安全重点单位应进行日常维护保养，并每年至少进行一次功能性检测。如果单位没有自行维护保养和检测能力，应委托具备资质的机构进行维护保养和检测，以确保消防设施的完好和可用性。消防安全重点单位每月都需向当地消防救援机构报告备案有关维护保养合同、维修保养记录和设备运行记录。提供消防设施维护保养和检测技术服务的机构必须具备相应等级的资质，按照合同履行维护保养义务，确保建筑消防设施正常运行，并在签订合同后的 5 个工作日内向当地消防救援机构报告备案。

（3）消防安全自我评估报告备案。消防安全重点单位每月应组织一次自我评估，并对消防安全管理情况进行评估。针对评估发现的问题和薄弱环节需要及时采取切实可行的措施进行整改。自我评估完成后的 5 个工作日内，单位需向当地消防救援机构报告备案，并向社会公开评估情况。

1.5　消防安全宣传与教育培训

问50：　什么是消防安全宣传教育与培训？

消防安全宣传教育与培训是指各级政府、相关行政部门、新闻媒体、社会团体和各单位为提高公众对消防法律、法规的认识，增强消防安全意识和素质而进行的宣传教育和培训活动。通过各种形式的宣传教育、基础教育和短期培训，广泛传播消防法律、法规和消防安全知识，并提供相关技能培训，以提高公众的消防安全意识和应对火灾的能力。这些活动旨在使公众了解消防法规，掌握消防安全知识，学习正确的应急逃生和灭火技能，从而提高整个社会对火灾防控的整体素质。

问51：　消防安全宣传教育与培训的基本原则是什么？

消防安全教育与培训应遵循以下原则。

（1）社会化原则。在消防工作社会化的环境下，各级政府领导、消防救援机构、相关部门和社会单位应协作合作，广泛开展消防安全宣传教育与培训，鼓励广大群众积极参与，形成全民共同参与的社会化工作格局。

（2）正面宣传教育原则。强调正面宣传，将焦点集中在社会积极部分，鼓励和提倡积极的消防安全行为，以当前社会道德水平和秩序为依据，追求平衡、和睦和稳定的效果。

（3）针对性、实效性原则。根据不同时期、地域和对象的特点，制订有针对性的消防安全宣传教育与培训计划，推动解决重大消防安全问题。采取灵活多样、扎实有效的形式进行宣传教育，取得最佳效果。

（4）坚持经常性、广泛性原则。消防安全宣传教育与培训要经常、广泛开展。政府部门和社会单位应将消防安全宣传教育内容渗透到各个方面，向公众普及消防法律、法规和安全常识。同时，广泛发动教育机构和志愿者参与，建立层层消防安全宣传教育与培训网络，形成常态化的宣传教育与培训活动。

问52：消防安全宣传教育与培训工作的特点有哪些？

（1）法定性。消防法律、法规中，上至国家法律下至政府、部门的规章都对消防安全宣传教育与培训工作的开展做出了相关规定。《消防法》第 6 条明确规定：各级人民政府应当组织开展经常性的消防宣传教育，提高公民的消防安全意识；机关、团体、企业、事业等单位，应当加强对本单位人员的消防宣传教育；应急管理部门及消防救援机构应当加强消防法律、法规的宣传，并督促、指导、协助有关单位做好消防宣传教育工作；教育、人力资源行政主管部门和学校、有关职业培训机构应当将消防知识纳入教育、教学、培训的内容；新闻、广播、电视等有关单位，应当有针对性地面向社会进行消防宣传教育；工会、共产主义青年团、妇女联合会等团体应当结合各自工作对象的特点，组织开展消防宣传教育；村民委员会、居民委员会应当协助人民政府以及公安机关、应急管理等部门，加强消防宣传教育。《社会消防安全教育培训规定》又具体明确了各个消防安全宣传教育主体的职责和工作要求。

（2）广泛性。消防安全宣传教育与培训工作的广泛性体现在两个方面。首先，它涉及的主体广泛，需要各级政府和各单位的重视和支持，依靠广大群众的积极参与，以及全社会的共同努力。这项工作需要多个部门参与，涵盖了广泛的社会范围。其次，消防安全宣传教育的对象也是广泛的。它是一项全民性的教育活动，从儿童到老人，从学校到家庭，从城市到农村，进而到整个社会，每个人都应该接受广泛的消防安全教育。只有当广大群众都接受到全面的消防安全教育，才能普遍提高人们的消防安全素质。

（3）灵活性。消防安全宣传教育与培训并没有固定的模式，而是需要根据实际情况出发。需要结合教育对象的群体特点和个体差异，以及可用的主客观条件，有针对性地选择相应的消防安全宣传教育与培训内容。在实施过程中，可以采用灵活多样、富有趣味性的方式，以吸引受众的注意，从而取得良好的消防宣传教育与培训效果。这样的个性化方法能够更好地满足不同人群的需求，提高他们接受消防安全知识的积极性和效果。

（4）长期性。大众的消防安全意识及素质的提高是一个十分漫长的过程，不可能一蹴而就。消防安全宣传教育与培训必须坚持不懈、扎扎实实地开展，这是一项长期的战略性任务。

问53： 消防安全宣传教育包括哪些基本内容？

（1）国家消防工作方针、政策。国家消防工作方针、政策包括消防工作的方针、原则，重大决策、部署和号召，以及各级党委、政府领导的批示、讲话和指示精神等。

（2）消防法律、法规。消防法律、法规是"依法治火"的重要依据，是所有社会成员必须遵守的行为准则。消防安全宣传教育应重点宣传消防法律、法规的不可违背性和遵守的必要性，以及单位和公民的消防安全责任与义务。

（3）火灾预防知识。火灾预防知识主要涵盖人们日常生活中与火、油、电、气等相关的消防安全知识，以及火灾多发时节的防火注意事项。具体包括燃烧基础知识、防火基本原理、家庭防火常识和建筑消防设施功能等方面。

（4）火灾扑救、人员疏散逃生和自救互救知识。

① 火灾扑救知识。包括灭火基本原理和方法，灭火器、消火栓的使用方法，以及常见火灾扑救的方法和注意事项等。宣传初起火灾扑救知识，有助于提高人们对初起火灾的应对能力，对于减少

人员伤亡和财产损失具有重要意义。

② 疏散逃生和自救互救知识。包括安全疏散路线、疏散指示标志的识别，火场逃生的途径和正确方法，以及火场自救和互救的方式与方法。宣传疏散逃生知识和技能，能够提高公众在火灾中的自救和互救能力，最大限度地减少人员伤亡。

（5）其他消防安全宣传教育内容。

① 重大消防事件和消防工作动态。包括群死群伤火灾和可能引起社会关注的重大灾害事件，以及国家和地方政府、公安机关召开的重要消防会议和部署等。消防工作动态包括阶段性的火灾情况、火灾形势研判报告等。及时宣传报道重大消防事件和消防工作动态，可以让公众了解国内外的消防工作进展和相关信息，扩大消防工作的影响。

② 消防科学技术。包括消防科普知识、国内外的消防科技动态和最新的科研成果。宣传消防科学技术的目的是让社会了解和应用最新的消防科技成果、新技术和方法，推动消防科技成果的转化和应用。

③ 消防英模事迹。包括在灭火战斗和抢险救援中涌现出的英雄人物事迹，以及在消防安全管理等方面表现突出的人物事迹。通过宣传英雄人物的事迹，可以激励公众以他们为榜样，向英雄学习。

问54：开展消防安全宣传教育活动有哪些方式？

消防安全宣传教育活动是一项有目的、有计划以及有步骤地组织众多人员参与消防宣传的社会活动。它通过立体生动的方式传递消防安全宣传教育内容，具有鲜明的目的性、广泛的社会传播性以及寓教于乐的趣味性等特点。消防安全宣传教育活动可以使人们在实物观摩、亲身体验或娱乐互动中潜移默化地渗透消防知识，是人们乐于接受的消防安全宣传教育形式，是公众获得消防安全知识的重要渠道。

（1）消防竞赛活动。消防竞赛活动是指通过竞赛的方式，激发人们对消防法规、知识和技能的积极学习及参与。这种宣传方式适用范围广泛，组织简便，适合国家机关、企事业单位自发组织。常见的消防宣传竞赛包括消防运动会、消防知识竞赛、灭火逃生技能竞赛、消防摄影和书画比赛活动等。

（2）消防文艺演出活动。消防文艺演出活动是指通过文艺表演的形式宣扬对消防工作的重视和消防事业的发展，赞扬消防员救援人民生命和财产的英勇事迹，揭示由于疏忽大意或违反操作规程而导致重大火灾的惨痛教训。以文艺表演的方式普及消防安全宣传教育内容深受群众喜爱，具有生动活泼、寓教于乐、内涵丰富、引人深思的独特魅力。

（3）消防公开咨询活动。消防公开咨询活动是指以问答等形式宣传消防法规和科学技术知识，是一种与人民群众近距离接触的宣传教育形式。通常选择在周末或节假日，在繁华地区开展，由消防专业人员组成咨询小组，通过口头宣讲、回答问题、发放宣传资料等方式进行。

问55：消防安全宣传教育内容的设计有哪些要求？

首先，宣传教育内容应具备知识性。需要让人们了解火灾发生和发展的原因及规律，同时掌握有效的防火措施。举例来说，在日常生活中，人们可能会因电表熔丝熔断而用铜丝替代。如果只告诉他们这样做是不安全的，却没有解释为什么不安全，那就无法达到宣传教育的目的。因此，宣传教育应注重知识性，让群众掌握消防安全的科学原理，以便自觉注意消防安全。

其次，宣传教育内容应具备真实性。消防安全宣传教育是教育人的工作，通过各种渠道和形式提高人们的消防安全意识。因此，宣传材料的内容和例证必须真实反映事实，不能随意夸大或扭曲客观事实。只有以事实真相为基础进行教育，群众才会信服并乐于接受，从中获得知识，受到启迪，达到良好的教育效果。

最后，宣传教育内容应具备针对性。消防安全宣传教育需要根据不同时期的特点有所侧重。因此，在进行宣传教育时，要有针对性地设计内容，抓住主要矛盾。例如，在重大节假日期间，应重点宣传相关内容；在火灾多发季节，应加强相关教育；在寒暑假期间，应特别关注相关内容。这样可以更有效地进行消防安全宣传教育。

问56：消防安全宣传教育形式的要求有哪些？

消防安全宣传教育应具备经常性、趣味性和时效性。

（1）宣传教育工作要经常开展，将消防安全宣传教育内容贯穿于消防工作的方方面面。同时，要广泛发动群众参与，建立互动关系，形成常态化的宣传工作。

（2）宣传教育的形式应具有趣味性。通过对教育内容的加工，采用形象、生动、活泼的艺术手法或语言，吸引不同听众或观众的注意力。不同的宣传方式会产生不同的效果，因此需要掌握趣味性的手法，使宣传内容对听者或观众具有吸引力，激发他们的兴趣，达到启发和教育的目的。

（3）宣传教育工作要讲究时效性。消防工作的重心应根据当时的火灾形势确定，火灾的发生往往反映了某个时期的消防工作特点。因此，在开展宣传教育时，要利用各种机会，结合不同时段的工作重点，抓住时机，及时有效地开展消防安全宣传教育。例如，一旦发生重大火灾事故，消防安全监管部门应及时召开现场会议进行宣传教育，媒体也要配合进行报道，向人们敲响警钟，引起广大群众对火灾的警惕，增强消防法治观念，提高消防工作的自觉性。

问57：电工、电气焊工等特殊工种作业人员消防安全培训包括哪些内容？

（1）消防安全基本知识，包括燃烧基本知识、火灾基本知识、火灾扑救基本知识、火场疏散逃生基本知识、典型火灾案例分析。

（2）消防法规基本常识，包括：①消防法规体系及主要消防法规；消防工作的方针和原则；②《消防法》《治安管理处罚法》《建筑工程安全管理条例》《建设工程安全生产管理条例》《单位消防安全管理规定》等法律、法规和有关电工、电气焊工消防安全职责等的规定；③法律、法规规定的有关消防行政、刑事责任。

（3）消防工作基本要求，包括：①电工、电气焊工的特种作业人员上岗资格证书管理要求；②电气设备及线路安装、电气调试、施工现场变（配）电及维修、施工现场照明安装等作业火灾危险性及防火措施；《化学品生产单位动火作业安全规程》（AQ 3022—2008）、《焊接与切割安全》（GB 9448—1999）的相关规定；③动火的分级、固定动火区的划分及动火审批制度的具体要求；电工作业、电气焊作业相关安全操作规程；④各种作业环境下电气焊作业前、作业过程中、作业结束后的火灾危险性与防范措施；⑤电气焊作业的火灾危险性及消防安全检查的方法、内容和要求；⑥作业现场火灾处置程序及措施；⑦发生火灾时，电工的应急处置程序；⑧电气防火检查的方法、内容和要求。

（4）消防基本能力训练，包括：①常用消防设施、器材操作训练；②消防安全检查训练；③火场疏散逃生、自救互救基本方法训练；④扑救电器、电气焊引发的初起火灾训练。

问58：保安员消防安全培训包括哪些内容？

（1）消防安全基本知识，包括燃烧基本知识、火灾基本知识、火灾扑救基本知识、火场疏散逃生基本知识、典型火灾案例分析。

（2）消防法规基本常识，包括：①消防法规体系及主要消防法规；②消防工作的方针和原则；③《刑法》《消防法》《治安管理处罚法》《危险化学品安全管理条例》《单位消防安全管理规定》等法律、法规有关易燃易爆危险品从业人员消防安全职责等规定；④法律、法规规定的有关消防行政、刑事责任。

（3）消防工作基本要求，包括：①防火检查、巡查、岗位自查的方法、内容及要求；②各类场所人员疏散的基本方法和要求；③安全用火、用电、用油、用气常识；灭火器的种类、适用范围、使用方法、设置及日常维护保养要求；④初起火灾扑救的基本原则和方法；⑤消防控制室的控制功能及控制室值班人员的职责和任务；⑥消火栓工作原理、操作方法及日常维护保养要求；⑦《人员密集场所消防安全管理》的相关内容；⑧《建筑灭火器配置验收及检查规范》（GB 50444—2008）等相关消防技术规范的相关规定。

（4）消防基本能力训练，包括：①常用消防设施、器材操作训练；②火场疏散逃生、自救互救基本方法训练；③扑救初起火灾训练；④消防宣传教育和消防安全巡查检查训练。

问59： **社会单位员工消防安全培训包括哪些内容？**

（1）消防安全基本知识，包括：燃烧基本知识、火灾基本知识、火灾扑救基本知识、火场疏散逃生基本知识、典型火灾案例分析。

（2）消防法规基本常识，包括：①消防法规体系及主要消防法规；②《刑法》《消防法》《治安管理处罚法》《危险化学品安全管理条例》《单位消防安全管理规定》等法律、法规有关易燃易爆危险品从业人员消防安全职责等规定；③消防工作的方针和原则；④法律、法规规定的有关消防行政、刑事责任。

（3）消防工作基本要求，包括：①根据本单位制定的灭火和应急疏散预案，掌握扑救初起火灾和组织、引导在场人员安全疏散的方法、程序及要求；②本岗位火灾危险性及检查、消除火灾隐患的基本方法及要求；③住宅区物业服务企业人员应当掌握消防安全巡查检查、消防安全防范服务、消防设施维护管理、消防安全宣传教育的方法、内容及要求。

（4）消防基本能力训练，包括：①常用消防设施、器材操作训练；②火场疏散逃生、自救互救基本方法训练；③扑救初起火灾训练；④消防安全巡查检查训练。

问60： **居（村）民消防安全培训包括哪些内容？**

（1）消防安全基本知识，包括：①燃烧的条件；②火灾的危害，火灾发生的原因；③火灾报警的方法、内容和要求；④常见的消防安全标志；⑤发生火灾时，影响逃生的心理和行为误区，逃生自救的基本原则和方法；⑥常见的建筑消防设施、器材；⑦家庭安全用火、用电、用油、用气的常识；⑧日常生活防火的基本方法；⑨农村、社区消防安全管理的基本要求；⑩家庭常见火灾的灭火方法，家庭常见火灾隐患的查找方法和整改要求；⑪室内消火栓等建筑灭火设施的使用方法，灭火器、缓降器、救生绳等家庭常备消防器材的使用方法；⑫农村、社区典型火灾发生的原因及应该吸取的教训。

（2）消防法规基本常识，包括：①《消防法》有关公民的基本消防法律义务及禁止性规定；②《刑法》《治安管理处罚法》的有关规定；③法律、法规规定的有关消防行政、刑事责任。

（3）消防基本能力训练，包括：①火场疏散逃生、自救互救基本方法训练；②常用消防设施、器材操作训练；③农村、社区及家庭消防安全检查训练；④家庭常见火灾扑救训练。

问61：公共场所的消防安全宣传教育和培训的具体职责和要求是什么？

歌舞厅、影剧院、宾馆、饭店、商场、集贸市场、会堂、体育场馆、医院、客运车站、客运码头、民用机场以及公共图书馆和公共展览馆等公共场所应通过张贴图画、广播、闭路电视等向公众宣传防火、灭火以及疏散逃生等常识，具体职责和要求如下。

（1）在安全出口、疏散通道以及消防设施等处的醒目位置设置消防安全标志，提示场所火灾危险性、疏散出口和路线、灭火和逃生设备器材位置及使用方法。

（2）根据需要编印场所消防安全宣传资料供公众取阅。

（3）文化娱乐场所、商场市场、宾馆饭店以及大型活动现场应通过电子显示屏、广播或主持人提示等形式告知安全出口位置及消防安全注意事项。

（4）公共交通工具的候车（机、船）场所、站台等应在醒目位置设置消防安全提示，宣传消防安全常识；电子显示屏、车（机、船）载视频以及广播系统应经常播放消防安全知识。

问62：学校的消防安全宣传教育和培训职责是什么？

学校、幼儿园应通过寓教于乐等多种形式对学生及幼儿进行消防安全常识教育。学校至少应确定一名熟悉消防安全知识的教师担任消防安全课教员，选聘消防专业人员担任学校的兼职消防辅导员，并开展以下消防安全教育工作。

（1）在开学初、寒（暑）假前及学生军训期间，对学生普遍开展专题消防安全教育。

（2）结合不同课程实验课的特点及要求，对学生进行有针对性的消防安全教育。

（3）组织学生到当地消防站进行参观体验。

（4）每学年至少组织学生开展一次应急疏散演练。

（5）对寄宿学生开展经常性的安全用火用电教育及应急疏散演练。

问63：易燃易爆危险品从业人员消防安全培训包括哪些内容？

（1）消防安全基本知识，包括：①燃烧基本知识，了解燃烧的原理和过程；②火灾基本知识，了解火灾的危害和特点；③爆炸基本知识，了解爆炸的原因和防范措施；④火灾扑救基本知识，学习灭火器材的种类和使用方法；⑤火场疏散逃生基本知识，了解火灾疏散逃生的原则和方法；⑥典型火灾案例分析，通过分析典型火灾案例来提高火灾防范意识。

（2）消防法规基本常识，包括：①消防法规体系及主要消防法规，了解相关的法律、法规体系和主要法规文件；②消防工作的方针和原则，了解消防工作的指导思想和基本原则；③相关法律、法规，包括《刑法》《消防法》《治安管理处罚法》《危险化学品安全管理条例》《单位消防安全管理规定》等法律法规的内容；④消防安全职责，了解从业人员在易燃易爆危险品领域的消防安全职责；⑤消防行政和刑事责任，了解法律、法规规定的消防行政和刑事责任。

（3）消防工作基本要求，包括：①易燃易爆危险品的分类、编号、标志和火灾危险性；②易燃易爆危险品的包装要求；③易燃易爆危险品生产、储存场所的基本安全要求，包括平面布置、危险性分类、防火间距、防火分区、建筑防火分隔设施和疏散设施；④易燃易爆危险品仓库的消防安全管理措施和检查要求；⑤易燃易爆危险品的出入库检查、安全装卸和储存要求；⑥易燃易爆危险品仓库的电气设备和防爆要求，以及静电和雷电防护要求；⑦点火源的种类和控制要求；⑧常用防护器材如简易防护面具和空气呼吸器的使用方法；⑨警戒器材和警戒标志的使用要求；⑩常用堵漏器材、输转器材、洗消器材和侦毒测爆器材的使用方法；⑪易燃易爆危险品场所常用固定消防设施的工作原理和操作方法，包括室内外消火栓系统、火灾自动报警系统、自动灭火系统和泡沫灭火系统；⑫易燃易爆危险品泄漏事故和火灾事故的处置程序和要求；⑬易燃易爆危险品中毒的预防和现场急救常识；⑭组织和引导储存易燃易爆危险品的人员密集场所的现场人员安全疏散的方法、程序和要求。

（4）消防基本能力训练，包括：①常用消防设施、器材操作训练；②易燃易爆危险品生产、储存场所消防安全检查训练；③火场疏散逃生、自救互救基本方法训练；④处置易燃易爆危险品泄漏训练；⑤扑救易燃易爆危险品初起火灾训练；⑥心肺复苏、创伤救护等初级急救技能训练。

1.6　消防档案管理

问64：消防档案有什么作用？

消防档案是记述和反映消防安全管理过程及消防情况，具有保存价值，并按照一定的归档制度集中保管起来的文件材料。消防档案是消防安全管理部门全面考察、了解及正确进行消防管理的依据。

消防档案是消防安全管理部门有组织、有目的开展消防工作的结果，并且在其工作中不断地得到补充。只有这样，消防档案才能够客观地反映消防安全管理的全貌，有效地为消防安全管理提供服务。

（1）消防档案是考察了解单位消防安全管理的基本依据。消防档案不仅记录了消防安全管理历史活动的事实及经过，而且记录了单位消防安全管理活动的阶段和过程，为消防安全管理工作与此相关的探索性和准备性活动提供借鉴。由此可见，消防档案对人们查考以往情况，掌握相关历史资料，研究有关事物现象发展趋势，具有很广泛的参考作用。所以，加强消防档案管理，便于全面系统地掌握消防安全管理基本情况，深入、细致以及具体开展消防安全宣传教育、安全检查等各项专业服务。

（2）消防档案是记载单位消防安全管理，且内容翔实及时间准确的资料。归入消防档案的各种资料，均是经过消防安全管理人员审核的，有些资料还是经过规定程序和手续获得的真实可靠的材料。所以，加强消防安全管理的档案工作，可以为有关部门提供依据，确定与管理有关的历史活动情况。

（3）消防档案是单位消防安全的历史记录，在平时，可以利用它考查单位对消防工作的重视程度。发生火灾时，通过它可以追查火灾原因、分清事故责任并为处理责任者提供佐证材料。

（4）消防档案是考核消防安全管理人员的工作情况、业务水平以及工作能力的一种凭证。一方面，通过查阅档案，消防安全管理人员可以很快地熟悉情况并开展工作。另一方面，通过查阅消防档案，可以了解和掌握消防安全管理人员的业务水平。

为了充分发挥消防档案的作用，建立和做好消防档案管理，应做好下列几项工作。

① 培训消防安全管理人员。使他们熟悉消防档案的内容，学会建档方法，并明确建档要求。

② 建立消防档案。深入实际，调查研究，按档案的内容和要求逐项填写，进行建档工作。

③ 领导组织检查验收。消防档案建好后，主管部门领导要对

档案进行验收，以确保档案的质量。

问65： 消防档案应当包括哪些内容？

对消防档案材料进行科学分类能揭示它们之间的逻辑关系，有条理地反映消防安全管理的状况。根据《单位消防安全管理规定》及消防档案工作的实际需要，对消防档案材料，按照其内容进行分类立卷，按材料形成时间顺序装订成册，才能更好地发挥消防档案的作用。

（1）消防档案分类要求。消防档案内容分类，是依据消防档案内容的不同属性区分为若干类，使其构成一个有机的整体，内容条理分明、排列有序，便于查找及利用。

（2）消防档案的分类内容。

① 消防安全基本情况。按照相关规定，消防安全基本情况应当包括以下内容。

a. 单位基本概况和消防安全重点部位情况。

b. 建筑物或者场所施工、使用或者开业前的消防设计审核、消防验收以及消防安全检查的文件、资料。

c. 消防管理组织机构和各级消防安全责任人。

d. 消防安全制度。

e. 消防设施、灭火器材情况。

f. 专职消防队、义务消防队人员及其消防装备配备情况。

g. 与消防安全有关的重点工种人员情况。

h. 新增消防产品、防火材料的合格证明材料。

i. 灭火和应急疏散预案。

② 消防安全管理情况。根据规定，消防安全管理情况应当包括下列内容。

a. 消防救援机构填发的各种法律文本。

b. 消防设施定期检查记录、自动消防设施全面检查测试的报告以及维修保养的记录。

c. 火灾隐患及其整改情况记录。

d. 防火检查、巡查记录。

e. 有关燃气、电气设备检测（包括防雷、防静电）等记录资料。

f. 消防安全培训记录。

g. 灭火和应急疏散预案的演练记录。

h. 消防奖惩情况记录。

规定中的第 b～e 项记录，应当记明检查的人员、时间、部位、内容、发现的火灾隐患以及处理措施等；第 f 项记录，应当记明培训的时间、参加人员、内容等；第 g 项记录，应当记明演练的时间、地点、内容、参加部门以及人员等。

③ 消防档案的具体内容。

a. 基本情况。主要包括单位地址、单位性质、总平面图以及建筑耐火等级，生产工艺流程、生产原材料以及成品、商品的数量、性质等，可参见表 1-1。

表 1-1　基本情况

单位名称				
地址				
上级主管部门				
行政负责人				
防火负责人				
保卫部门负责人				
安技部门负责人				
专职消防队	负责人		义务消防队	队数	
	人数			人数	
	车辆数			车辆数	
	电话			电话	
职工总人数			厂（库）面积/m²	
建筑面积/m²			违章建筑面积/m²	
车间数			库房数	
重点部位数			重点工种人数	

b. 消防组织。主要包括单位防火负责人、防火委员会（或领导小组）、保卫组织、专职和义务消防队以及专（兼）职消防队员名单等，见表1-2～表1-6。

表1-2　防火安全委员会（或领导小组）成员名单

委员会内职务	姓名	部门	行政职务	备注

表1-3　专、兼职防火干部名单

姓名	性别	年龄	职务或职称	工作时间	备注

表1-4　各级、各部门防火负责人名单

部门	姓名	性别	年龄	职务或职称	备注

表1-5　企业专职消防人员名单

姓名	性别	年龄	参加工作时间	职务	消防培训情况

表1-6　义务消防组织情况

单位名称	人数	组织形式及消防培训情况	负责人

c. 各种消防安全制度和贯彻落实情况，见表 1-7。

表 1-7　消防安全管理制度情况

制度名称	建立、修改日期	执行情况

d. 各种登记表。主要包括重点工种人员、产品原料及火险性质、车间情况，重点部位固定火源、火险隐患登记表等，可参见表 1-8～表 1-10。

表 1-8　重点工种人员登记表

工种	姓名	性别	年龄	消防培训情况	技术级别	备注

表 1-9　产品原料及其火险性质

主要产品及其火险性质
主要原料及其火险性质

表 1-10　车间情况

名称	产品	人数	建筑耐火等级	面积/m²	负责人
生产工艺 火灾危险性 预防措施					

e. 各种登记表。主要包括重点部位、仓库、固定火源、消防器材设施、火险隐患登记、历次火灾登记等，可参见表 1-11～表 1-16。

表 1-11　重点部位情况

名称	建筑耐火等级	面积/m²	职工人数	负责人
火灾危险性及预防措施				

表 1-12　仓库情况

名称	建筑耐火等级	储存物资	库房面积/m²	常储价值/万元	火灾危险性预防措施	负责人

表 1-13　固定火源情况

名称	部位	用途	燃料种类	消防措施	负责人

表 1-14　消防器材设施情况

名称	规格	数量	设置位置及时间	运行维护情况

表 1-15　火灾隐患登记

部位	隐患类别和内容	发现时间	通知形式及整改意见	确定整改时间	已整改时间及复查意见

表 1-16　历次火灾登记

起火时间	起火部位	起火原因	直接财产损失/元	间接财产损失/元	死伤人数		处理情况
					死	伤	

f. 经常性消防安全活动情况。主要包括工作计划、情况报告、重大火险隐患通知书以及消防安全检查笔录等。

g. 火警火灾登记、火灾事故情况以及追查处理的有关文件资料。

h. 其他有关消防安全情况的文献资料。

（3）消防档案的立卷。各类消防信息资料通过分类之后各个类内都有相当数量的文件及各种信息资料，还要进一步系统化，将若干文件资料组成案卷，称为立卷。

案卷是有密切联系的若干文件及信息资料的组合体，它是消防档案的保管单位。立卷的具体方法，主要是依据文件、资料综合在一起组成一个案卷。一些具有不同性质、特点以及联系不紧密的文件、资料，可以分别整理归类，纳入同一案卷，以适应不同检索途径及日常管理的需要。目前比较常见的立卷方法主要如下。

① 按问题立卷，是按照文件、资料内容记述以及反映的某方面的工作问题或涉及人、事、物等组卷。同一问题的文件、资料可以组成案卷，不同问题的文件、资料分别整理，按照类别组成案卷的单位内容。将相同问题的文件资料组合在一起，可以保持档案内容方面的历史联系，反映出一个问题的处理全貌，便于使用者检索档案。消防档案是以单位消防安全管理为内容而立卷的，必须集中反映出消防安全管理的全部经历和表现。不能把不同的人、不同的事件等材料相互混杂，或分散在不同时期的材料里。要真实、全面地反映消防安全管理活动的全貌，发挥其应有的作用。

② 按时间立卷，是按照文件、资料形成的时间或者文件、资

料内容针对的时间，将属于同一时期的文件、资料组合为案卷。按时间立卷，常适用于文件、资料内容针对的时间性比较强，针对的时间比较分明的文件、资料；同一类文件、资料数量较多，为了进一步组合案卷，也可采用时间立卷方法。消防档案材料归档后，消防安全管理活动仍在继续，各种文件和资料不可能一次就终止，而是随着管理的变化和管理活动的不断进行而收集补充。所以，消防档案的内容不能有时间上的断层，以保证消防档案资料内容的完整。

③ 按文种立卷，是按照文件、资料的种类，把相同的文件、资料分类组合建档。文件、资料的种类反映了文件、资料的效能和作用。按照文种立卷，较好地反映了消防安全管理的工作情况，也可以适当地区分文件、资料的重要程度及保存价值，是一种不可缺少的立卷方法。

在立卷的实际工作中，只采用一种方法立卷的单一特征的案卷一般较少，多是几种特征结合使用。立卷时还应考虑文件、资料的重要程度、保存价值和数量。对记录和反映消防安全管理主要职能活动及有重要查考研究价值的文件、资料应单独组卷，以便于划定保管期限以及日后的保管、移交和鉴定工作。

问66：消防档案的管理有哪些要求？

（1）消防档案应由消防安全重点单位统一保管和备查。为了克服档案分散保管和各自为政的问题，消防档案应由单位确定或设立专门机构来集中统一管理。不得由承办机构或个人分散保存，这样可以更好地发挥档案的作用。

（2）消防档案的完整和安全是至关重要的。只有消防档案完整和安全，才能为档案工作提供必要的物质基础。

维护消防档案的完整有两个方面的含义：一方面，要确保档案的数量齐全，不得缺失任何应该集中保存的档案；另一方面，要维护档案的有机联系和历史真实性，不能人为地分割、零散堆放，更不能涂改或篡改档案内容。只有档案材料数量齐全，才能保证档案的系统完整性；只有保持档案的有机联系，才能确保档案的数量齐全并具备科学依据。

维护消防档案的安全也有两个方面的含义：一方面，努力避免档案的破坏，尽量延长档案的使用寿命；另一方面，消防档案具有一定的机密性，必须防止档案的丢失，确保档案不被盗窃或泄露。

问67：如何使用消防档案？

消防档案的收集、整理、保管的目的是有效使用，为单位的消防安全管理工作提供服务。消防档案的使用是多方面的，并且在不断发展中。为了满足各方面的需求，必须经常做好消防档案使用前的准备工作，以便于查找和使用。如果档案管理不好，可能会出现不知道如何使用档案或找不到档案的情况，这样档案的作用就无法发挥出来。因此，衡量消防档案管理好坏的主要标准应该是是否便于使用。为了方便消防档案的使用，需要做好以下工作。

（1）分类。消防档案应根据档案形成的环节、内容、时间和形式的异同，采取"同其所同，异其所异"的方法进行分类。将档案分成若干个类别，类与类之间有一定的联系和层次，便于立卷、排列和编目，为管理和使用提供条件。

（2）检索。检索是将消防档案的内容和形态特征记录下来，存储在检索工具中，根据消防安全管理的需要及时找到相关档案供使用。编制档案目录是常用的检索工具，为提高检索效率，必须建立完整的目录体系。

（3）销毁。单位的消防档案是在日常消防安全管理工作中逐渐积累起来的，随着时间的推移，一些材料可能失去保存的价值，不再需要继续保留。为了精简档案材料，突出工作重点，应定期有目的、有计划、有标准地进行档案清理。有用的材料可以归纳综合并继续保留，而确实失去保存价值、需要销毁的材料，应按照国家的文书档案管理规定进行清理，以避免档案材料过于庞杂、混乱，影响管理和使用。

1.7 消防安全责任

问68： 放火罪的主要特征及刑罚是什么？

放火罪，是指行为人故意放火焚烧公私财物，危害公共安全的行为。

（1）放火罪的主要特征。

① 本罪的主体是一般主体。年满 14 周岁、具有刑事责任能力的自然人都可成为本罪的主体。

② 本罪的客体是公共安全。只要行为人实施了放火行为，足以危害公共安全，即使没有造成严重后果，也构成本罪。

③ 主观方面是故意。行为人希望或放任自己的行为可能发生危害社会的结果。从主观意愿来看，行为人是希望火灾发生的，或对火灾的发生持放任态度。

④ 客观方面表现为行为人直接实施了放火行为。放火罪是危险犯，不以产生严重后果为要件。

（2）放火罪的刑罚。根据《刑法》第 114 条、第 115 条第 1 款，对放火罪的处刑是：尚未造成严重后果的，处 3 年以上 10 年以下有期徒刑；致人重伤、死亡或者使公私财产遭受重大损失的，处 10 年以上有期徒刑、无期徒刑或者死刑。

问69： 失火罪的主要特征及刑罚是什么？

失火罪，是指行为人过失引起火灾，造成严重后昊，危害公共安全的行为。

（1）失火罪的主要特征。

① 本罪的主体是一般主体。年满 16 周岁、具有刑事责任能力的自然人均可成为本罪的主体。

② 本罪的客体是公共安全。

③ 主观方面是过失。行为人应当预见自己的行为可能发生危

害社会的结果，但由于疏忽大意没有预见或已经预见而轻信能够避免，以致造成严重后果。从主观意愿来看，行为人是不愿意火灾发生的，若对火灾的发生持放任态度，则属于间接故意的范畴，就构成了放火罪。

④ 客观方面表现为行为人的行为直接导致了火灾的发生，并且造成了严重后果。

（2）失火罪的刑罚。根据《刑法》第115条第2款规定，对失火的处刑是：处3年以上7年以下有期徒刑；情节较轻的，处3年以下有期徒刑或者拘役。

问70：消防责任事故罪的主要特征及刑罚是什么？

消防责任事故罪，指的是违反消防管理法规，经公安机关消防监督机构通知采取改正措施而拒绝执行，造成严重后果的行为。

（1）消防责任事故罪的主要特征。

① 本罪的主体为一般主体。年满16周岁、具有刑事责任能力的自然人均可成为本罪的主体。

② 本罪的客体为公共安全。

③ 主观方面为过失。行为人对火灾发生存在过失，由于疏忽大意没有预见或已经预见而轻信能够避免，但对于违反消防管理法规，经消防监督机构通知采取改正措施而拒绝执行则是明知的。

④ 客观方面表现为违反消防管理法规，经公安机关消防监督机构通知采取改正措施而拒绝执行，造成严重后果。此处的"消防管理法规"包括法律、行政法规、地方性法规、国务院部门规章以及地方政府规章。"严重后果"指的是造成人员伤亡或者使公私财物遭受严重损失。

（2）消防责任事故罪的刑罚。根据《刑法》第139条规定，对消防责任事故罪的处刑是：造成严重后果的，对直接责任人员处3年以下有期徒刑或者拘役；后果特别严重的，处3年以上7年以下有期徒刑。

问71: 哪些犯罪与消防管理有关？

除放火罪、失火罪以及消防责任事故罪以外，《刑法》中规定的下列几种犯罪也与消防管理有关。

（1）重大责任事故罪。

① 概念。在生产、作业中违反有关安全管理的规定，因而发生重大伤亡事故或者造成其他严重后果的行为。

② 刑罚。处3年以下有期徒刑或者拘役；情节特别恶劣的，处3年以上7年以下有期徒刑。

（2）强令违章冒险作业罪。

① 概念。在生产、作业中违反有关安全管理的规定，因而发生重大伤亡事故或者造成其他严重后果的行为。

② 刑罚。处3年以下有期徒刑或者拘役；情节特别恶劣的，处3年以上7年以下有期徒刑。

（3）重大劳动安全事故罪。

① 概念。安全生产设施或者安全生产条件不符合国家规定，因而发生重大伤亡事故或者造成其他严重后果的行为。

② 刑罚。对直接负责的主管人员和其他直接责任人员，处3年以下有期徒刑或者拘役；情节特别恶劣的，处3年以上7年以下有期徒刑。

（4）大型群众性活动重大安全事故罪。

① 概念。举办大型群众性活动违反安全管理规定，因而发生重大伤亡事故或者造成其他严重后果的行为。

② 刑罚。对直接负责的主管人员和其他直接责任人员，处3年以下有期徒刑或者拘役；情节特别恶劣的，处3年以上7年以下有期徒刑。

（5）危险物品肇事罪。

① 概念。违反爆炸性、易燃性、放射性、毒害性、腐蚀性物品的管理规定，在生产、储存、运输、使用中发生重大事故，造成

严重后果的行为。

② 刑罚。造成严重后果的，处 3 年以下有期徒刑或者拘役；后果特别严重的，处 3 年以上 7 年以下有期徒刑。

（6）不报、谎报安全事故罪。

① 概念。负有报告职责的人员在安全事故发生后，不报或者谎报事故情况，贻误事故抢救，情节严重的行为。

② 刑罚。情节严重的，处 3 年以下有期徒刑或者拘役；情节特别严重的，处 3 年以上 7 年以下有期徒刑。

（7）生产、销售假冒伪劣产品罪。

① 概念。生产者、销售者在产品中掺杂、掺假，以假充真，以次充好或者以不合格产品冒充合格产品，销售金额较大的行为。

② 刑罚。销售金额 5 万元以上不满 20 万元的，处 2 年以下有期徒刑或者拘役，并处或者单处销售金额 50％以上 2 倍以下罚金；销售金额 20 万元以上不满 50 万元的，处 2 年以上 7 年以下有期徒刑，并处销售金额 50％以上 2 倍以下罚金；销售金额 50 万元以上不满 200 万元的，处 7 年以上有期徒刑，并处销售金额 50％以上 2 倍以下罚金；销售金额 200 万元以上的，处 15 年以上有期徒刑或者无期徒刑，并处销售金额 50％以上 2 倍以下罚金或者没收财产。

（8）生产销售不符合安全标准的产品罪。

① 概念。生产不符合保障人身、财产安全的国家标准、行业标准的电器、压力容器、易燃易爆产品或者其他不符合保障人身、财产安全的国家标准、行业标准的产品，或者销售明知是以上不符合保障人身、财产安全的国家标准、行业标准的产品，造成严重后果的行为。

② 刑罚。造成严重后果的，处 5 年以下有期徒刑，并处销售金额 50％以上 2 倍以下罚金；后果特别严重的，处 5 年以上有期徒刑，并处销售金额 50％以上 2 倍以下罚金。

（9）妨碍公务罪。

① 概念。以暴力、威胁方法阻碍国家机关工作人员依法执行

职务的行为。

② 刑罚。处 3 年以下有期徒刑、拘役、管制或者罚金。

（10）滥用职权、玩忽职守罪。

① 概念。国家机关工作人员滥用职权或者玩忽职守，致使公共财产、国家和人民利益遭受重大损失的行为。

② 刑罚。处 3 年以下有期徒刑或者拘役；情节特别严重的，处 3 年以上 7 年以下有期徒刑。

问72： 消防行政处罚有哪些种类？

2008 年新修订的《消防法》设定了警告、罚款、拘留、责令停产停业（停止施工、停止使用）、没收违法所得、责令停止执业（吊销相应资质、资格）6 类行政处罚。同 1998 年《消防法》相比，增加了责令停止执业（吊销相应资质、资格）行政处罚，对一些严重违反消防法规的行为尤其是危害公共安全的行为增设了拘留处罚，增强了法律威慑力。

问73： 消防行政处罚主体有哪些？

（1）《消防法》规定的行政处罚，除应当由公安机关依照《中华人民共和国治安管理处罚法》的有关规定决定的外，由住房和城乡建设主管部门、消防救援机构按照各自职权决定。

（2）被责令停止施工、停止使用、停产停业的，应当在整改后向做出决定的部门或者机构报告，经检查合格，方可恢复施工、使用、生产、经营。

（3）当事人逾期不执行停产停业、停止使用、停止施工决定的，由做出决定的部门或者机构强制执行。

（4）责令停产停业，对经济和社会生活影响较大的，由住房和城乡建设主管部门或者应急管理部门报请本级人民政府依法决定。

（5）消防设施维护保养检测、消防安全评估等消防技术服务机构出具失实文件，给他人造成损失的，依法承担赔偿责任；造成重大损失的，由消防救援机构依法责令停止执业或者吊销相应资格，由相关部门吊销营业执照，并对有关责任人员采取终身市场禁入措施。

问74：消防行政处罚的一般规定有哪些？

当事人逾期不履行行政处罚决定的，做出行政处罚决定的行政机关可以采取下列措施：

（1）到期不缴纳罚款的，每日按罚款数额的3％加处罚款，加处罚款的数额不得超出罚款的数额；

（2）根据法律规定，将查封、扣押的财物拍卖、依法处理或者将冻结的存款、汇款划拨抵缴罚款；

（3）根据法律规定，采取其他行政强制执行方式；

（4）依照《行政强制法》的规定申请人民法院强制执行。

行政机关批准延期、分期缴纳罚款的，申请人民法院强制执行的期限，自暂缓或者分期缴纳罚款期限结束之日起计算。

问75：消防行政如何执行处罚罚款？

（1）行政处罚决定依法做出后，当事人应当在行政处罚决定书载明的期限内，予以履行。

（2）当事人确有经济困难，需要延期或者分期缴纳罚款的，经当事人申请和行政机关批准，可以暂缓或者分期缴纳。

（3）做出罚款决定的行政机关应当与收缴罚款的机构分离。除依照第（4）条、第（5）条的规定当场收缴的罚款外，做出行政处罚决定的行政机关及其执法人员不得自行收缴罚款。当事人应当自收到行政处罚决定书之日起十五日内，到指定的银行或者通过电子支付系统缴纳罚款。银行应当收受罚款，并将罚款直接上缴国库。

（4）依照《行政处罚法》第五十一条的规定当场做出行政处

决定，有下列情形之一，执法人员可以当场收缴罚款：

① 依法给予一百元以下罚款的；

② 不当场收缴事后难以执行的。

（5）在边远、水上、交通不便地区，行政机关及其执法人员依照《行政处罚法》第五十一条、第五十七条的规定做出罚款决定后，当事人到指定的银行或者通过电子支付系统缴纳罚款确有困难，经当事人提出，行政机关及其执法人员可以当场收缴罚款。

（6）行政机关及其执法人员当场收缴罚款的，必须向当事人出具国务院财政部门或者省、自治区、直辖市人民政府财政部门统一制发的专用票据；不出具财政部门统一制发的专用票据的，当事人有权拒绝缴纳罚款。

（7）执法人员当场收缴的罚款，应当自收缴罚款之日起两日内，交至行政机关；在水上当场收缴的罚款，应当自抵岸之日起两日内交至行政机关；行政机关应当在两日内将罚款缴付指定的银行。

问76： 消防行政处罚行政拘留如何执行？

（1）当事人对行政处罚决定不服，申请行政复议或者提起行政诉讼的，行政处罚不停止执行，法律另有规定的除外。

（2）当事人对限制人身自由的行政处罚决定不服，申请行政复议或者提起行政诉讼的，可以向做出决定的机关提出暂缓执行申请。符合法律规定情形的，应当暂缓执行。

（3）当事人申请行政复议或者提起行政诉讼的，加处罚款的数额在行政复议或者行政诉讼期间不予计算。

问77： 违反消防法律、法规的具体行为类型有哪些？

当事人违反法律设定的消防义务或工作职责应当承担相应的法律后果，《消防法》专章规定了违反消防法律、法规的具体行为及应受处罚类型，主要有以下 9 类。

（1）建设工程及公众聚集场所程序类。

① 未经消防设计审核或者审核不合格擅自施工。《消防法》第 11 条规定："国务院住房和城乡建设主管部门规定的特殊建设工程，建设单位应当将消防设计文件报送住房和城乡建设主管部门审查，住房和城乡建设主管部门依法对审查的结果负责。"对大型人员密集场所及一些特殊建设工程的消防设计进行审核，目的是在建筑设计中采取各种消防技术措施，保证此类建设工程的消防安全，严把消防设计源头关，消除先天性火灾隐患。此类建设工程未依法审核或者经审核不合格，擅自施工，根据《消防法》第 58 条第 1 款第 1 项，应当依法责令停止施工，并处 3 万元以上 30 万元以下罚款。

② 未经消防验收或者消防验收不合格擅自投入使用。《消防法》第 13 条规定，对于国务院住房和城乡建设主管部门规定应当申请消防验收的建设工程竣工，建设单位应当向住房和城乡建设主管部门申请消防验收，未经消防验收或者消防验收不合格的，禁止投入使用。消防验收是为了确保建设工程的消防设计得以落实，保证建设工程投入使用前符合消防安全条件。未经消防验收或者验收不合格，擅自使用的，根据《消防法》第 58 条第 1 款第 2 项，应当责令停止使用，并处 3 万元以上 30 万元以下罚款。

③ 投入使用后抽查不合格不停止使用。对于报竣工验收备案的建设工程，消防救援机构抽查发现消防施工不合格的，应先通知建设单位停用，对拒不停止使用的，依据《消防法》第 58 条第 1 款第 3 项，依法责令停止使用，并处 3 万元以上 30 万元以下罚款。

④ 未经消防安全检查或者检查不合格擅自投入使用和营业。公众聚集场所面向社会公众开放，人员众多，一旦发生火灾，易导致重大人员伤亡或者财产损失，影响社会稳定，所以《消防法》规定公众聚集场所在投入使用、营业前，建设单位或者使用单位应当向场所所在地的县级以上地方人民政府消防救援机构申请消防安全

检查。未经消防安全检查或者经检查不符合消防安全要求的，不得投入使用、营业。违反本规定的，依据《消防法》第 58 条第 1 款第 4 项，责令停止使用或者停产停业，并处 3 万元以上 30 万元以下罚款。

⑤ 未进行消防设计备案或者竣工验收消防备案。根据《消防法》第 10 条、第 12 条、第 13 条规定，按照国家工程建设消防技术标准需要进行消防设计的建设工程，除大型人员密集场所及其他特殊建设工程外，建设单位均应当自取得施工许可之日起 7 个工作日内，上报消防设计文件消防救援机构备案，并在竣工验收后将验收结果报消防救援机构备案。未依法进行备案的，依据《消防法》第 58 条第 6 款，责令限期改正，并处 5000 元以下罚款。

（2）建设工程质量类。

① 违法要求降低消防技术标准设计与施工。消防技术标准属于国家强制性标准，任何单位及人员都不得降低消防技术标准进行设计、施工。建设单位违法要求设计单位或施工企业降低消防技术标准设计、施工的，依据《消防法》第 59 条第 1 项，责令改正或者停止施工，并处 1 万元以上 10 万元以下罚款。

② 不按照消防技术标准强制性要求进行消防设计。建设工程的设计单位应对其设计质量负责，不能出于市场竞争的目的或为了经济利益，或按照建设单位的非法要求，不依照消防技术标准的强制性要求进行设计，有此违法行为者，依据《消防法》第 59 条第 2 项，应责令改正，处 1 万元以上 10 万元以下罚款。

③ 违法施工降低消防施工质量。建筑施工企业应当对建设工程施工质量负责。一些施工企业往往迫于建设单位压力，或出于获取更多经济利益的考虑，在施工过程中不按照设计文件或者消防技术标准施工，使用不合格材料，甚至偷工减料，给建设工程质量安全带来诸多隐患，对此违法行为，依据《消防法》第 59 条第 3 项，应当责令改正或责令停止施工，并处 1 万元以上 10 万元以下罚款。

④ 违法监理降低消防施工质量。建设工程监理单位代表建设单位对施工质量进行监理，对施工质量承担监理责任，如果监理单

位与建设单位、建筑施工企业串通，弄虚作假，建设工程施工质量就难以保证，会导致先天性隐患，依据《消防法》第 59 条第 4 项，对此应当责令改正，处 1 万元以上 10 万元以下罚款。

（3）消防设施、器材、标志类。

① 消防设施、器材及消防安全标志配置、设置不符合标准。消防设施、器材以及消防安全标志是单位预防火灾和扑救初起火灾的重要工具，必须符合国家标准、行业标准，才能保证消防设施、器材及消防安全标志发挥应有的作用。违反本规定的，依据《消防法》第 60 条第 1 款第 1 项，责令改正，并处以 5000 元以上 5 万元以下罚款。

② 消防设施、器材及消防安全标志未保持完好有效。消防设施、器材以及消防安全标志按照国家标准、行业标准配置、设置后，单位还应当建立维护保养制度，确定专人负责，保证完好有效。未保持完好有效的，依据《消防法》第 60 条第 1 款第 1 项，责令改正，处 5000 元以上 5 万元以下罚款。

③ 损坏、挪用、擅自停用、拆除消防设施及器材。消防设施、器材在预防火灾及初起火灾扑救、控制火灾蔓延以及保护人员疏散方面发挥着关键作用，消防设施与器材被人为损坏、挪用、擅自停用以及拆除现象目前还相当普遍，一旦发生火灾，就失去了应有的效用，影响到火灾扑救，导致火灾蔓延。对此，依据《消防法》第 60 条第 1 款第 2 项和第 2 款，单位违反本规定，应当责令改正，处 5000 元以上 5 万元以下罚款，个人违反本规定，应当责令改正，处警告或者 500 元以下罚款。

（4）通道、出口、消火栓、分区以及防火间距类。疏散通道、安全出口等疏散设施是火灾发生时人员疏散逃生的"生命之门"，消防车通道是供消防人员与消防装备到达建筑物的必要设施，防火间距是阻止建筑火灾蔓延扩大的重要保障，消火栓是扑救火灾时的重要供水装置，既包括室内消火栓，也包括室外消火栓。这些设施、装置被堵塞、占用或埋压、圈占、遮挡，以及人员密集场所门窗设置影响逃生、救援的铁栅栏、广告牌等障碍物，必将危及其原有功能，在火灾发生时极易造成重大人员伤亡和财产损失。《消防法》将此类行为列为社会单位及个人的基本消防义务，依据《消防法》第 60 条第 1 款第 3～6 项和第 2 款，单位违反本义务的，责令改正，处 5000 元以上 5 万元以下罚款，个人违反本规定的，处警告或者 500 元以下罚款。经责令改正拒不改正的，由消防救援机构组织强制执行，所需费用由违法行为人承担。此类行为主要包括下列几种：

① 损坏、挪用或者擅自拆除、停用消防设施、器材的；

② 占用、堵塞、封闭疏散通道、安全出口或有其他妨碍安全疏散行为的；

③ 埋压、圈占、遮挡消火栓或者占用防火间距的；

④ 占用、堵塞、封闭消防车通道，妨碍消防车通行的；

⑤ 人员密集场所在门窗上设置影响逃生和灭火救援的障碍物的。

（5）易燃易爆、"三合一"场所管理类。近年来，随着我国经济社会的快速发展，"三合一"场所也大量涌现，这类场所的消防安全条件与建筑使用性质不相适应，具有较高火灾危险性，火灾事故易发、多发，导致了大量人员伤亡。为有效预防"三合一"场所火灾发生，公安部制定了公共安全行业标准《住宿与生产储存经营合用场所消防安全技术要求》（XF 703—2007），易燃易爆危险品场所、其他场所与居住场所设置必须符合消防技术标准的特定要求。违反相关规定的，依据《消防法》第 61 条，责令停产停业，并处 5000 元以上 5 万元以下罚款。此类行为主要有下列几种：

① 生产、储存、经营易燃易爆危险品的场所与居住场所设置在同一建筑物内，或者未与居住场所保持安全距离的；

② 生产、储存、经营其他物品的场所与居住场所设置在同一建筑物内，不符合消防技术标准的。

（6）违反社会管理类。此类规定是自然人违反相关消防安全管理规定，应当给予行政处罚的行为，有的属于《治安管理处罚法》中已经涵盖了一些消防安全管理的违法行为，有的属于《消防法》规定的违法行为。依据《消防法》与《治安管理处罚法》的规定，对下列行为，应当给予警告、罚款或者拘留的处罚：

① 违反有关消防技术和管理规定生产、储存、运输、销售、使用以及销毁易燃易爆危险品；

② 非法携带易燃易爆危险品进入公共场所或乘坐公共交通工具的；

③ 谎报火警；

④ 阻碍消防车、消防艇执行任务的；

⑤ 阻碍消防救援机构的工作人员依法执行职务的；

⑥ 违反消防安全规定进入生产、储存易燃易爆危险品场所的；

⑦ 违反规定使用明火作业或者在具有火灾、爆炸危险的场所吸烟、使用明火的；

⑧ 指使或者强令他人违反消防安全规定，冒险作业的；

⑨ 过失引起火灾的；

⑩ 在火灾发生后阻拦报警，或者负有报告职责的人员不及时报警的；

⑪ 扰乱火灾现场秩序，或者拒不执行火灾现场指挥员指挥，影响灭火救援的；

⑫ 故意破坏或者伪造火灾现场的；

⑬ 擅自拆封或者使用被消防救援机构查封的场所、部位的。

（7）消防产品、电气、燃气用具类

① 人员密集场所使用不合格及国家明令淘汰的消防产品逾期未改。人员密集场所是消防工作重点，关系到公共消防安全。人员密集场所使用的消防产品质量符合要求与否，在发生火灾时能否发挥应有的功效，对于有效扑救初起火灾、降低火灾危害以及保护人民群众生命财产安全至关重要。《消防法》修订时将人员密集场所使用不合格消防产品或国家明令淘汰的消防产品，列为消防救援机构责令限期改正内容，对于逾期不改正的，依据《消防法》第65条第2款，处5000元以上5万元以下罚款，并对其直接负责的主管人员和其他直接责任人员处500元以上2000元以下罚款；情节

严重的，责令停产停业。

② 电器产品、燃气用具的安装、使用及其线路、管路的设计、敷设、维护保养以及检测不符合规定。在生活中，由于电器产品、燃气用具引发的火灾占据火灾总数一定比例，且呈不断上升趋势，这些火灾的发生大多与电器产品、燃气用具的安装、使用及其线路、管路的设计、维护保养、敷设、检测不符合规定密切相关。近年来，国家有关部门制定并发布了一系列有关电器产品、燃气用具的安装、使用及其线路、管路的设计、敷设、维护保养以及检测的消防技术标准和管理规定，不符合消防技术标准和管理规定的，消防救援机构应当责令违法单位或个人限期改正，逾期不改正的，依据《消防法》第 66 条，对该电器产品、燃气用具责令停止使用，可以并处 1000 元以上 5000 元以下罚款。

（8）制度和责任制类。

① 不及时消除火灾隐患。单位应对自身消防安全工作全面负责，做到"安全自查、隐患自除、责任自负"，定期组织防火检查巡查，及时发现及消除火灾隐患，做好自身消防安全管理工作。消防救援机构作为监督部门，在消防监督检查过程中发现火灾隐患，应通知有关单位立即采取措施消除，对不及时消除火灾隐患的，根据《消防法》第 60 条第 1 款第 7 项的规定，责令改正，处 5000 元以上 5 万元以下罚款。

② 不履行消防安全职责并且逾期未改。《消防法》第 16～18 条分别规定了机关、团体、企事业单位、消防安全重点单位、共用建筑物单位以及住宅区的物业服务企业必须履行的消防安全职责，第 21 条第 2 款是关于单位特殊工种和自动消防系统操作人员必须持证上岗并且遵守消防安全操作规程的规定。单位是社会消防管理的基本单元，单位消防安全责任的落实，就是社会火灾形势稳定的关键。单位消防安全责任制落实情况，同时也是消防救援机构监督检查的主要内容，对不履行法定消防安全职责的，应责令限期改正，逾期不改正的，依据《消防法》第 67 条，对单位直接负责的主管人员和其他直接责任人员依法给予处分或者警告

处罚。

③ 不履行组织、引导在场人员疏散义务。人员密集场所的现场工作人员对于场所内部结构、疏散通道、安全出口、消防设施以及器材的设置与管理状况十分熟悉，在火灾发生时，由现场工作人员指引在场人员疏散逃生，能有效地减少火灾中人员伤亡。近年来发生的几起重特大火灾事故中，如吉林中百商厦火灾、广东深圳舞王俱乐部火灾导致大量人员伤亡，也与现场工作人员没有履行其组织、引导在场人员疏散的义务有着直接关系。所以，法律将此列为人员密集场所现场工作人员的法定义务。人员密集场所现场工作人员在火灾发生时未履行此义务，情节严重，尚不构成犯罪的，依据《消防法》第68条，处5日以上10日以下拘留，构成犯罪的，依法追究刑事责任。

（9）中介管理类。修订后的《消防法》首次规定了消防技术服务机构的职责及地位，为消防中介组织健康、有序发展提供了法律保障。消防技术服务机构提供消防安全技术服务，并且应对此服务质量负责。

① 消防技术服务机构出具虚假文件。消防技术服务机构在消防安全技术服务过程中，应当本着科学、严谨以及客观的要求履行自己的职责，如果违反法律规定和执业规则，故意提供与事实不符的相关证明文件，依据《消防法》第69条第1款的规定，责令改正，处5万元以上10万元以下罚款，并对其直接负责的主管人员和其他直接责任人员处1万元以上5万元以下罚款；有违法所得的，并处没收违法所得；情节严重的，由原许可机关责令停止执业或者吊销相应资质、资格。

② 消防技术服务机构出具失实文件。消防技术服务机构在消防安全技术服务过程中，如果严重不负责任，疏忽大意而出具了不符合实际情况的证明文件，则应承担相应法律责任。依据《消防法》第69条第2款，给他人造成损失的，依法承担赔偿责任；造成重大损失的，由原许可机关责令停止执业或者吊销相应资质、资格。

问78：申请消防行政复议应具备哪些条件？

（1）申请人必须是认为消防具体行政行为侵害其合法权益的公民、法人或者其他组织，在理解申请人资格时，应注意以下问题。

① 当事人要引起消防行政复议发生，必须明确表示不服某具体行政行为，并且提出申请。如当事人认为行政机关的消防具体行政行为错误或者是不公正，侵犯其合法权益，但并未明确表示不服，也未提出复议申请，或者虽表示不服但未提出复议申请的，则消防行政复议不会发生。

② 申请人与本案有直接利害关系，也就是自己的权利义务受到了某消防具体行为的直接影响或本人的合法权益受到侵害。这有两种情况：一是行政机关直接针对本人做出了消防具体行政行为，侵犯了本人的合法权益；二是行政机关虽未直接对本人实施行为，但是该行为的结果却损害了或者即将损害自己的合法权益。只有在这两种情况下，有关的公民、法人或者其他组织才能成为申请人。非影响本人权利义务的，不具备申请人资格。

③ 申请人申请消防行政复议并不以消防具体行政行为确已侵害其合法权益作为前提。在申请人认为消防具体行政行为侵害了本人的合法权益，并且符合上述两个方面的条件，就可以提出复议申请。至于被申请的消防具体行为是否合法、是否适当、是否确实侵害了申请人的合法权益，只有在复议活动结束之后，才能够做出判断。

④ 有权申请消防行政复议的公民死亡的，其近亲属可申请行政复议，有权申请消防行政复议的公民为无民事行为能力人或者限制民事行为能力人的，其法定代理人可以代为申请行政复议。有权申请消防行政复议的法人或其他组织终止的，承受其权利的法人或者其他组织可以申请行政复议。

与申请行政复议的具体行政行为有利害关系的其他公民、法人或者其他组织，可以作为第三人参加行政复议。

申请人、第三人可以委托代理人代为参加行政复议。

（2）有明确的被申请人。复议申请人提出复议申请，必须提出明确的被申请人。一般而言，在消防行政复议中，被申请人就是做出消防具体行政行为的行政机关。另外，在两个或者两个以上行政机关以共同名义做出消防具体行政行为时，共同署名的行政机关是共同被申请人。

（3）复议申请有具体的复议请求、理由及事实根据。行政复议解决的就是行政争议，若申请人不提出争议事实及解决该争议的请求或者办法，以及这些请求或办法所依据的事实、理由和依据，到复议机关对具体行政行为无从审查。因此，复议申请应有具体的复议请求、理由及事实根据。

（4）消防行政复议的范围。根据《行政复议法》第 11 条规定，有下列情形之一的，公民、法人或其他组织可依法申请行政复议：

① 对行政机关做出的行政处罚决定不服；

② 对行政机关做出的行政强制措施、行政强制执行决定不服；

③ 申请行政许可，行政机关拒绝或者在法定期限内不予答复，或者对行政机关做出的有关行政许可的其他决定不服；

④ 对行政机关做出的确认自然资源的所有权或者使用权的决定不服；

⑤ 对行政机关做出的征收征用决定及其补偿决定不服；

⑥ 对行政机关做出的赔偿决定或者不予赔偿决定不服；

⑦ 对行政机关做出的不予受理工伤认定申请的决定或者工伤认定结论不服；

⑧ 认为行政机关侵犯其经营自主权或者农村土地承包经营权、农村土地经营权；

⑨ 认为行政机关滥用行政权力排除或者限制竞争；

⑩ 认为行政机关违法集资、摊派费用或者违法要求履行其他义务；

⑪ 申请行政机关履行保护人身权利、财产权利、受教育权利

等合法权益的法定职责，行政机关拒绝履行、未依法履行或者不予答复；

⑫ 申请行政机关依法给付抚恤金、社会保险待遇或者最低生活保障等社会保障，行政机关没有依法给付；

⑬ 认为行政机关不依法订立、不依法履行、未按照约定履行或者违法变更、解除政府特许经营协议、土地房屋征收补偿协议等行政协议；

⑭ 认为行政机关在政府信息公开工作中侵犯其合法权益；

⑮ 认为行政机关的其他行政行为侵犯其合法权益。

（5）属于复议机关和辖。如上所述，消防行政复议的复议机关是法定的，同理，复议机关的管辖范围也是法定的，申请人不得向非法定复议机关申请行政复议，复议机关也不得受理不属于自己管辖范围的行政复议案件。

问79：消防行政复议的提出及复议期限有哪些要求？

公民、法人或其他组织认为消防行政行为侵犯其合法权益的，可以自知道或者应当知道该行政行为之日起 60 日内提出行政复议申请；但法律、法规规定的申请期限超过 60 日的除外。

申请人提出行政复议申请因不可抗力或者其他正当理由耽误法定申请期限的，申请期限自障碍消除之日起继续计算。

申请人申请行政复议，可以书面申请，也可以口头申请；口头申请的，行政复议机关应当当场记录申请人的基本情况、行政复议请求、申请行政复议的主要事实、理由和时间。

公民、法人或其他组织向人民法院提起行政诉讼，人民法院已经依法受理的，不得申请行政复议。

行政复议机关应当自受理申请之日起 60 日内做出行政复议决定；但是法律、法规规定的期限少于 60 日的除外（如《治安管理处罚条例》第 39 条规定，公安机关复议治安管理处罚案件的复议期限为 5 日）。情况复杂，不能在规定期限内做出行政复议决定的，经复议机关的负责人批准，可适当延长，并告知申请人和被申请人，但延长期限最多不超过 30 日。

行政复议机关做出行政复议决定，应当制作行政复议决定书，并加盖公章。

行政复议决定书一经送达即产生法律效力。

问80： 消防行政复议决定的法律效力指的是什么？

行政复议决定于行政复议决定书送达之时起产生法律效力。

行政复议决定生效后，被申请人应当履行行政复议决定。若行政复议机关责令被申请人重新做出具体行政行为的，被申请人不得以同一事实和理由作为与原具体行政行为相同或基本相同的具体行政行为。被申请人不履行或者无正当理由拖延履行行政复议决定的，行政复议机关或者上级行政机关应当责令限期履行。

公民、法人或者其他组织对行政复议决定不服的，可以根据《行政诉讼法》的规定向人民法院提起行政诉讼，但是法律规定行政复议决定为最终裁决的除外。申请人逾期不起诉又不履行行政复议决定的，或者不履行最终裁决的行政复议决定的，按照以下规定分别处理。

（1）维持行政行为的行政复议决定书，由做出行政行为的行政机关依法强制执行，或者申请人民法院强制执行。

（2）变更行政行为的行政复议决定书，由行政复议机关依法强制执行，或者申请人民法院强制执行。

（3）行政复议调解书，由行政复议机关依法强制执行，或者申请人民法院强制执行。

问81： 提起行政诉讼后，人民法院如何进行判决？

人民法院受理消防行政诉讼案件并经审理后，在立案之日起 3 个月内，根据不同情况，可分别做出如下判决。

（1）具体行政行为证据确凿，适用法律、法规正确，符合法定程序的，判决维持。

（2）具体行政行为有下列情形之一的，判决撤销或部分撤销：

① 主要证据不足的；

② 适用法律、法规错误的；

③ 违反法定程序的；

④ 超越职权的；

⑤ 滥用职权的；

⑥ 明显不当的。

（3）被告不履行或者拖延履行法定职责的，判决在规定期限内履行。

（4）行政处罚显失公正的，可以判决变更。

人民法院判决被告重新做出具体行政行为的，被告不得以同一事实和理由做出与原具体行政行为基本相同的具体行政行为。

当事人不服人民法院第一审判决的，有权在判决书送达之日起15日内向上一级人民法院提起上诉；当事人不服人民法院第一审裁定的，有权在裁定书送达之日起10日内向上一级人民法院提起上诉。逾期不提起上诉的，人民法院的第一审判决或裁定产生法律效力。

人民法院审理上诉案件，按照下列情形，分别处理。

① 原判决、裁定认定事实清楚，适用法律、法规正确的，判决或者裁定驳回上诉，维持原判决、裁定。

② 原判决、裁定认定事实错误或者适用法律、法规错误的，依法改判、撤销或者变更。

③ 原判决认定基本事实不清、证据不足的，发回原审人民法院重审，或者查清事实后改判。

④ 原判决遗漏当事人或者违法缺席判决等严重违反法定程序的，裁定撤销原判决，发回原审人民法院重审。

原审人民法院对发回重审的案件做出判决后，当事人提起上诉的，第二审人民法院不得再次发回重审。

人民法院审理上诉案件，需要改变原审判决的，应当同时对被诉行政行为做出判决。

当事人对已经发生法律效力的判决、裁定，认为确有错误的，可以向原审人民法院或者上一级人民法院提出申诉，但判决、裁定不停止执行。

2 建筑工程消防安全管理

2.1 城乡建设消防安全规划管理

问82：城乡居住小区消防安全规划包括哪些内容？

城乡居住小区消防安全规划一般包括下列几方面的内容。

（1）城乡居住小区总体布局中的防火间距。城乡居住小区总体布局应依据城乡规划的要求进行合理布局，各种功能不同的建筑物群之间要有明确的功能分区。根据居住小区建筑物的性质及特点，各类建筑物之间应有必要的防火间距，具体应按照《建筑设计防火规范》（GB 50016—2014）（2018版）中的有关规定执行。

在城乡居住小区内设置的煤气调压站和液化石油气瓶库等生活服务设施，与民用建筑的防火间距必须符合《建筑设计防火规范》（GB 50016—2014）（2018版）的有关规定。

（2）城乡居住小区消防给水。居住小区消防给水规划总的原则是：城镇、居住区，企事业单位规划以及建筑设计时，必须同时设计消防给水系统。消防用水可以由给水管网、天然水源或消防水池供给，也可采用独立的消防给水管道系统供给。当利用天然水源时，应确定枯水期最低水位时消防用水的可靠性，并且应设置可靠的取水设施；采用独立的消防给水管道系统供给时，消防给水宜与生产、生活给水管道系统合用，如果合用不经济或技术上不可能，则可分别供给。

（3）城乡居住小区消防道路。城乡居住小区道路系统规划设计，要根据其建筑布局、车流以及人流的数量等因素按功能分区，力求达到短捷畅通。道路的走向、坡度、交叉、宽度、拐弯等，要根据自然地形和现状条件，按《建筑设计防火规范》（GB 50016—2014）（2018版）的规定进行合理设计。

在高层建筑和规模较大的会堂、体育馆以及剧院等建筑物周围，应设环形消防车道（可利用交通道路），如设环形车道有困难，可以沿建筑物的两个长边设置消防车道；当建筑物的总长度大于220m时，应设置穿过建筑物的消防车道；消防车道的宽度不应小于3.5m，其路边距建筑物外墙宜超过5m，道路上空如遇有障碍物或穿过建筑物时，其净高不应小于4m；比如穿过门垛时，其净宽不应小于3.5m。消防车道下面的管道和暗沟，应能够承受大型消防车辆压力。

对居住小区不能通行车辆的道路，要结合城乡改造，依据具体情况，采取裁弯取直、扩宽延伸以及开辟新路的办法，逐步改善道路网，使之满足消防道路的要求。

（4）城乡居住小区消防队（站）。城乡居住小区要依照公安部及住房和城乡建设部颁布的《城市消防站建设标准》的规定，结合居住小区的工业、商业、人口密度、建筑现状以及水源、道路、地形等情况，合理地设置消防站。消防站的保护半径是以接到火警后5min之内消防队可以到达责任区边缘为原则。

（5）城乡居住小区消防通信。消防通信装备指的是城乡火灾报警、受理火警、调度指挥灭火力量、把火灾损失降到最低限度的必需装备。随着科技的发展，现代电子通信产品及技术已在消防通信设备中得到广泛的应用，居住小区规划的消防报警形式应多样化、现代化，但必须符合火灾发现及时、报警及时的要求。

问83： **应如何规划城乡消防站？**

城乡消防站担负着扑救城乡火灾和抢险救援的重要任务，为城乡消防基础设施的重要组成部分。城乡消防站的建设应满足《城市消防站建设标准》的要求。

（1）消防站责任区面积要求。以接警后5min之内消防队到达责任区内任意单位为标准计算，标准普通消防站的责任区面积不应大于7km²，小型普通消防站的责任区面积不应超过4km²，特勤消防站兼有责任区面积要求的，其责任区面积与标准型普通消防站相同。

（2）消防站的选址。消防站的选址，应以便于消防车迅速出动扑救火灾与保障消防站自身安全为原则，设在责任区内适中位置及便于车辆迅速出动的临街地段。消防站的主体建筑距医院、学校、幼儿园、托儿所、影剧院以及商场等容纳人员较多的公共建筑的主要疏散出口的距离不应小于50m。责任区内有生产、储存易燃易爆危险品单位的，消防站应设置于其常年主导风向的上风或侧风处，其边界距上述部位通常不应小于200m。消防站车库门应朝向城乡道路，到城镇规划道路红线的距离宜为10～15m。

（3）消防站的通信。消防站应当建设比较先进的有线、无线火灾报警以及消防通信指挥系统。有条件的消防站，应当建成由计算机控制的火灾报警与消防通信指挥中心，由指挥中心集中受理火警，使消防通信系统的接警、通信、调度、信息传送及力量出动等程序实现自动化。

大城乡的电话局或小城乡的电话局以及建制镇、独立工矿区到城乡消防指挥中心或者火警接警中队的119火灾报警线路不应少于2对，以符合同时受理一个地区两起火灾的需要。

消防指挥中心或火警接警中队与城乡供水、供电、供气、交通、急救、环保等部门以及消防重点单位，应当设置专线通信，以确保报警、灭火等抢险救援工作的顺利进行。

问84：应如何设计城乡消防给水设施？

（1）消防水源。城乡消防用水量，应当按照《建筑设计防火规范》（GB 50016—2014）（2018版）等消防技术规范的规定，并结合城乡的实际情况综合确定。城乡供水能力应能同时满足生产、生活以及消防用水量的要求，当市政水源不能满足消防给水要求时，可采取对现有水厂进行更新、扩建，或者增建新的水厂，提高城乡水厂供水能力；或依据城乡的具体条件，建设合用或者单独的消防给水管道、消防水池、水井或者加水点等措施。

大面积棚户区或建筑耐火等级低的建筑密集区，无市政消火栓或者消防给水不足、无消防车道通道的，应由城建部门根据具体条件修建 $100\sim200\text{m}^3$ 的消防蓄水池。

有天然水源的城乡，应当充分利用江河、湖泊以及水塘等作为消防水源，并修建通向天然水源的消防车通道或取水设施。

（2）消防给水管网。市政消防给水管网宜布置成为环状管网。管道的最小管径不应小于100mm，最不利点市政消火栓的压力不应小于0.1MPa；对于给水管道陈旧，管径、水量以及水压不能满足消防要求的现有给水管网，供水部门应密切结合市政给水管网的更新、改造，使城乡给水管网满足消防给水要求；对于给水管网压力低的地区和高层建筑集中地区，应增建给水加压站，保证给水管网的压力达到消防要求。

（3）市政消火栓应沿道路设置，间距不应大于120m；当道路宽度超过60m时，宜在道路两边设置消火栓，并且宜靠近十字路口。

地上式消火栓应有一个直径为150mm或者100mm和两个直径为65mm的栓口；地下式消火栓应有直径为100mm与65mm的栓口各一个，并有明显的标志。

问85：城乡消防通道的规划要求有哪些？

城乡消防通道主要指的是能供消防车行驶的道路。消防通道同城乡交通道路合用，城乡消防通道一并随着城乡道路规划建设。

（1）消防通道的宽度、间距和限高。为确保发生火灾时消防车能顺利通行，城乡道路应考虑消防车的通行要求，其宽度不应小于4m。因为消火栓的保护半径为150m左右，所以为便于消防车使用消火栓灭火，城乡道路中心线间距不宜大于 160m，当建筑物沿街部分长度超过 220m 时，应在适当位置设穿过建筑物的消防通道。考虑到常用消防车的高度，消防通道上空 4m 范围之内不应有障碍物。

（2）环行消防通道。对于高层建筑，占地面积超过 3000m^2 的甲、乙、丙类厂房，占地面积大于的 1500m^2 乙、丙类库房，大型堆场、大型公共建筑、储罐区等较为重要的建筑物和场所，为了便于及时扑救火灾，其周围应当设置环行消防通道。

环行消防通道至少应有两处与其他车道连通，尽头式消防车道应设回车道或者回车场。考虑到目前几种常用消防车的转弯半径的情况，消防车回车场的面积不小于 12m×12m 或者 15m×15m 或者 18m×18m 三种形式。

（3）消防车道的其他要求。供消防车取水的天然水源与消防水池，应当设置消防车道。对于有内院或天井的建筑物，当其短边长度超过 24m 时，可设置进入内院或天井的消防车道。有河流、铁路通过的城乡，可以采取增设桥梁等措施，确保消防车道的畅通。

问86：公共消防设施如何建设与维护？

公共消防设施应当同其他公共基础设施统一规划、统一设计、统一建设以及统一验收。建设行政主管部门在安排年度城乡基础设施建设、改造计划时，应当根据城乡消防安全规划的要求把公共消防设施纳入建设、改造计划，统筹实施。

（1）公共消防供水设施的维护管理。市政消火栓等消防供水设施应由市政供水主管部门负责建设和维护。自建设施供水的单位，负责供水区域内市政消火栓的建设与维护。乡、镇消防水源和消防供水设施由乡、镇人民政府负责管理及维护。村庄的消防水源应当纳入村庄整治与人畜饮水工程同步建设，村庄的消防水源由村民委员会负责管理及维护。

（2）消防车通道的建设和维护。城乡消防车通道由市政工程主管部门负责建设及维护。乡、镇、村庄消防车通道由乡、镇人民政府负责建设及维护。单位投资建设消防车通道的，由投资建设的单位或其委托的单位负责维护。

（3）消防通信的建设和维护。电信业务经营单位应当负责消防通信线路的建设和维护管理，保证消防通信线路的畅通。无线电管理部门应当确保消防无线通信专频专用，不受干扰。

（4）公共消防设施保护。公共消防设施需要拆除、迁移的，应当向消防救援机构报备案；拆除、迁移以及修复、重建公共消防设施的费用，由建设单位承担。消防救援机构发现公共消防设施不能确保正常使用时，应当通知并督促有关部门和单位及时维护、保养。

2.2　建筑物使用消防安全管理

问87： 建筑工程在经验收合格，投入使用之后，使用单位应注意哪些问题？

建筑工程在经验收合格，投入使用之后，使用单位应继续加强对建筑工程的消防安全管理，并注意下列几个方面的问题。

（1）不能随意改变使用性质。建筑工程的使用应当与消防安全审核意见相一致，建筑结构、用途、性质不能随意改变。如报批的是丙类生产建筑，不能变更为甲类生产建筑使用；报批的是会议室，不能变更为歌舞厅。这是由于建筑物的耐火等级、平面布局、建筑面积、层数、防火间距等，都是依据其使用性质和火灾危险性而确定的，当其使用性质发生变化后，其火灾危险性也会随之改变，所以，建筑物的耐火等级、层数、平面布局、建筑面积和防火间距的消防安全要求也都应随之改变。否则，该建筑物就不能适应使用性质改变后带来的火灾危险性的变化，就会产生新的火灾隐患，就有可能引起火灾的发生，甚至带来严重的后果。

如福州市某纺织有限公司违反《建筑设计防火规范》的有关规定，擅自改变厂房功能，将厂房的第四层车间改做仓库，存放大量的腈纶纱等可燃物料；并且严重违反规定，在仓库内紧靠东侧防火墙上凿出 7 个 12m×1m 的孔洞，用木龙骨与纤维板搭建了 8 间女工临时倒班宿舍，严重破坏了防火墙和封闭楼梯间的防火防烟功能，以致在 1993 年 12 月 13 日发生火灾后职工无法逃生，造成了 61 人死亡，8 人受伤，过火建筑面积 3979m^2，直接导致财产损失 606.3 万元的特大火灾。

所以，建筑物的使用性质不能随意改变，如因特殊情况必须对建筑进行改建、扩建或变更使用性质时，也必须重新报经消防救援机构审批，以确保消防安全措施的落实，防止形成新的火灾隐患。

（2）严禁违法使用可燃材料装修。建筑内部装修、装饰材料，应当使用不燃、难燃材料，禁止违法使用可燃材料装修和使用聚氨酯类以及在燃烧后产生大量有毒烟气的材料，疏散通道、安全出口处不得采用反光或反影材料。

比如广东省深圳市龙岗区某社区的俱乐部，屋顶的天花板采用聚氨酯泡沫塑料装修，于 2008 年 9 月 20 日 22 时 49 分，由于在舞台燃放烟火不当发生特大火灾，虽然燃烧范围小，但有毒烟雾产生多；还由于室内为达环保要求以防对附近居民的噪声污染，全部采用了密闭且易燃的装修，加之防烟排烟系统与事故照明不合格，安全通道狭窄，聚氨酯泡沫塑料燃烧产生的大量有毒烟雾无法排出，致使近千人被困密封火场，导致人踩人惨剧，共造成 44 人丧生，88 人受伤。

（3）物资库房不得随意超量储存。因为仓库建筑物的耐火等级、结构、建筑面积、防火间距、层数等，都是依据所储物资的火灾危险性和储存量的多少来确定的，所储物质不同，其火灾危险性也不同，储存量增大，同样也会增加火灾危险性；而且一旦发生火灾，还会扩大损失，给日常防火管理带来困难。易燃易爆危险品的储存应当符合下列要求。

① 石油化工企业易燃易爆危险品库房储存量的限制要求。对于石油化工企业的厂内库房，甲类危险品储量不应超过 30t，乙、丙类危险品不应超过 500t。

② 爆炸品库房储存量的限制要求。为了避免一旦库房炸药发

生爆炸时对四周造成更大的危害，《民用爆炸物品工程设计安全标准》（GB 50089—2018）规定，爆炸品仓库的储存量必须严格限制，并且不准超过库房安全距离所允许的最大储存量。生产区单个中转库房的最大允许储存量应尽量压缩至最低限度，中转库炸药的总存药量：梯恩梯不应大于 3 天的生产需用量；炸药成品中转库的总存药量不应大于 1 天的炸药生产量，当炸药日产量小于 5t 时，炸药成品中转库的总存药量不应大于 3t。

（4）防火间距不得随便占用。防火间距是为了防止火灾蔓延和保证火灾扑救，消防车通行的预留场地。如果使用单位随便在防火间距之内搭建其他建筑或者构筑物，或堆放其他物资，一旦发生火灾就会影响消防车的通行和灭火救援的展开，甚至导致火势蔓延、扩大。比如吉林市某商厦，既不留有防火间距，也不考虑设置有效的防火分隔，而是贴邻商厦搭建高 2.7m、长 42m 的库房和锅炉房，并且在仓库内留有 10 个窗户与大厦连通，当地消防救援机构列为重大火灾隐患限期整改后，该单位仅用砖封堵了东西两侧的 6 个窗户，中间 4 个用装修物掩盖了事，未进行彻底的防火分隔，结果在 2004 年 2 月 15 日由于库房职工抽烟引起火灾，并迅速蔓延到该商厦，造成了死亡 54 人，受伤 70 人，过火建筑面积 2040m²，商厦一层商品全部烧毁，直接造成财产损失 426 万元的特大火灾。

（5）安全疏散通道及其出口不得堵塞。安全疏散通道及其出口是确保建筑内人员安全疏散的逃生之路，其数量、宽度及长度的限制都是根据建筑物的使用性质、面积、层数以及人员情况来确定的，一旦堵塞，发生事故时人员就难以迅速疏散和逃生，对人员密集场所来说，就可能导致大量人员伤亡等难以想象的后果。

安全疏散通道及其出口是绝对不能堵塞的。特别是在使用时安全门必须全部打开，在疏散通道内也不得摆放任何影响安全疏散的物品。不得擅自改变建筑物的防火分区，建筑物装修材料的燃烧性能等级不得擅自降低，建筑内部装修不应改变疏散门的开启方向，不得减少疏散出口、安全出口的数量及其净宽度，以免影响安全疏散畅通。

（6）消防设施不得圈占和埋压。消防设施是扑救火灾的重要设施，一旦被圈占和埋压，失火时就不能保证使用而影响火灾的扑救。如吉林市某建筑物外仅有的 2 个消火栓也被埋压及损坏，致使 5km 范围内没有一个消火栓可用，结果附近的某歌舞厅失火之后，消防车只能到 5km 之外的单位去拉水灭火，严重影响了火灾的扑救，导致了不应有的火灾损失，该教训非常值得有关单位吸取。

（7）车间或仓库不得设置员工宿舍。员工宿舍是人员杂居的地方，人们抽烟、用火、用电较多，因此导致火灾的因素也较多；近年来，一些单位在车间或仓库内设置了员工宿舍，且由于居住人员多，一旦遭遇火灾，往往导致大量人员伤亡和财产损失。比如 1993 年 11 月，深圳某玩具厂火灾，烧死 87 人，烧伤 51 人；同年 12 月福建福州某纺织公司发生火灾，烧死 61 人，伤 7 人；在 1996 年 1 月，广东深圳某有限公司发生火灾，造成 20 人死亡，109 人受伤；1997 年，福建晋江某鞋厂发生火灾，烧死 32 人，烧伤 4 人。这些火灾之所以屡屡造成群死群伤的恶性事故，一方面是因为这些企业对员工人身安全不重视，缺乏消防安全管理制度和措施，造成严重的火灾隐患；另一方面是由于在车间、仓库内设置员工宿舍。所以，必须严格禁止在车间或仓库内设置员工宿舍。

2.3 古建筑防火管理

问88： 古建筑消防管理原则有哪些？

古建筑消防管理原则如下。

（1）古建筑内不得开设饭店、餐馆、旅馆、茶馆、招待所或生产车间、物资仓库、办公室及员工宿舍、居民住宅等。

（2）在古建筑范围内，严禁堆放柴草、木材等可燃物品，严禁储存易燃易爆化学危险品。

（3）古建筑群附近严禁搭建临时易燃可燃建筑。

（4）凡与古建筑毗连的棚屋，必须拆除。

（5）对于古建筑的木质构件，应喷涂防火涂料，以提高耐火等级。

（6）应考虑在不破坏古建筑群原有格局的情况下，适当设置防火墙和防火门进行防火分隔。

（7）对于古建筑群，要逐步改善交通条件，疏通疏散通道，保证消防车能够到达古建筑群附近。

（8）古建筑群应利用市政供水管网，安装室外消火栓；无市政供水管网的，应修建消防水池，储水量应确保灭火持续时间不少于 3h。

（9）按照国家标准配置必要的灭火器材和工具。

（10）对于古建筑群，应依照规定建立专职消防队，负责古建筑群的消防管理及火灾扑救。

问89：古建筑单位应当履行哪些消防安全职责？

依据《消防法》，古建筑单位应当履行的消防安全职责如下。

（1）落实消防安全责任制，制定本单位的消防安全制度、消防安全操作规程，制定灭火和应急疏散预案。

（2）按照国家标准、行业标准配置消防设施、器材，设置消防安全标志，并定期组织检验、维修，确保完好有效。

（3）对建筑消防设施每年至少进行一次全面检测，确保完好有效，检测记录应当完整准确，存档备查。

（4）保障疏散通道、安全出口、消防车通道畅通，保证防火防烟分区、防火间距符合消防技术标准。

（5）组织防火检查，及时消除火灾隐患。

（6）组织进行有针对性的消防演练。

（7）法律、法规规定的其他消防安全职责。

问90：消防安全重点单位还应当履行哪些消防安全职责？

消防安全重点单位除应当履行上述规定的职责外，还应履行以下消防安全职责。

（1）确定消防安全管理人，组织实施本单位的消防安全管理工作。

（2）建立消防档案，确定消防安全重点部位，设置防火标志，实行严格管理。

（3）实行每日防火巡查，并建立巡查记录。

（4）对职工进行岗前消防安全培训，定期组织消防安全培训和消防演练。

问91： **消防安全责任人应当依法履行哪些消防安全职责？**

依据公安部 61 号令，即《机关、团体、企业、事业单位消防安全管理规定》，消防安全责任人应当依法履行的消防安全职责如下。

（1）贯彻执行消防法规，保障单位消防安全符合规定，掌握本单位的消防安全情况。

（2）将消防工作与本单位日常管理、开放、宗教等活动统筹安排，批准实施消防工作计划。

（3）为本单位的消防安全提供必要的经费和组织保障。

（4）确定逐级消防安全责任，批准实施消防安全制度。

（5）组织本单位的防火检查，督促落实火灾隐患整改，及时处理涉及消防安全的重大问题。

（6）根据消防法规的规定建立专职或志愿（义务）消防队。

（7）组织制定符合本单位实际的灭火和应急疏散预案，并实施演练。

问92： **消防安全管理人要实施和组织落实哪些消防安全管理工作？**

古建筑单位根据需要，还可以确定消防安全管理人。消防安全管理人，对本单位的消防安全责任人负责，实施和组织落实以下消防安全管理工作。

（1）拟订消防工作计划，组织实施日常消防安全管理工作。

（2）组织制定消防安全制度并检查督促其落实。

（3）拟订消防工作的资金投入和组织保障方案。

（4）组织实施防火检查、巡查和火灾隐患的整改工作。

（5）组织实施对本单位消防设施、灭火器材和消防安全标志维护保养，确保其经常完好有效，确保疏散通道、安全出口和消防车通道畅通。

（6）组织管理专职或志愿（义务）消防队，建立防火档案。

（7）组织开展对本单位管理人员、工作人员、寺庙僧侣、道士、尼姑等人员进行消防知识、技能的宣传教育和培训，组织灭火和应急疏散预案的实施和演练。

（8）单位消防安全责任人委托的其他消防安全管理工作。

单位的消防安全管理人，应定期向消防安全责任人报告消防安全情况，及时报告涉及消防安全的重大问题。未确定消防安全管理人的单位，应当由消防安全责任人负责实施管理人的职责。

问93： 如何严格控制古建筑用火管理？

一是在古建筑内禁止使用液化气和安装煤气管道；二是做饭、采暖的炉灶、烟囱必须满足防火安全要求，尽可能不用明火；三是供游人参观、举行宗教等活动的地方，禁止吸烟，并应当设有明显的标志；四是如由于维修需要，临时使用焊接切割设备的，必须经单位领导批准，并指定专人负责，落实安全措施。

问94： 如何管理古建筑内的电源？

（1）列为重点保护的古建筑，除砖、石结构外，国家有关部门明确规定，一般不准安装电灯和其他电气设备，必须安装使用的尽量采用弱电。

（2）古建筑的电气线路，均一律采用铜芯绝缘导线，并用金属穿管敷设。不得把电线直接敷设在梁、柱、枋等可燃构件上，禁止乱拉乱接电线。

（3）配线方式，通常应将一座殿宇作为一个单独的分支回路，独立设置控制开关。

（4）在重点保护的古建筑内，不宜采用大功率的照明灯具，严禁使用表面温度很高的碘钨灯之类的电光光源和电炉等加热器。

（5）没有安装电气设备的古建筑，如临时需要使用电气照明或者其他设备，必须办理临时用电审批手续，由电工安装，当期限结束即行拆除。

问95： 整改火灾隐患的方法有哪些？

整改火灾隐患是一项系统工程，既要考虑当前现实，又要考虑长远规划；既要考虑人的因素，又要考虑物的因素；既要考虑技术先进可靠，又要考虑经济承受能力。应是安全和经济的统一，形式与效果的统一，并坚持"三不放过原则"。也就是隐患没查清不放过、整改措施不落实不放过、不彻底整改不放过。整改火灾隐患，按照其难易程度可分为当场整改和限期整改两种方法。

（1）当场整改。对整改比较简单，不需要花费较多时间、人力、物力以及财力的隐患，单位应当责成有关人员当场改正并督促落实，不要拖延。例如：违章使用明火或者在具有火灾危险场所吸烟、动火的；消防设施、灭火器材被遮挡影响使用或者被挪作他用的；消防设施管理、值班人员以及防火巡查人员脱岗等行为，必须当场整改。

（2）限期整改。对整改有难度、涉及面广、牵涉建筑布局与结构等，需要花费较多时间、人力、物力以及财力才能整改的隐患，应当采取限制在一定时间内按照"三定"的方法（即定整改措施、定整改的期限和定负责整改的部门及人员）进行整改，并落实整改资金。

问96： 如何科学规划消除各类危险源？

（1）首先，古建筑（群）的开发及利用应与历史、文化背景相适应，与古代使用功能相适应。

（2）在保护的基础上，科学规划，适度利用。但不准占用古建筑开设饭店、茶楼、车间以及住宅等；已占用的，必须采取果断措施，限期搬迁。

（3）坚决拆迁危及古建筑安全的各类危险源。在殿堂内严禁使用易燃易爆的气体、液体；严禁使用可燃材料隔断和堆放可燃材料；严禁储存易燃易爆危险物品。已使用、堆放、储存的，必须立即搬出。

（4）在古建筑范围内，严禁毗连古建筑搭建易燃棚房、简易房以及临时易燃建筑；在古建筑外围，应拆除乱接乱建的易燃房屋；对危及古建筑消防安全的生产、储存单位以及建（构）筑物，应强制搬迁或拆除。

问97：如何设置防火间距或防火分隔？

防火间距是避免着火建筑的辐射热在一定时间内引燃相邻建筑，且便于消防扑救的间隔距离。实践证明，为了避免建筑物间的火势蔓延，各幢建筑物之间留出一定的安全距离是非常必要的，这样能够减少辐射热的影响，防止相邻建（构）筑物被烤燃，并可为人员疏散和灭火救援提供必要的场地。防火分隔，是为了使火势控制在一定的范围之内，最大限度地减少火灾损失，在建筑内部设防火墙、防火门、防火卷帘以及防火水幕等。

（1）所有古建筑进行扩建、改建以及维修的时候，都应注意设置防火间距。古建筑与周围相邻建（构）筑物之间，应依照《建筑设计防火规范》（GB 50016—2014）（2018版）留出足够的防火间距；规模较大的古建筑群，确实无法设置防火间距的，应在不破坏原有格局的基础之上，设置防火墙、防火水幕等防火分隔设施。

（2）建在森林区域的古建筑，周围应开辟宽度30～50m的防火隔离带，防止森林发生火灾时危及古建筑安全。在郊野的古建筑，即使没有森林，在秋冬枯草季节，也需把周围30m范围内的枯草、干枯树枝等可燃物清除干净，防止野火蔓延危及安全。

（3）所有古建筑都应开辟消防车道并始终保持畅通。消防车道可利用交通道路，但应符合消防车通行与停靠的要求；消防车道的净宽度及净高度均不应小于 4.0m；供消防车停留的空地，其坡度不宜大于 3%，以便于发生火灾时消防队能及时迅速赶赴施救。

（4）消防车道最好形成环形。如不能形成环形车道，其尽头式消防车道应设置回车道或者回车场，回车场尺寸不应小于 12m×12m；供大型消防车使用的回车场，其尺寸不应小于 18m×18m。消防车道路面、扑救作业场及其下面的管道及暗沟等应能承受大型消防车的压力。

问98：　古建筑消火栓如何配置？

应在完善消防给水系统的基础上，合理设置消火栓。消防给水可以采取生活用水及消防用水合用的给水系统，其用水量不应小于60～80L/s。在城市间的古建筑，应利用市政供水管网，在每座殿堂和庭院外安装室外消火栓，有的还应加装水泵接合器。室外消火栓的间距不应大于 120m，其保护半径不应大于 150m。每个消火栓的供水量应按照 10～15L/s 计算。当古建筑在市政消火栓保护半径 150m 以内，并且室外消防用水量小于等于 15L/s 时，可以不设置室外消火栓。室外消火栓、阀门以及消防水泵接合器等设置地点应设置相应的永久性固定标识。

问99：　古建筑如何配置室内外消火栓？

室外消火栓应沿道路设置。消火栓距路边不应大于 2m，并且距房屋外墙不宜小于 5m。当道路宽度大于 60m 时，宜在道路两边设消火栓，并宜靠近十字路口。室外消火栓宜采用地上式。地上式消火栓应有 1 个 DN150mm 或者 DN100mm 和 2 个 DN65mm 的栓口。采用室外地下式消火栓时，应有 DN100mm 与 DN65mm 的栓口各 1 个。寒冷地区设置的室外消火栓应有防冻措施。

国家级文物保护单位的木结构或者砖木结构古建筑，宜设置室内消火栓。当古建筑体积小于等于 $10000m^3$ 时，消防用水量不应小于 $20L/s$；当体积超过 $10000m^3$ 时，其消防用水量不应小于 $25L/s$。室内消防竖管直径不应小于 $DN100mm$。室内消火栓应设置于位置明显且易于操作的部位；栓口离地面或操作基面高度宜为 $1.1m$，其出水方向宜向下或与设置消火栓的墙面成 $90°$；栓口与消火栓箱内边缘之间的距离不应影响消防水带的连接。同一建筑物内应采用统一规格的消火栓、水枪以及水带，每条水带的长度不应大于 $25m$。比如设室内消火栓有困难，则可通过强化室外消火栓的布置方式来弥补室内消防系统的不足。当室外消火栓替代室内消火栓时，水压应满足水枪充实水柱到达最不利点灭火的需要，间距应按室内消火栓的要求布置，并宜增设消防软管卷盘，配置消防水枪和水带，宜采用多功能水枪。消火栓的设置形式、色彩等应尽量同周围景观相协调，并且有醒目的标志。

问100： 在郊野、山区中的古建筑应如何设置消防水源？

在郊野、山区中的古建筑，以及消防供水管网不能满足消防用水的古建筑，应当修建消防水池，配备消防手抬泵、水枪以及水带。消防水池的储水量应满足扑救一次火灾，持续时间不应小于 $3h$ 的用水量（即消防水池的容量应为室内外消防用水量和火灾延续时间的乘积）。消防水池的补水时间（即从无水到完全注满所需的时间）不宜大于 $48h$；缺水地区可延长至 $96h$。在通消防车的地方，水池周围应有消防车道，并且有供消防车回旋停靠的余地；供消防车取水的消防水池，应设置取水口或取水井，并且吸水高度不应大于 $60m$；取水口或取水井与建筑物（水泵房除外）的距离不宜小于 $15m$。地处山区的古建筑，宜借助地形优势，修建山顶高位消防水池，形成常高压消防给水系统。在寒冷地区，消防水池还应采取防冻措施。

问101： 古建筑如何配置灭火器材，有什么要求？

灭火器材的配置，要考虑尽可能将水渍损失减少。应配置适合扑救古建筑火灾的灭火效率高、水渍损失小的灭火和抢险救援器材，如干粉灭火器、二氧化碳灭火器以及高压脉冲水枪等。开放游人参观的宫殿、楼阁及寺庙、道观，可按照每200m² 左右配2具8kg 磷酸铵盐（ABC）干粉灭火器或手提式7kg 二氧化碳灭火器。

灭火器的设置一般有如下要求。

（1）设置位置。灭火器应设置在明显及便于取用的地点，并且不得影响安全疏散。

（2）设置方法。手提式灭火器应放置在挂钩上、托架上或者灭火器箱内，并应稳固摆放，其铭牌应朝外、可见。灭火器箱不得上锁。推车式灭火器放于室外时，应采取遮阳挡雨的措施。

（3）设置高度。手提式灭火器的顶部离地面通常为1～1.5m，不应大于1.5m；底部离地面高度不宜小于0.08m。

（4）设置环境。灭火器应防潮湿、防腐蚀，否则会严重影响到灭火器的使用性能和安全性能。

问102： 如何维修保养干粉灭火器及二氧化碳灭火器？

对古建筑内的各种灭火器材和消防设施，应定期由专人维护保养，要利用不断检测、调试、维护保养、更新改造等，随时确保消防设施、灭火器材功能正常、完好有效。其中，对干粉灭火器及二氧化碳灭火器的维护保养要求分别如下。

干粉灭火器应放置在通风、干燥以及阴凉处，避免日光暴晒和强辐射热，存放环境温度通常宜为-20～55℃，严防干粉结块、分解，每半年应检查漏气与否，如已发生泄漏，则应送维修部门维修。灭火器一经开启必须再充装，再充装时不得变换干粉灭火剂的种类。比如碳酸氢钠（BC）干粉灭火器不能换装 ABC 干粉灭火剂；反之亦然。每次使用后或者期满5年，以后每隔2年，都应送维修部门进行水压试验等检查。

二氧化碳灭火器应存放在阴凉、干燥、通风处，不得接近火源，避免强辐射热，禁止日光曝晒，存放环境温度通常宜为-10～55℃。搬运时，要轻拿轻放，不可碰撞，注意保护好阀门及喷筒。

每半年应用称重法检查一次质量，检查有无泄漏。每次使用后或者期满 5 年，以后每隔 2 年，均应送维修部门进行水压试验等检查。

问103：如何改善建筑材料、织物的燃烧性能，使其耐火性提高？

（1）阻燃处理。

① 对古建筑的柱、梁、枋、檩、椽、楼板以及闷顶内的梁架等木质构件，在木材的表面涂刷或喷涂木材专用防火涂料，使之形成一层保护性的阻火膜，以此来降低木结构表面的燃烧性而增强其耐火性，阻止火势的迅速蔓延。

② 用于古建筑内的各种棉、麻、毛、丝绸以及混纺针织品制作的装饰织物，尤其是寺院、道观内悬挂的帐幔、幡幢、伞盖等应采用织物专用型阻燃液处理，既可降低其燃烧性能，又可达到防霉、防腐的目的。

③ 古建筑内使用的电线电缆，应采用防火涂料刷涂、喷涂或者辊涂，以满足防火阻燃的要求。

（2）替换可燃构件。古建筑扩建、改建以及修缮时，在不影响其原貌的前提下，宜对易燃、可燃构件用不燃或难燃构件进行替换。对规模比较大的古建筑群，应考虑在不破坏原有格局的情况下，适当设置防火墙、防火门进行防火分隔，使某一处失火时，不致很快蔓延至另一处，形成"火烧连营"。

问104：如何管理古建筑内的香火？

（1）未经批准进行宗教活动的古建筑（寺庙、道观等）内，禁止燃灯、点烛以及焚纸。经批准进行宗教活动的古建筑内，燃灯、点烛、烧香以及焚纸等宗教活动，必须时刻注意消防安全，小心火烛。

（2）燃灯、点烛、烧香、焚纸等，应在指定的安全地点和位置，并且落实专人负责看管。除长明灯在夜间应有人巡查之外，香、烛必须在人员离开前熄灭。

（3）香炉应采用不燃材料制作；放置香、烛、灯的木质供桌上，应铺垫金属薄板、不燃材料或者涂防火涂料，避免香、烛、灯火跌落在上面时，引起燃烧；神佛像前的长明灯，应设固定的不燃灯座，并把灯放置在瓷缸或玻璃缸内，防止碰翻；蜡烛应有固定的不燃烛台，以防倾倒发生意外，并始终由专人负责看管。

（4）严禁所有的香、烛、灯火靠近帐幔、幡幢、伞盖等可燃物。

（5）焚烧纸钱、锡箔的香炉必须设于殿堂外，选择靠墙角避风处，用不燃材料制作。

问105： 如何管理古建筑内的生活用火？

古建筑内禁止使用液化石油气和管道煤气；炊煮用火的炉灶和烟囱，应符合防火安全要求。冬季，在必须取暖的地方，取暖用火的设置，应经单位有关人员检查后定点，并指定专人负责。

供游人参观和举行宗教等活动的地方，严禁吸烟，并设有明显的警示标志。工作人员以及僧、道等神职人员吸烟，应划定地方，烟头、火柴梗必须丢在带水的烟缸或痰盂内，严禁随手乱扔。

问106： 如何管理古建筑内的照明设施？

凡列为重点保护的古建筑，除砖、石结构外，通常不准安装电灯和其他电气设备。古建筑内如确需安装照明灯具及电气设备，需经当地文物行政管理部门和消防救援机构批准，并由正式电工负责安装及维护，严格执行有关电气安装使用的技术规范相关规程。

古建筑内电气照明设施，应符合消防安全技术规程的要求。禁止使用卤钨灯等高温照明灯具和电炉等电加热器；不准使用日光灯和大于60W的白炽灯；灯具和灯泡不得靠近可燃物；灯饰材料的燃烧性能不应低于 B1 级。有资料表明：200W 灯泡紧贴木材 1h，就可以将其烤燃起火；100W 灯泡 13min、200W 灯泡 5min，就可以将被褥等可燃物烤燃起火。

所有电气线路应一律采用铜芯绝缘导线，并且采用阻燃 PVC（聚氯乙烯）穿管保护或穿金属管敷设，不准直接敷设在梁、柱、枋等可燃构件上，禁止乱拉乱接电线。

配线方式，通常应以一座殿堂为一个单独的分支回路，独立设置控制开关，以便于在人员离开时切断电源；控制开关、熔断器都应安装在专用的配电箱内，配电箱应设在室外；禁止使用铜丝、铁丝以及铝丝等代替熔丝。所有安装了电气线路和设备的木结构或者砖木结构的古建筑，宜设置漏电火灾报警系统。

没有安装电气设备的古建筑，若临时需要使用电气照明或其他电气设备，也必须办理临时用电申请审批手续。经批准后由正式电工安装，到批准期限结束，必须拆除。

问107：古建筑防火可以增加哪些防范设备？

防范设备虽然是消防用设备之外的设备，但按照设置方法的不同，很多设备也能够十分有效地预防火灾。防范设备一般是经常使用的，也是古建筑物中众多的设备之一。

（1）防范传感器。警戒侵入建筑物内或占地内的防范传感器的种类很多，并且各具特点。必须选择与目的相符的传感器，并选择合适的灵敏度，若传感器的灵敏度太高，除人侵入外，小动物、小鸟等活动有时也会产生错误启动，给管理造成麻烦；相反，如果设定灵敏度太低，即使有侵入者，有时传感器也不会启动而导致损失。在这些情况下，要使用具有复合功能的传感器，或设置多个传感器组合使用。在各种各样的设置方法中，选择最适合相应建筑物的方法十分重要。在古建筑的房间中，大多都设置单独房间的防范传感器（红外线式）。在火灾时借助这些信息作为判据之一，也非常有效。防范设备的监视功能，可以与火灾自动报警设备的接收机设置于同一场所进行监视。

（2）监控。在能够反映出主要场所画面的范围内设置监控，进行 24h 监视。并且应保存监控的录像，以便必要时观看。现在的监控有多种多样的功能，即使周围光线很暗，也能够进行暗室监视、红外线监视，并附加有旋转装置，能够观察到周围的情况。通过设置、利用这些功能，还能实现防火和火灾时的情况确认等多种用途。

问108： 古建筑的外部防雷措施有哪些？

外部防雷装置（即传统的常规避雷装置）由接闪器、引下线以及接地装置三部分组成。接闪器（也称为接闪装置）有三种形式：避雷针、避雷带以及避雷网。接闪器位于建筑物的顶部，其作用是引雷或称截获闪电，即把雷电流引下。引下线的上部与接闪器连接，下部与接地装置连接，它的作用是把接闪器截获的雷电流引到接地装置。接地装置位于地下一定深度，它的作用是使雷电流顺利流散至大地中去。接闪器、引下线以及接地装置的布设要求见表 2-1。

表 2-1　接闪器、引下线以及接地装置的布设要求

防雷装置	布设要求
接闪器	为保持古建筑的艺术特点，接闪器宜采用避雷带与短支针的组合，并宜在敷有引下线屋角的避雷带上焊接短支针，以便有效接闪雷电泄流入地。根据雷击规律，避雷带应沿建筑物屋面的正脊、吻兽、屋顶檐部、斜脊、垂兽和高出建筑物的烟囱等易受雷击的部位敷设 目前一种提前放电避雷针逐渐成为非常规避雷针的主流。新型避雷针无源、无辐射，精确地提前放电，完全主动式引雷，大大加强了建筑的防雷能力。其能量来自闪电发生前地面和云层之间的电势差。它在雷击发生临界点提前产生一个向上先导，形成雷电优先通路，相当于将避雷针增长了数十米，克服了传统避雷针被动接闪的不足，大幅度提高了防雷保护范围，减小了二次雷击效应影响。新一代避雷针安全可靠，无放射性元素，抗风能力强，耐腐蚀，无源、无耗能元件，本身不受浪涌冲击影响，免维修，寿命长，可在古建筑避雷工作中大力推广。新型古建筑的防雷保护可采用"暗装笼式避雷网"技术，在不影响古建筑艺术效果的前提下，将设计成网状的防雷装置铺排在古建筑顶部的瓦面上，构成一个大型金属网笼，并饰以与屋顶相同的颜色，这样既可以起到防雷作用，又可以保持古建筑完美的艺术造型，是一种实用、美观的安全的防雷方式，可在古建筑避雷工作中推广

防雷装置	布设要求
引下线	防雷引下线根数少，雷电流分流就小，每根引下线所承受的雷电流就越大，容易产生雷电反击和雷电二次效应危害。因此，在布设引下线时应尽量多设几根，尽量利用古建筑的柱子和钢筋。但古建筑多为砖木结构，故只能采用明敷。敷设时应注意引下线要对称，在间距符合规范的前提下，尽可能多设几根
接地装置	古建筑接地装置的布设应根据其用途、性质、地理环境和游客多少等情况来选择布置方式和位置。对重要的游客集中的古建筑内部应采用均压措施。对宽度较窄的古建筑可采用水平周圈式接地装置，并注意接地装置与地下管线路的安全距离。若达不到规范要求的一律连接成一体，构成均压接地网。这样可以使接地网界面以内的电场分布比较均匀，可以减小跨步电压对游客的危害，也可以减小室内在被雷击时由于地面电位梯度大而容易产生的反击高压危害。另外，为降低雷电跨步电压对游客的危害，当接地体距建筑物出入口或人行道小于3m时，接地体局部应埋深1m以下，若深埋有困难，则应敷设5～8cm厚的沥青层，其宽度应超过接地体2m

问109： 古建筑的内部防雷措施有哪些？

内部防雷装置的作用是减少建筑物内的雷电流和所产生的电磁效应以及防止反击、接触电压、跨步电压等二次雷害。除外部防雷装置外，所有为达到此目的所采用的设施、手段以及措施均为内部防雷装置，主要包括等电位连接设施（物）、屏蔽设施、加装的避雷器以及合理布线和良好接地等措施。

大多数国家、省、市级重点文物保护的古建筑内均增设了消防广播、防盗报警以及监视系统等。这些弱电电气系统对雷电虽无计算机电子信息系统那样"敏感"，但一旦遭受雷击其危害也是很大的。为此，随着人类科技的发展，古建筑、仿古建筑的内部防雷也显得十分重要。

文物古建筑应实施避雷设施跟踪技术检测，每年至少检修一次，以防人为及非人为因素破坏。现代防雷技术强调的是全方位防护、综合治理、层层设防，将防雷看作一个系统工程。国家文物是国家重要的人文旅游资源和珍贵的文化遗产，具有不可复原性，因此古建筑的防雷安全工作不是小事。各级政府应当因地制宜，把避雷设施建设纳入文物保护基本建设和维修项目中，加大经费投入。各级文物管理部门应当增强雷电灾害忧患意识，切实做好古建筑的防雷安全保护工作。

问110：古建筑安装避雷设施的注意事项有哪些？

古建筑是否安装避雷装置，不应只从建（构）筑物的高度考虑，而应从保护历史文化遗产与古建筑安全防火的角度考虑。以往火灾教训表明，雷击不仅对高大的古建筑有威胁，对低矮的古建筑也同样有威胁，所以古建筑都应安装避雷装置。国家级重点文物保护的古建筑防雷，应符合第二类防雷建筑要求。除应严格按照《建筑防雷设计规范》（GB 50057—2010）设置避雷针、避雷线、避雷带以及避雷网等避雷设施外，还应注意下列事项。

（1）正确选择及安装避雷设施。选择避雷针安装方式，必须准确计算它的保护范围，屋顶与屋檐四周应在保护范围之内。无论是采用避雷针还是避雷带的安装方式，都应注意引下线在建筑屋檐的弯曲处，尽量减少弯曲，防止出现直角、锐角。若采用避雷带，则应沿屋脊等突出的部位敷设。

（2）防雷引下线不要过少。引下线少，分流就少，每根引下线承受的电流就大，容易产生反击及二次灾害。所以，引下线不应少于 2 根，即使建筑物长度短，引下线也不得少于 2 根，其间距不应大于 24m。

（3）接地体及其电阻应符合安全要求。接地体应就近埋设，不宜距保护建筑太远，以使防雷装置的反击电压减小，可避免造成放电引发火灾的危险。为便于每根接地体的电阻的测试维护，应在防雷引下线和接地体间距地面 1.8～2m 处，设断接卡子。接地体的电阻值应在 10Ω 以下。

（4）防雷导线和其他金属物应保持安全距离。防雷导线与进入室内的电气、通信线路、管线和其他金属物要避免相互交叉，必须保持一定距离，避免产生反击引起雷电二次灾害。室外架空线路进入室内之前，应加装避雷器或者采取放电间隙等保护措施。

（5）安装节日彩灯需采取安全措施。古建筑安装的节日彩灯和避雷带平行时，避雷带应高出彩灯顶部30cm，而避雷带支持卡子的厚度应大一些。彩灯线路由建筑物上部供电时，应在线路进入建筑的入口端，装设低压阀型避雷器，其接地线应和避雷引下线相连接。

（6）坚持定期专门检测维护。在每年雷雨季节前，应组织专业人员对避雷设施进行专门检测维护，以保证性能完好有效。

问111： 古建筑如何设置火灾自动报警和自动灭火系统？

凡属国家级重点文物保护单位的古建筑或者有条件的古建筑，都应建立全方位消防监控系统。在不破坏建筑的原有结构、不影响其使用功能以及满足建筑装饰效果的前提下，均需采用先进的消防技术措施，设置火灾自动报警与自动灭火系统，推广安装细水雾灭火系统。

（1）安装火灾自动报警系统。火灾自动报警系统是指能自动探测火灾、自动通报火灾以及启动、控制有关消防设施的各种设备所构成的系统。此系统由触发器件、火灾报警装置以及具有其他辅助功能的装置组成。它主要有区域报警系统、集中报警系统以及控制中心报警系统三种基本形式。古建筑（群）应按照消防安全保护的实际需要，设置火灾自动报警系统。火灾自动报警系统的设计、安装、施工以及竣工验收均应符合有关消防技术规范的要求，并应尽量不影响古建筑外观和风格。

大空间古建筑，可以选择红外线感烟探测器、缆式线型定温探测器和火焰探测器；佛像体上和壁挂、经书以及文物较密集的部位，可采用缆式线型定温探测器；对于人员住房、库房等其他建筑，可采用感烟探测器和火焰探测器的组合；收藏、陈列珍贵文物的古建筑，宜选择抽气式早期火灾探测器或线型光纤感温探测器；

重要古建筑的重点防火区域及重点部位，宜设置火焰图像探测器，火焰图像探测器宜和安防图像监控系统相结合，对建筑实施 24h 全方位监控。

（2）安装自动喷水灭火系统。自动灭火系统，也就是能自动探测火灾并能自动输送、喷射灭火剂扑救火灾的灭火装置。该系统一般由火灾探测、动力能源、操作控制、灭火剂储存及输送喷射、安全及指示仪表五部分设备组成。按照使用的灭火剂种类可分为自动喷水灭火系统、二氧化碳灭火系统、蒸汽灭火系统、泡沫灭火系统、干粉灭火系统、卤代烷灭火系统等。自动喷水灭火系统是按适当的间距与高度装置一定数量喷头的供水灭火系统，主要由喷头、阀门、报警控制装置和管道、附件等组成。按其组成部件及工作原理的不同，可以划分成若干种基本类型。目前已在应用的主要有湿式系统、干式系统、雨淋系统、预作用系统、水喷雾系统和水幕系统等。

重要的木结构与砖木结构的古建筑内，宜设置湿式自动喷水灭火系统。寒冷地区需防冻或者防误喷的古建筑，宜采用预作用自动喷水灭火系统。在建筑物周围容易蔓延火灾的场合，宜设置固定或者移动式水幕。

自动喷水灭火系统管道、喷头等构件的选型以及安装位置等应经过科学论证，不应影响和破坏古建筑的结构形式和外观风貌。自动喷水灭火系统采用天然水源时，应经过过滤处理，避免杂质堵塞喷头。

对性质重要、不宜用水扑救的古建筑，比如收藏、陈列珍贵文物的古建筑，可结合实际情况，设置固定或半固定干粉、气体灭火系统或者悬挂式自动干粉灭火装置、二氧化碳自动灭火装置以及七氟丙烷自动灭火装置等。

安装了火灾自动报警与自动灭火系统的古建筑，应设置消防控制中心，对整个火灾自动报警、自动灭火系统实行集中控制与管理，并应加强其日常维护及检测，时刻保证设备良好的运转及其功能的充分发挥。

（3）安装细水雾灭火系统。因为古建筑火灾保护的特殊性，采用消火栓及水喷淋设备等系统，使用中存在许多不足。比如，灭火后，产生大量的水渍，容易使古建筑中的文物遭到破坏；这些设备使用的水量大，要求有足够的储备水，而通常古建筑地处偏远，没有大量储备水源的条件；这些消防设施的管道较粗，安装的体积比较大，影响文物的整体景观等。

因此，在有效灭火的前提下，又能符合古建筑保护的要求，缺水地区和珍宝库、藏经楼等重要场所，应设置细水雾、超细水雾灭火系统。细水雾灭火系统具有如下优点。

① 灭火效能高，反应时间短。不仅其冷却性好，抑制性强，有一定的穿透性，可以避免火灾复燃，而且它的用水量仅是水喷淋系统的 10％，很适用于古建筑保护。

② 使用安全，应用范围广。不会对环境及保护对象造成危害，既可独立保护建筑物的某一部分，又可以作为全淹没系统，保护整个空间。可用于水源匮乏的地区及部分严禁用水的场所。

③ 细水雾灭火系统的管道管径比较小，工程造价低，安装、维护方便；其隐蔽性强，能很好地维护文物的整体景观。

问112： 修缮古建筑时应注意哪些安全防火工作?

随着经济、技术的发展和人们对文物古建筑的逐步重视，对古建筑的保护及修复已提到一个比较重要的高度。古建筑的修复及改建工程完全不同于一般的改建工程，修复及改造应使古建筑在现代社会中既能保留建筑固有的历史风貌，重新发挥出其原有的璀璨光芒，符合国家关于文物保护建筑的有关法律、法规，又要确保消防安全的要求，确保修复期间和改造后的安全使用。

修缮古建筑是保护古建筑的一项根本措施。但是在修缮过程中，客观上往往又增加了不少火灾危险性。比如大量存放易燃、可燃物料，大量使用电动工具和明火作业；同时，维修人员多而杂，进出频繁，稍有不慎，就有可能引发火灾。所以，古建筑修缮过程中的安全防火工作尤须加强，特别应注意下列几方面。

（1）按规定报经消防救援机构审核。古建筑的使用、管理单位以及施工单位，应将工程项目、施工图纸、施工期间现场组织制度、防火负责人以及逐级防火责任制等消防安全措施，事先报送当地消防救援机构审核，未经依法审核或审核不合格，不得擅自施工。

（2）不能降低防火安全标准。在古建筑修缮过程中，应严格按消防技术标准和规范的有关要求进行，对其耐火等级、消防设施以及防火间距等均要达到消防安全要求，更不能降低防火安全标准。

（3）焊接、切割防高温熔渣和火花。如由于维修需要，临时使用焊接、切割设备的，必须经单位领导批准，指定专人负责，落实安全措施。在古建筑内和脚手架上，一般不得进行焊接、切割作业。如必须进行焊接、切割作业，应保证在使用过程中不由于过载而破坏焊机绝缘；要事先彻底清除焊接、切割地点的可燃物，或者采取防高温熔渣和火花引燃可燃物的措施。

（4）古建筑内严禁进行飞火和明火作业。电刨、电锯以及电砂轮不准设在古建筑内；木工加工点、熬炼桐油以及沥青等明火作业，要设在远离古建筑（群）的地方。

（5）严格控制存放可燃物料。修缮用的木材等可燃物料，不得堆放于古建筑内，也不能靠近重点古建筑堆放；油漆工的料具房，应选择远离古建筑的位置单独设置；施工现场使用的油漆稀料，不得大于当天的使用量。

（6）贴金作业应防纸片乱飞。若进行贴金作业，则需将作业点的下部封严，地面能浇湿的，要洒水浇湿，避免纸片乱飞，遇到明火燃烧。

（7）雷雨季节应采取避雷措施。在雷雨季节搭建的脚手架应考虑防雷，在建筑的四个角和四个边的脚手架上，宜安装避雷针，并且直接与接地装置相连接，以保护施工工地全部面积，其保护角可按 60°计算；避雷针至少要比脚手架顶端高出 30cm。

（8）修缮工地消防安全措施应落实。修缮施工工地的消防安全组织、各项消防安全制度、值班巡逻以及配置足够的灭火器材等消防安全措施都必须落到实处。

3 特殊场所的消防安全管理

3.1 医院消防安全管理

问113： 医院的一般防火要求有哪些？

（1）建筑与安全疏散。

① 新建的大、中型医院建筑的耐火等级不低于一、二级；小型医院不应低于三级。

② 在建筑布局上，医院的职工宿舍及食堂应与病房分开。

③ 在原有砖木结构的房屋内，设置安装贵重医疗器械，比如CT 检查仪及 X 射线机等，必须采取防火分隔措施，与其他部位分开。

④ 依据病人自身活动能力差，在紧急疏散时需要他人协助这一特点，医院的楼梯、通道等安全疏散设施必须比其他单位的建筑更加宽敞。

（2）电气设备和消防设施。

① 电气设备必须由正式电工根据规范要求进行合理安装，电工应定期对电气设备、开关线路等进行检查，凡不符合安全要求的要及时维修或者更换。不准乱拉临时电线。

② 治疗用的红外线、频谱仪等电加热器械，不可以靠近窗帘、被褥等可燃物，并应有专人负责管理，用后切断电源，保证安全。

③ 医院的放射科、病理科、手术室、药房以及变配电室等部门，均应配备相应的灭火器。

④ 高层医院需参照《建筑设计防火规范》（GB 50016—2014）（2018版）的有关规定，安装自动报警和灭火系统以及防排烟设备、防火门、防火卷帘、消火栓等防火和灭火设施，以使自防自救的能力加强。

（3）明火管理。

① 医院内要严格控制火种，病房、门诊室以及检查治疗室、药房等处均禁止吸烟。

② 取暖用的火炉应统一定点，指定由专人负责管理。

③ 处理污染的药棉、绷带以及手术后的遗弃物的焚烧炉，需选择安全地点设置，由专人管理，防止引燃周围的可燃物。

④ 医院的太平间应加强防火管理，要及时清理死亡病人换下的衣物，不可堆积在太平间；对病人家属按照旧习俗烧纸悼念亡人，要加强宣传教育工作，进行劝阻。

问114：医院重点部位如何防火？

（1）放射科。放射科是医院借助 X 射线对病人进行诊断的科室，防火重点是 X 射线机房和胶片室。

① X 射线机房。中型以上的 X 射线机，其电源应由专用电源变压器供电，开关与电线的截面应按最大计算负荷电流进行选择。导线电缆宜选用阻燃型并且穿金属管予以保护，高压电缆可敷设在电缆沟内，沟内孔洞应封堵，明敷部分应有机械保护防止损坏。

② 胶片室。

a. 胶片室应独立设置，室内要通风、阴凉，室温应为 0～10℃，最高不得超过 30℃，在超过 30℃时，必须采取降温措施。

b. 硝酸纤维胶片易霉变分解自燃，需单独存放，不应同乙酸纤维胶片混放一起。

c. 胶片室应对电、火源加以控制，不得安装动力设施。

（2）手术室。

① 手术室内应有良好的通风设备，因为乙醚的蒸气密度比空

气大，通风排气口要设在手术室的下部，并且应采取一切措施减少乙醚蒸气的沉积。

② 严格控制室内的易燃物品，尤其是酒精，手术师不得用盆装酒精进行消毒，若必须使用时宜在另室进行，并且要做到随用随领，不得储存。

③ 应有效地消除静电。

（3）药房。

① 含醇量高的酊剂等药品存量不要过大，以 2 日用量为宜。乙醇及乙醚等以 1 日用量为宜，特别是乙醇，瓶装以 500mL 为宜，总存放量不得超过 50kg，否则就要另室存放。

② 中药不得长期大量堆积，防止自燃。

③ 药房内不能有明火，严禁吸烟。

（4）病房。

① 病房通道内不得堆放杂物，通道应保持畅通，便于疏散病人。

② 住院病房内，大多都使用氧气瓶，重点应注意氧气瓶的防火，要随时检查氧气瓶上是否有油污，尤其是阀门处，若发现油污，应用非燃性清洗剂擦除。

③ 病房采暖应用水暖。

④ 病房内严禁病人及家属使用各种炉具加热食品，应在专门的炉灶集中加热食品。

（5）医用高压氧舱。

① 严格控制舱内火源：

a. 控制静电火源；

b. 控制电气设备火源；

c. 防止机械火花；

d. 严禁明火；

e. 可靠接地。

② 对舱内进行阻燃处理。

③ 严格控制氧舱内的氧浓度。

④ 加强氧舱管理。

问115： 医院应采取哪些防火措施？

（1）保障疏散通道畅通。在病房疏散通道内不得堆放可燃物品及其他杂物，不得加设病床。为划分防火防烟分区设于走道上的防火门，如平时需要保持常开状态，发生火灾时则必须自动关闭。按相关规定设置的封闭楼梯间、防烟楼梯间以及消防电梯前室一律不得堆放杂物，防火门必须保持常关状态。疏散门应采用向疏散方向开启的平开门，不应采用推拉门、吊门、卷帘门、转门。除医疗有特殊要求外，疏散门不得上锁；疏散通道上应按照规定设置事故照明、疏散指示标志以及火灾事故广播并保持完整好用。

（2）正确使用氧气。无论是使用医用中心供氧系统供氧还是采用氧气瓶供氧时，均应遵循相关操作规程。给病人输氧时应由医护人员操作。采用氧气瓶供氧时，氧气瓶应符合避热、禁油以及防撞击等规定，氧气瓶要竖立固定，远离热源，使用时应轻搬轻放，防止碰撞。氧气瓶的开关、仪表以及管道均不得漏气，医务人员要经常检查，保持氧气瓶的洁净及安全输氧。同时应提醒病人及其陪护、探视人员不得用有油污的手和抹布触摸氧气瓶和制氧设备。输氧结束之后应将阀门关好，将相关设备撤出病房并存放在专用仓库内。如采用集中输氧系统，检查时应查看总控制阀与分路阀门是否灵活严密，整个输氧系统应严密，不漏气。应采用四氯化碳擦除氧气钢瓶油污，输氧管道消毒，不得使用酒精等有机溶剂，可以选用0.1%洁尔灭消毒剂水溶液。

（3）严禁乱拉乱接电线、擅自使用电气设备。医务人员要随时检查病房用电、用火的安全情况。病房内的电气设备和线路不得擅自改动，禁止使用电炉、液化气炉、煤气炉、电水壶、酒精炉等非医疗电热器具，不得超负荷用电。病房内严禁使用明火烘烤衣物与吸烟，禁止病人和家属携带煤油炉、电炉等加热食品。应在病房区以外的专门场所设置加热食品的炉灶并且由专人管理。

问116： 医院常见的火灾隐患有哪些？

（1）放射机房装有固定或移动的 X 射线机。X 射线机常见电路故障有断路、短路以及零件损坏等，进而导致电器起火。X 射线机使用的电压要求较高，当电子的能量在转化为 X 射线时，同时也会产生一定的热能，具有潜在的火灾危险性。

（2）胶片室里的胶片属于易燃物质，火灾危险性较大。

（3）手术室中所有的麻醉剂都是易燃易爆物质，所使用的电气设备也较多，若发生火灾，会造成严重的后果。

（4）生化检验及实验室每天都在接触和使用各种化学试剂，有时还需使用酒精灯、煤气灯等明火和电炉、烘箱等电热设备，稍有不慎则会造成火灾。

（5）病理室在进行切片制作和处理过程中，要经常使用乙醇、二甲苯等化学溶剂。在烘干时，极易发生火灾。

（6）药库、药房和制剂室内都储存有大量的易燃、易爆物品和放射性物品，而且种类繁多，性质复杂，若发生火灾，不便控制和处理。

（7）高压氧舱内气压、氧含量都很高，碳氢化合物、油脂、纯涤纶等遇到高浓氧往往可自燃。一旦起火，火势猛烈，蔓延速度快，舱内人员不易撤出，后果不堪设想。

（8）治疗用的红外线、频谱等加热器械如靠近被服、窗帘等可燃物也易起火。

（9）电线老化，接触不良，电气设备缺少接地等保护装置易起电火。

问117： 病房有哪些火灾危险性及防火要求？

医院病房中的住院病人来自各地，照料和探望病人的家属亲友又较多，情况复杂，万一不慎起火，多数病人行动不便，疏散困难，容易造成重大伤亡。因此，应注意以下几方面。

（1）病房通道内不得堆放杂物，应保持通道畅通，以便万一发生火灾事故时，便于抢救和疏散病人。

（2）给住院病人输氧时大都使用氧气瓶，应注意氧气瓶的防火，具体参考问115中的相关事项。

（3）病房取暖，在有条件的地方应尽量用水暖，如果使用电炉或火炉时，必须严格注意防火，除电炉、火炉的一般防火要求外，病人和家属不得在电炉、火炉上烘烤手套、衣帽、毛巾或食品。每晚临睡前，值班护士应全面检查各病房取暖设备上有无异物烘烤，如有发现，立即清除。

（4）在病区为方便病人和家属加热食品设置的炉灶，应有专门的地方，炉灶应有专人管理。不得使用液化石油气。在病房内，禁止病人和家属携带煤油炉、电炉等加热食品。

（5）病房内的电气设备不得擅自挪动，不得擅自在病房线路上加接电视机、电风扇、电冰箱等载荷，也不要拉接照明灯具或更换大功率灯泡，以防电气线路超负荷熔断熔丝，使病房照明设备和急救设备失效，给抢救中的病人造成生命危险，甚至使线路发热起火，给病人密集的病房区带来严重后果。

问118：医院发生火灾时应如何处理？

（1）正确报警，防止混乱。在火势发展比较缓慢的情况下，失火医院的领导和工作人员应先通知出口附近或最不利区域的人员，将他们先疏散出去，然后视情况公开通报，告诉其他人员疏散。在火势猛烈，并且疏散条件比较好时，可同时公开通报，让全员疏散。在火场上，具体怎样通报，可根据火场具体情况确定，但必须保证迅速简便，使各种疏散通道得到及时充分利用，防止发生混乱，迅速组织好疏散工作。

（2）正确引导，稳定情绪。火灾时，由于人们急于逃生的心理作用，可能会一起拥向有明显标志的出口，此时，有关工作人员要设法引导疏散，为逃生人员指明各种疏散通道，同时要用镇定的语气呼喊，劝说大家消除恐慌心理，有条不紊地疏散。

（3）制止脱险者再进入火灾场内。对疏散出来的人员，要加强脱险后的管理。由于受灾的人员脱离危险后，随着对自己生命威胁程度的减小，可能增强对财产和未逃离危险区域内的亲人的担心程度。此时，逃离危险区的人员有可能重新返回火场内，去救还没有逃出来的亲人，这样有可能遇到新的危险，造成疏散的混乱，妨碍救人和灭火。因此，对已疏散到安全区域的人员要加强管理，禁止他们进行危险行动，必要时应在建筑物内外的关键部位配备警戒人员。

（4）火场救人的方法。

① 对于行动不便的老弱病残者、儿童以及因惊吓、烟熏、火烧而昏迷的人员，要用背、抱、抬的方法将他们抢救出来。需要穿过烟火封锁区时，可用湿衣服、湿被褥等将被救者和救援者的头、脸部及身体遮盖起来，并用雾状水枪掩护，防止被火或热气灼伤。

② 楼层的内部走道、楼梯、门等通道已被烟火封锁，被困人员无法逃生时，应利用消防梯等架到被困人员所在的窗口、阳台、屋顶等处，然后利用消防梯、举高消防车、救生袋、缓降器等将被困人员救出。

③ 无法架设消防梯时，可利用挂钩梯，徒手爬落水管、窗户等方法攀登上楼，然后用救生器材救人，或使用射绳枪将绳索射到被困人员所在的位置上，再让被困人员用绳将缓降器、救生梯、救生袋等消防器材吊上去，然后让被困人员使用器材自救。

④ 被困在窗口、阳台、屋顶的人员，尤其是悬吊在建筑物外面的人员，在浓烟烈火的威胁下，有可能冒险跳楼，此时要用喊话或大字标语的方式，告诫他们不要铤而走险，要坚持等待救援。同时在地面做好救生准备，如拉开救生网、救生垫，也可用海绵垫、席梦思床垫等代替，以防万一。

⑤ 在使用消防梯抢救楼层内被困人员时，要警惕并制止他们蜂拥而上，以免造成人员坠落、翻梯等事故。被困人员自己沿消防梯从楼层向地面疏散时，应用安全绳系在其腰部作保护，或由消防人员将其背在身上护送下来。

⑥ 被抢救出来的受伤人员，除在现场急救外，还应及时进行抢救治疗。

3.2　宾馆、饭店消防安全管理

问119： 客房防火安全有哪些要求？

（1）客房内所有装饰材料均应采用不燃材料或者难燃材料，窗帘一类的丝、棉织品，应经过防火处理。

（2）客房内除了固有电器及允许客人使用的电吹风、电动剃须刀等日常小型电器外，严禁使用其他电器设备，尤其是电热设备。

（3）对来访人员应明文规定：严禁将易燃、易爆物品带入宾馆，凡带入宾馆的易燃、易爆物品，要立即交服务员专门进行储存，妥善保管。

（4）客房内应配有严禁卧床吸烟的标志、应急疏散指示图及宾客须知等消防安全指南。

（5）服务员应经常向客人宣传，不要躺在床上吸烟，烟头以及火柴梗不要乱扔乱放，应放在烟灰缸内，不要把燃着的烟放在桌子上或卡在烟灰缸的缸口上离开，不得将未灭的烟头与火柴或打火机放在一起。

（6）服务员要注意提醒客人入睡前应关闭音响、电视机等；客人离开客房时，应将房内的电灯关闭。

（7）服务员应保持高度警惕，在整理房间时要仔细检查挽起的窗帘内、窗台上、沙发缝隙内及叠起的床单被褥内、地毯压缝处以及废纸篓等处是否有火种存在；烟灰缸内未熄灭的烟蒂不得倒入垃圾袋或垃圾道内。

（8）服务员对醉酒后的客人除特别注意提醒外，经过一段时间应在其房外或结合服务进入房间，观察是否有异常。

（9）平时服务员进入宾馆房间服务时，应注意查看房间内的消防安全问题，发现火灾隐患要采取措施。

（10）长期出租的客房，出租方与承租方应签订合同并明确各自的防火责任。

问120： 厨房防火安全有哪些要求？

（1）厨房使用液化石油气灶的防火。

① 必须严格执行液化石油气炉灶的管理规定，保证炉灶在完好状态下使用。

② 装气的钢瓶不得存放在住人的房间、办公室以及人员稠密的公共场所，楼层厨房不应使用瓶装液化石油气；在厨房里，钢瓶和灶具要保持1～1.5m的安全距离并保持室内空气流通。

③ 经常检查炉灶各部位，如发觉室内有液化石油气气味，要立即将炉灶开关和角阀关闭，切断气源，及时打开门窗，严禁在周围吸烟、划火柴，关闭电器开关并熄灭相邻房间的炉火或者关闭相邻房间的门窗进行隔离；检查泄漏点时可用肥皂水，禁止使用明火试漏。

④ 炉灶点火时，要先开角阀后划火柴，再开启炉灶开关；若没有点着，应关闭炉灶开关，等油气扩散后再重新点火。

⑤ 用完炉火应关闭炉灶的开关、角阀或者炉内供气管道上的阀门，以免由于胶管老化破裂、脱落或被老鼠咬破而使气体溢出。

⑥ 使用液化石油气炉灶不能离开人，锅、壶不得装水过满，防止饭、水溢出扑灭炉火，导致液化石油气泄漏。

⑦ 钢瓶要防止碰撞、敲打，周围环境温度不得高于35℃，不得接近火炉及暖气等火源、热源，不得和化学危险品混存。

⑧ 钢瓶不得倾倒、倒置；禁止用自流的方法将油气从一个钢瓶倒入另一个钢瓶。

⑨ 厨房工作人员不得自行处理残液，残液应由充装单位统一回收；不允许随意排放油气，更不得用残液生火或者擦拭机械零件。

⑩ 发现角阀压盖松动、手轮关闭上升等现象，应及时同液化气站联系，由液化气站派人来处理；钢瓶不得带气拆卸。

（2）厨房使用管道煤气的防火。

① 宾馆、饭店厨房内的煤气管道必须采用镀锌钢管；用气计量表具宜安装于通风良好的地方，严禁安装在卧室、浴室、库房以

及有可燃物的地方；煤气炉灶不得在地下室使用。

② 煤气炉灶与管道的连接不宜采用软管；若必须采用时，则其长度不应超过 2m，两端必须扎牢，软管老化应及时更新。每次使用完毕必须关闭总阀门。

③ 禁止厨房操作人员擅自更换或拆迁煤气管道、阀门以及计量表具等设备。如需维修，应由供气单位进行。管线、计量装置及阀门安装、维修之后，应经试压、试漏检查合格，方可使用。

④ 在使用煤气炉灶时，必须严格按"先点火、后开气"的顺序。若未点着时，则应立即关气，待煤气散尽后再点。

⑤ 如发现漏气，应立即采取通风措施，将周围火源熄灭，通知供气部门检修。在任何情况下都禁止明火试漏。

（3）厨房使用天然气炉灶的防火。

① 天然气的管道应从室外单独引入厨房，不得穿过客房或者其他公共区域。

② 天然气管线的引入管应架空或者在地面上敷设，不得埋入地下。管线的安装应由专业人员进行，厨房工作人员不得乱拉乱接。

③ 天然气管线阀门必须完整好用，各部位不得漏气。禁止用其他阀门代替针形阀门。

④ 天然气连接导管两端必须用金属丝缠紧，经常用肥皂水检查漏气与否。严禁用不耐油的橡胶管线作为连接导管。

⑤ 在用户附近的进户线上，应设置相应的油气分离器，定期排放积存于管线内的轻质油和水。发现灶具冒轻质油时，应立即停火，排出轻质油后再点火。

⑥ 使用天然气炉灶前，要检查厨房内有无漏气，发现漏气或者有天然气气味时，禁止动用明火或开关电器。要打开门窗通风，及时查找泄漏源。

⑦ 天然气管线、阀门的维修必须在停气时由供气部门进行维修，新安装的管线、阀门应经试压、试漏检验合格之后，方可使用。

问121： 宾馆、饭店的电气设备如何设计？

随着科学技术的发展，电气化、电动化以及自动化在宾馆、饭店日益普及，电冰箱、电风扇、电热器、电视机、各类新型灯具以及电动扶梯、电动窗帘、空调设备、吸尘器、电灶具等已被宾馆和饭店大量采用，计算机、传真机、复印机、打印机、碎纸机等现代化办公设备也得到广泛应用。在用电量猛增的情况下，实际用电量常常超过原设计的供电量，导致过载或使用不当引起的火灾时有发生。宾馆、饭店的电气线路通常敷设在闷顶和墙体内，如发生漏电、短路等电气故障起火，在闷顶内燃烧、蔓延，往往不易及时发觉；当发现时，火势已大，往往造成无可挽回的损失。所以，宾馆、饭店电气设备的安装、使用、维护必须符合以下要求。

（1）所有电气设备的安装及线路敷设都应符合低压电气安装规程的规定并由通过专门培训的电工安装，严禁乱拉乱接。

（2）在增添大容量的电气设备时，应重新设计线路并且经过有关供电、消防机构审核同意，方可进行安装和使用；禁止私自在电气线路上增加容量，以防过载引起火灾。

（3）建筑内不允许采用铝芯导线，应采用铜芯导线；敷设线路进入夹层或者闷顶内，应穿管敷设并将接线盒封闭。

（4）客房内的台灯、壁灯、落地灯以及厨房内的电冰箱、绞肉机、切菜机等设备的金属外壳，应有可靠的接地保护；床头柜内设有音响、照明以及电视等控制设备的，应做好防火隔热处理。

（5）照明灯具表面高温部位不得靠近可燃物，荧光灯、碘钨灯、高压汞灯（包括日光灯镇流器），不应直接安装在可燃物件上；深罩灯、吸顶灯等，如安装在可燃物件的附近，应加垫石棉布或石棉被隔热层；厨房等潮湿地方应采用防潮灯具；碘钨灯、功率大的白炽灯的灯头线，应采用耐高温线穿瓷套管保护。

（6）配电室设在客房楼内时，应做防火分隔处理，其耐火极限不得低于 2.00h。不得在配电室内堆放任何可燃、易燃物品。

（7）配电盘应尽可能用不燃材料制作，凡用可燃材料制作的配电盘，必须用将其白铁皮严密包好。

（8）配电盘的保险装置，必须使用规定型号的熔丝，不得用铜丝及铁丝等其他金属材料代替。

（9）火灾报警装置、自动灭火装置以及事故照明等消防设施的用电，应备有应急电源；消防设施的专用电气线路应穿金属管敷设在非燃烧体结构上，定期进行维护检查，以确保随时可用。

（10）电气设备、移动电器、避雷装置以及其他设备的接地装置每年至少进行两次绝缘及接地电阻的测试。

（11）在配电室和装有电气设备的机房内，应配置适当的灭火器材。

（12）宾馆、饭店门前的霓虹灯装修和灯箱材料应采用不燃或者难燃材料制作，其下方不得有可燃装修材料。

问122：宾馆、饭店的餐厅应如何进行防火？

餐厅是宾馆、饭店中人员最为密集的场所，出于功能和装饰上的需要，其内部常有比较多的装修、空花隔断，可燃物的数量很多。餐厅防火安全应当做到以下几点。

（1）餐厅内不得乱拉临时电气线路；若需增添照明设备以及彩灯一类的装饰灯具，则应按规定安装。

（2）餐厅内的装饰灯具，若装饰物是由可燃材料制成的，其灯具的功率不得超过60W。

（3）餐厅应依据设计用餐的人数摆放餐桌，留出足够的通道；必须保持通道及出口畅通，不得堵塞。举行宴会及酒会时，人员不应超出原设计的容量。

（4）如餐厅内需要点蜡烛增加气氛时，必须将蜡烛固定在不燃材料制作的基座内并不得靠近可燃物，或将蜡烛做成半球状，平面向上放入盛有2/3自来水的透明玻璃盘内，并使其浮在水面上。

（5）供应火锅的风味餐厅，必须加强对火炉的管理；高层建筑物严禁使用液化石油气炉；慎用酒精和木炭炉；严禁在火焰未熄灭时向酒精炉添加酒精，由于火未熄灭就添加酒精容易引起火火；使用固体酒精燃料，比较安全。

（6）餐厅服务员在收台时，不应把烟灰、火柴梗卷入台布内。

（7）餐厅内应在多处放置烟灰缸等，以便客人扔放烟头和火柴梗。

（8）服务员要提醒客人不要把燃着的烟头与火柴、打火机以及餐巾纸放在一起，更不要躺在沙发上吸烟。

（9）客人在餐厅进餐谈话，尤其是站立或走动敬酒时，无意间放在烟灰缸或桌子上的燃着的烟支应引起服务员的足够警惕，防止烟头被碰落在桌布或座椅上引起火灾。

（10）客人离开餐厅后，服务员应对餐厅进行认真检查，彻底消除火种，然后把餐厅内的空调、电视机、音响以及灯具等电器设备的电源关掉，方可离开餐厅。

问123：　旅馆业的安全防火要求有哪些？

（1）建筑防火。

① 旅馆应选在交通方便、环境良好的地区。不宜建立于甲乙类厂房、库房以及甲乙丙类易燃、可燃液体、可燃气体储罐和易燃、可燃材料附近。与其他的建筑物的防火间距应符合相关规范的要求。

② 建筑物的耐火等级应为一、二级，应依据建筑的结构设置防火分区、防火分隔，并且防火分区的面积不应超过相关规定。

（2）安全疏散。安全出口的数量依据规范计算确定。旅馆的每个防火分区及任一公共场所的安全出口不应少于 2 个。安全出口或者疏散通道出口应分散布置，相邻两个出口最近边缘之间的水平距离不小于 5m。

高层旅馆应按规定设置消防电梯。

（3）内部装修。应妥善处理舒适、豪华的装修效果与防火安全之间的矛盾，尽量采用不燃和难燃材料。特别在竖向疏散通道、水平疏散通道、上下层相连的空间装修时采用 A 级装修材料。

（4）消防设施。设置消防设施是旅馆防火的重要手段，消防设施配备完善与否，是否完整好用，对及时发现火灾、控制火灾危害、减少火灾损失，均具有非常重要的作用。

旅馆应根据建筑结构与建筑面积按规定设置室内外消火栓系统，设置火灾自动报警和消防控制室，采用自动灭火系统，配备应急照明以及疏散指示标志，配备相应数量的灭火器。

3.3 高等学校消防安全管理

问124： 普通教室及教学楼的防火要求有哪些？

（1）作为教室的建筑，其防火设计应满足《建筑设计防火规范》（GB 50016—2014）（2018版）的要求，耐火等级不应低于三级，如由于条件限制设在低于三级耐火等级时，其层数不应超过1层，建筑面积不应超过600m^2。普通教学楼建筑的耐火等级、层数、面积和其他民用建筑的防火间距等，应满足具体的规定。

（2）作为教学使用的建筑，尤其是教学楼，距离甲、乙类的生产厂房，甲、乙类的物品仓库以及具有火灾爆炸危险性比较大的独立实验室的防火间距不应小于25m。

（3）课堂上用于试验及演示的危险化学品应严格控制用量。

（4）容纳人数超过50人的教室，其安全出口不应少于2个；安全疏散门应向疏散方向开启，并且不得设置门槛。

（5）教学楼的建筑高度超过24m或者10层以上的应严格执行《建筑设计防火规范》（GB 50016—2014）（2018版）中的有关规定。

（6）高等院校和中等专业技术学校的教学楼体积大于5000m^{3}时，应设室内消火栓。

（7）教学楼内的配电线路应满足电气安装规程的要求，其中消防用电设备的配电线路应采取穿金属管保护：暗敷时，应敷设在非燃烧体结构内，保护厚度不小于3cm；明敷时，应在金属管上采取防火保护措施。

（8）当教室内的照明灯具表面的高温部位靠近可燃物时应采取隔热、散热措施进行防火保护；隔热保护材料通常选用瓷管、石棉、玻璃丝等不燃材料。

问125： 多媒体教室及电教中心应满足哪些防火要求？

（1）演播室的建筑耐火等级不应低于一、二级，室内的装饰材料与吸声材料应采用不燃材料或者难燃材料，室内的安全门应向外开启。

（2）电影放映室及其附近的卷片室和影片储藏室等，应用耐火极限不低于1.00h的非燃烧体与其他建筑部分隔开，房门应用防火门，放映孔与瞭望孔应设阻火闸门。

（3）多媒体教室或电教中心的耐火等级应是一、二级，其设置应与周围建筑保持足够的安全距离。当电教楼为多层建筑时，其占地面积宜控制在 $2500m^2$ 内，其中电视收看室、听音室单间面积超过 $50m^2$，并且人数超过 50 人时，应设在三层以下，还应设两个以上安全出口；门必须向外开启，门宽应不小于 1.4m。

问126： 实验室及实验楼应满足哪些防火要求？

（1）高等院校或者中等技术学校的实验室，耐火等级应不低于三级。

（2）一般实验室的底层疏散门、楼梯以及走道的各自总宽度应按具体的指标计算确定，其安全疏散出口不应少于 2 个，而安全疏散门向疏散方向开启。

（3）当实验楼超过 5 层时，宜设置封闭式楼梯间。

（4）一般实验室的配电线路应符合电气安装规程的要求，消防设备的配电线路需穿金属管保护，暗敷时非燃烧体的保护厚度不少于 3cm，当明敷时金属管上采取防火保护措施。

（5）实验室内使用的电炉必须确定位置，定点使用，专人管理，周围禁止堆放可燃物。

（6）一般实验室内的通风管道应是不燃材料，其保温材料应为不燃或难燃材料。

问127： 如何管理学生宿舍的安全防火工作？

学生宿舍的安全防火工作应从管理职能部门、班主任、校卫队与联防队几个方面着手，加强管理。

（1）管理职能部门的安全防火工作职责。

① 学生宿舍的安全防火管理职能部门（包括保卫处、学生处以及宿管办等）应经常对学生进行消防安全教育，如举行消防安全知识讲座、开展消防警示教育以及平时行为规范教育等，使学生了解火灾的严重性和防火的重要性，掌握防火的基本知识及灭火的基本技能，做到防患于未然。

② 经常对学生宿舍进行检查督促，查找并且整改存在的消防安全隐患。发现大功率电器与劣质电器应没收代管；发现抽烟或者点蜡烛的学生应及时制止和教育，晓之以理，使其不再犯同样的错误。

③ 加强对学生的纪律约束。不仅要对引起火灾、火情的学生进行纪律处分，对多次被查出违章用电、点蜡烛以及抽烟并屡教不改的学生也应予以纪律处分。

（2）班主任的安全防火工作职责。

① 班主任应接受消防安全教育，了解防火的重要性，从而将防火列为对学生日常管理内容之一，经常对学生进行教育、提醒以及突击检查。

② 班主任应当将防火工作纳入学生操行等级考核的内容，比如学生被查出有违章使用大功率电器、抽烟、点蜡烛等行为，可以对其操行等级降级处理。

（3）校卫队与联防队的安全防火工作职责。

① 校卫队和联防队应加强对学生宿舍的巡逻，尤其是在晚上，发现学生有使用大功率电器、点蜡烛、抽烟等行为，要及时制止，并且报学生处或宿舍管理办公室记录在案。

② 加强学生的自我管理和自我保护教育。学生安全员为学生宿舍加强安全管理的重要力量，在经过培训的基础上，他们可担负发现、处理以及报告火灾隐患及初起火险的任务。

问128： 对学校有哪些安全防火要求？

（1）进行消防安全常识教育、普及消防安全知识。利用寓教于乐等多种形式对学生进行消防安全常识教育。检查时，应通过随机抽查了解学生是否知道火警电话的号码，报警时是否能说清楚着火单位的详细地址、电话、报警人的姓名以及掌握火灾时的逃生自救方法。

（2）学校选址要符合相关规定。学校的选址应满足相关安全、卫生标准的规定。通常情况下，应独立建造。

（3）耐火等级和层数要求。耐火等级是四级或三级时，相应层数分别不应超过一层、二层。耐火等级不低于二级时，不应超过三层。

（4）照明和电气设施。应配备采用蓄电池的应急照明装置和手电筒等照明工具，禁止使用蜡烛、煤油灯照明。寄宿制学校宜设置夜间巡视照明设施。禁止乱拉乱接电线。禁止在学生活动场所、宿舍内使用电炉、电熨斗和电热毯等电气设备；活动室和音体活动室应设置带接地孔的、安全密闭的、安装高度不低于1.7m的电源插座。使用其他电热、取暖设备应满足相关安全规定。

（5）驱蚊、热（开）水设备。使用蚊香或者其他驱蚊设备，应定点、定人使用。燃气热水器应指定责任人负责管理，用完后必须关闭进气闸阀。使用燃气或者电热的无压开水锅炉应远离活动场所并指定责任人负责管理。

（6）厨房设置。厨房位置应靠近对外供应出入口。使用燃气灶具时必须安装燃气泄漏报警装置。其烹饪操作间的排油烟罩及烹饪部位宜设置厨房专用灭火装置，并且应在燃气或燃油管道上设置紧急事故自动切断装置。厨房的排烟罩应每月清洗一次，每天擦拭一次；排烟管道应由专业公司每季度清洗一次。

（7）实验室管理要求。实验室存放、使用的危险化学品，要按照相关规定管理。学生做试验必须在老师的指导下进行。化学实验室使用易燃、易爆、有毒及放射性物品，实验室的建筑设计、选址、防火防爆设计方面应严格遵守相关规范，对危险化学品的储存、购买、使用及销毁应严格执行相关法律规定。

（8）学生宿舍管理要求。校方必须制定学生宿舍消防安全管理规定，规范学生的用电、用火行为。学生宿舍应指定专人管理。

（9）安全疏散系统符合要求。按相关消防技术规范要求，应保证教室、图书馆、礼堂、宿舍等场所任意地点必须具备两个以上满足规定的疏散出口，学校指派专人每天检查安全疏散通道。

3.4　人员密集场所消防安全管理

问129： 商场建筑的耐火等级有何规定？

依据国家有关消防技术规范规定：新建商场的耐火等级通常应不低于二级，商场内的吊顶和其他装饰材料，不准使用可燃材料，对原有建筑中可燃的构件及耐火极限较低的钢架结构，必须采取措施，使其耐火等级提高。

问130： 商场如何设置安全疏散通道？

商场是人员密集的公共场所之一，安全疏散通道必须按国家消防技术规范的要求设置。

（1）商场要有足够数量的安全出口，应按方位均匀地设置。为了方便人员疏散，疏散门宜采用平开门，且向疏散方向开启。不准设置影响人员安全疏散的侧拉门，禁止采用转门，如设转门，其旁边应另设一个安全出口。

（2）疏散楼梯间与走道上的阶梯不应采用螺旋楼梯及扇形踏步。这是因为螺旋楼梯和扇形踏步的踏步宽度是逐渐变化的，紧急情况下易使人摔倒，造成拥挤，堵塞通行，所以不宜采用。当出于建筑造型的要求必须采用时，其踏步上下两级形成的平面尖角不超过 $10°$，并且每级离扶手 250mm 处的踏步宽度不应小于 220mm。

（3）疏散走道内不应设置阶梯、门槛、门垛以及管道等突出物，以免影响疏散。

（4）疏散安全出口、楼梯等通道，应设置灯光疏散指示标志及应急照明灯，以利于火灾时引导疏散。应急照明灯的最低亮度不应低于 1.0lx，并且供电时间不得少于 20min，疏散指示标志应设在疏散走道及其转角处距地面 1m 以下的墙面上和走道上。指示标志的间距不大于 20m。

问131： 商场如何设置防火分区和分隔布局才能符合防火规定？

商场应按《建筑设计防火规范》（GB 50016—2014）（2018 版）的规定划分防火分区。多层商场地上按 2500m² 为一个分区，地下按照 500m² 为一个防火分区；如商场装有自动喷水灭火系统，防火分区面积可增加 1 倍；高层商场若设有火灾自动报警系统和自动灭火系统，并且采用不燃或难燃材料装修时，地上商场防火分区面积可以扩大到 4000m²，地下商场防火分区面积可扩大到 2000m²。

电梯间、楼梯间以及自动扶梯等贯通上下楼层的孔洞，应安装防火门或者防火卷帘进行分隔。管道井、电缆井等，其每层检查口都应安装丙级防火门，并且每隔 2～3 层楼板用相当于楼板耐火极限的材料进行分隔。

商场内的货架和柜台宜采用不燃材料制造。柜台外侧和地面之间应密封良好，如有空隙，应一律用不燃材料封严，防止顾客乱丢火种（如烟头、火柴梗）引燃柜台内的可燃物。

油浸电力变压器不宜设在地下商场内，若必须设置时，则应避开人员密集的部位和出入口，且应用耐火极限不低于 3.00h 的隔墙和耐火极限不低于 2.00h 的楼板与其他部位隔开，其上下左右均不应布置人员密集的房间，墙上的门应采用甲级防火门，变压器下面应设有能够储存变压器油量的事故储油设施。

问132： 商场周转仓库必须符合哪些防火要求？

（1）仓库内商品的存放量要尽可能少，而且必须按照性质分类分库储存。

（2）库内严禁吸烟、用火。

（3）库内敷设配电线路时，应穿金属管或非燃塑料管保护。不准在库内乱拉临时电线，确有必要时，应经有关部门批准，并由正式电工安装，使用之后应及时拆除。库内不准使用碘钨灯、日光灯照明，当采用白炽灯时其功率不应大于60W，灯具安装于通道上方，距货架或货堆不小于50cm。

问133： 商场的消防设施有哪些要求？

（1）防火卷帘门应能自动启动和手动启动，防火卷帘下不能摆放柜台及堆放货物影响卷帘门的降落。设在疏散通道的防火卷帘门，应具有在降落时有短时间停滞以及能够从两侧自动、手动以及机械控制的功能。楼梯间及其前室不应用卷帘门代替疏散门。

（2）防火门应设闭门器或者由消防控制室远程联动关闭。

（3）空调机房进入每个楼层或者防火分区的水平支管上，均应按规定设置火灾时能自动关闭的防火阀门，空调风管上所使用的保温材料及吸声材料应采用不燃材料或难燃材料。

（4）室内消火栓的设置要求。

① 商场各层和消防电梯间前室内应设置消火栓，且宜设在楼梯间的平台、门厅等经常有人出入、易于取用的地方；消火栓有明显的标志（如涂红色），装修时不能将消火栓设在房间内，消火栓前不能堆放商品货物等物品，防止影响消防人员灭火。

② 同一商场应采用相同规格的消火栓、水带和水枪，以便于使用和维护管理。

③ 高层商业楼消火栓的布置间距不应超过30m，其他商场消火栓的布置间距不应大于50m。

④ 室内消火栓离地面高度宜为1.1m，其出水方向宜向下或者与放置消火栓的墙面成90°。

⑤ 屋顶水箱不能达到消火栓所需水压时，应在每个室内消火栓处设置直接启动消防泵的按钮，以便及时启动消防水泵，供水灭

火；启动按钮应设有保护设施，比如放在消火栓箱内，或者放在玻璃保护的小壁龛内，避免误操作。

问134： 商场内易燃品如何进行管理？

（1）商场内经营指甲油、发胶以及丁烷气等易燃危险商品时，应控制在两天的销售量以内，同时要防止日光直射，并同其他高温电热器具隔开。

（2）地下商场严禁经营销售烟花爆竹、煤油、酒精以及油漆等易燃商品。

（3）维修钟表、照明机械等作业使用酒精、汽油等易燃液体清洗锈件时，禁止在现场吸烟。

（4）少量易燃液体，要放置于封闭容器内，随用随开，未用完的放回专用库房，现场不得储存。

问135： 商场日常防火管理要求有哪些？

（1）柜台内的营业人员禁止吸烟；商场内应设有明显的"严禁吸烟"的标志。

（2）柜台内必须保持整洁，废弃的包装材料不要抛撒在地面上，应集中存放并及时处理。

（3）经营指甲油、发胶、蜡纸、修正液以及赛璐珞制品的柜台，对上货量应加以限制，通常以不超过两天的销售量为宜。

（4）在商场营业厅内，禁止使用电炉、电热杯以及电水壶等电加热器具。

（5）商场在更新、改建或检修房屋设备以及安装广告设备时，尤应注意防火。尤其是需要焊接、切割时，必须通过严格审批，落实防火要求，方可进行作业。

（6）为了保证紧急情况时顾客能安全疏散，必须保持商店的楼梯、通道畅通，不得堆放商品和物件，也不得临时设摊位推销商品。

问136： 商场配电线路有什么防火要求？

（1）电气线路的设计、安装必须满足电气设计、安装规程的有关规定。

（2）室内配电线路通常可采用铝芯导线，但是大、中型商场的配电线路以及室外霓虹灯线路应采用铜芯导线，以提高供电可靠性。

（3）电气线路的敷设应根据负载情况按照不同的使用对象来划分分支回路，以便于按系统集中控制。

（4）在吊顶内敷设电气线路，应选用铜芯线，并且穿金属管，接头处必须用接线盒密封。

（5）消防用电设备的配电线路应穿金属套管保护，暗敷时应设在非燃烧体内，其保护层厚度不应小于 3cm；当明敷设时必须在金属外壁上采取防火措施；采用防火电缆时，可以直接敷设在电缆沟（槽）内。

（6）商场内禁止乱拉、乱接临时电气线路。

问137： 商场照明灯具的防火要求有哪些？

（1）选择照明灯具要考虑工作环境和场所，如在爆炸危险场所应选择防爆灯，在潮湿、多尘场所应选择防水防尘灯等。

（2）碘钨灯、高压汞灯、白炽灯及荧光灯镇流器不应直接安装于可燃物或可燃物件上。

（3）碘钨灯和额定功率为 100W 以上的白炽灯泡的吸顶灯、槽灯，应采用瓷管及石棉等不燃烧材料作为隔热材料。灯具的高温部分靠近可燃物时，应采用隔热及通风散热等防火措施，并且距可燃物小于 50cm。禁止用可燃物（如纸、布等）遮挡灯具。

（4）灯泡距地面高度一般不应低于 2m，若必须低于此高度时，则应采取必要的防护措施。

（5）不宜在灯具的正下方堆放可燃物品。

（6）室外的节日彩灯应设有避免水滴溅落的措施，灯泡破碎后应及时进行更换。

（7）各种照明灯具在安装前后都应对灯座、保护罩、接线盒以及开关等各种部位进行认真检查，发现松动、损坏应及时修复或更换，带电部分不得裸露在外，同时也应防止灯头内线路的短路。

（8）开关应装于相线，必须将螺口灯座的螺口接于零线。

（9）功率大于 150W 的开启式或功率大于 100W 的其他形式的灯具，不得使用塑胶灯座，各元件必须符合电压、电流等级要求，不能超电压及超电流使用。

（10）嵌入式灯具在安装时应采用不燃材料在灯具周围做好防火隔热处理。

（11）灯头线在顶棚挂线盒内应做保险扣；质量 1kg 以上的灯具（吸顶灯除外），应用金属链吊装，质量超过 3kg 时应固定于预埋的吊钩或螺栓上。

（12）配电盘后面的接线，应尽量将接头减少，灯头线则不应留有接头；金属配电盘应接地，金属灯具外壳的接地或者接零应用接地螺栓与接地网连接。

（13）事故照明和疏散指示标志灯宜采用白炽灯，不宜采用启动时间比较长的电光源。

问138： 商场供暖设备有哪些危险会引起火灾？

根据大、中型商场的特点以及集中供暖系统的构成，其主要火灾危险性以及防火要求可概括为下列几个方面。

（1）供热管道和散热器的表面温度过高。蒸汽供暖系统中，散热器的表面温度通常为 100℃，较高的可达 130℃ 以上；供热管道表面的温度则常常比散热器还高，能使靠近它的一些可燃商品起火。因此，供暖管道要与建筑物的可燃构件隔离。若供暖管道穿过可燃构件，则要用不燃材料隔开绝热；或根据管道外壁的温度在管道和可燃物构件之间保持适当的距离；当管道温度超过 100℃ 时，距离不小于 10cm，低于 100℃ 时，距离不小于 5cm。

（2）电加热设备设置、使用、管理不当。电加热设备因为设置位置不当，电线截面过小，或任意增大电阻丝的功率，继续使用断损的电阻丝等，都会导致事故，发生火灾。此外，当送风机发生故障停止送风时，会导致局部过热，使电器设备或周围的可燃物起火；或将过度加热的高温空气送入房间，使房间内易燃、可燃物品受热起火。

所以，电加热送风供暖装置与送风设备的电气开关应有连锁装置，以防止风机停转时电加热设备仍单独继续加热，由于温度过高而引起火灾。另外，在一些重要部位应设感温自动报警器，必要时加设自动防火阀，以控制取暖温度，避免过热起火。

问139：仿古建筑的电气设备与防雷设施的防火要求有哪些？

对于仿古建筑，有时需要大量的灯光设备、电气设备，所以要做好配电线路的敷设。线路在穿过有可燃物的吊顶和闷顶内时，应采取穿金属管、封闭式金属线槽或难燃材料的塑料管等防火保护措施。各种灯具的安装，其引入线都应采用瓷管和矿棉等不燃材料做隔热保护，各种灯具不要直接安装于可燃装修材料或可燃构件上。

仿古建筑应根据《建筑物防雷设计规范》（GB 50057—2010）设计防雷设施。

问140：仿古建筑应如何设置消防设施？

仿古建筑的消防设施应因地制宜，结合实际建立多方位的消防设施。

应建立消防给水系统，缺水地区或市政水源不能满足需要时，应设置消防水池。室外消防栓应布置成环状，当室外消防栓用水量≤15L/s时，可布置成为枝状；室外消防给水管道的直径不应小于100mm。坡顶的仿古建筑可修建设备层放置消防水箱，也可以修建消防水塔代替消防水箱。根据仿古建筑的面积和使用用途分别设立自动灭火系统、火灾自动报警系统、雨喷淋系统、漏电火灾报警系统、消防电梯以及防排烟等消防设施。

问141： 影视基地拍摄时的防火要求有哪些？

影视基地对拍摄过程中使用的景观、服装以及道具等有以下防火要求。

（1）在制作景观时可能使用大量的木材、纸张、油类、漆类、塑料以及有机溶剂等易燃可燃物，如果电气设备安装使用不当，对易燃、可燃物品保管不善或者任意吸烟等，随时都有发生火灾的危险。所以要保管使用好制作材料，远离明火。

（2）电影服装的制作材料有树叶、兽皮、棉、毛、纱、丝以及混纺纤维、天然纤维等，这些材料都是易燃物品。在电影拍摄过程中，又必须大量、频繁地使用及保存戏用服装。存放时要保持良好的通风，保持阴凉干燥，防止衣物受潮，蓄热自燃，造成火灾。

（3）道具室内严禁吸烟、动火，并且应配备相应的灭火器。戏用道具使用的汽油、油漆等易燃物品，应用固定容器封装，在指定地点存放。使用时，应随用随领，集中于指定的安全地点。未用完的应送回原库保存，不可存放在道具室。

问142： 展览馆应如何选址才能符合防火要求？

展览馆址宜选在城市内或者近郊等交通便利的地区，宜选择交通条件好、运输方便、安全疏散条件好，远离易燃易爆危险品的生产和储存区，噪声较小和没有散发有害气体的污染源的地点独立建造。若与其他建筑合建时，也应自成一区，单设出入口。

问143： 展览馆的总平面应如何布置才能符合防火要求？

展览馆展区通常位于底层，便于运输展品及大量人流的集散，其层数不应超过两层。当展厅沿街长度超过 150m 或者总长度超过 220m 时应设置穿过建筑的消防车道。占地面积超过 3000m^2 的展览馆宜设置环形消防车道。消防车道的净宽度与净空高度均不应小于 4m。供消防车停留的空地，其坡度不宜大于 3％。环形消防车道至少应有两处同其他车道连接。消防车道路、扑救场地下面的管道及暗沟等应能承受大型消防车的压力。

问144：展览馆的耐火等级和防火分区如何布置？

通常情况下，位于多层建筑的展览馆的耐火等级不低于二级时，防火分区允许最大建筑面积为 $2500m^2$；当建筑设置自动灭火设施时其防火分区的建筑面积可以按以上的规定增加1倍，局部设置时局部增加1倍。在特殊情况下展厅的防火分区面积可以适当放宽。当展览厅设在一、二级耐火等级的单层建筑或者多层建筑的首层并按规范相关规定设有火灾自动报警系统、自动喷水灭火系统及防排烟设施，并且内部装修设计符合《建筑内部装修设计防火规范》（GB 50222—2017）的有关规定时，每个防火分区的最大允许建筑面积可扩大至 $10000m^2$。

位于一类高层建筑中设置的展览馆防火分区的最大允许建筑面积是 $1000m^2$。二类高层建筑中设置的展览馆防火分区的最大允许建筑面积是 $1500m^2$。当建筑设置自动灭火设施时，其防火分区的允许最大建筑面积可按照以上的规定增加1倍，局部设置时局部增加1倍。

展览厅设置在高层建筑的裙房，没有火灾自动报警系统及自动灭火系统且采用不燃或难燃材料装修时，地上展厅防火分区的允许最大建筑面积是 $4000m^2$，地下展厅防火分区允许的最大建筑面积为 $2000m^2$。

问145：展览馆的安全疏散通道应如何布置？

展览馆展厅的安全出口的数量应通过计算确定。展览馆的室内疏散楼梯应设置楼梯间，超过两层的展览建筑应设置封闭楼梯间。展览馆建筑直接通向公共走道的房间门到最近的外部出口或楼梯间的距离，应满足技术标准要求。

展览建筑的安全疏散，除应满足安全出口数量、楼梯间型式以及安全疏散距离的要求外，尚应符合相关规范对疏散宽度指标的规定。

问146： 展览馆应如何进行内部装修才能符合防火要求？

展览馆内部装修应妥善处理装修效果和防火安全之间的矛盾，积极采用不燃材料和难燃材料，少用可燃材料，特别是要尽最大可能避免采用燃烧时产生大量浓烟或有毒气体的材料，保证安全适用、技术先进、经济合理。

展览馆内部水平疏散走道和安全出口的门厅，其顶棚的装修材料应采用不燃材料，而其他部位应采用难燃材料。

问147： 展览馆消防设施设备应如何设置？

（1）消火栓系统。展览建筑均应设置室外消火栓，面积超过 $5000m^2$ 的展览建筑还应设置 $DN65mm$ 的室内消火栓灭火系统，系统的设计应符合相关规范规定。

（2）自动灭火系统。任一楼层建筑面积大于 $1500m^2$ 或者总建筑面积超过 $3000m^2$ 的展览建筑均应设置自动喷水灭火系统。对现代高大空间的会展建筑，当展览厅建筑面积超过 $3000m^2$ 且无法采用自动喷水灭火系统时，宜设置固定消防炮及智能消防水炮等灭火系统，系统的设计应满足相关规范规定。

（3）排烟设施。展览建筑中设置在地下、半地下的总建筑面积超过 $200m^2$ 的展览厅，建筑面积超过 $300m^2$ 的地上展厅及长度大于 $20m$ 的内走道应设置排烟设施。设施的设置应满足相关规范的规定。

（4）火灾自动报警系统和消防控制室。任一层建筑面积超过 $3000m^2$ 或总建筑面积超过 $6000m^2$ 的展览建筑都应设置火灾自动报警系统。在大空间展览建筑中，展览厅的净高往往大于 $12m$，不适合采用点型感烟、感温探测器，宜采用光截面图像感烟火灾探测器、红外对射式感烟火灾探测器、早期可视烟雾探测火灾报警系统。

设有火灾自动报警系统和自动灭火系统或者设有火灾自动报警系统和机械防烟、排烟设施的展览建筑，应设置消防控制室。消防控制室的设计应符合相关规范的规定。

（5）展览馆建筑灭火器配置。应依据配置场所可能发生的火灾种类选择相应的灭火器。在同一灭火器配置场所，当选用同一类型的灭火器时，宜选用操作方法相同的灭火器。当选用两种或者两种以上类型的灭火器时，应采用灭火剂相容的灭火器。灭火器的设置应满足相关规范的要求。

（6）应急照明和疏散指示标志。在建筑面积大于 $400\mathrm{m}^2$ 的展览厅应设置消防应急照明灯具。总建筑面积大于 $8000\mathrm{m}^2$ 的展览建筑，应在其内疏散走道和主要疏散路线的地面上增设能保持视觉连续的灯光疏散指示标志或者蓄光疏散指示标志。为使参观者在任一位置上都能迅速辨明疏散方向，所有出口或者到达出口的线路均应标示清晰。整条安全通道中均应布置或者标上到达安全地带的路标。为了防止与出口相混淆，任何非安全出口或者不能到达出口通道的门或走廊，均应配上或者注明禁止通行的标记。发生火灾时，应尽量防止疏散人群误入袋形走道。

问148： 展览馆的电气设备如何防火？

展览馆在展出期间，各种用电设备相对集中，用电量大，且具有临时安装的特点，稍有不慎，容易造成电气火灾。因此，展览馆中的每台电气设备宜设空气自动开关，对于容量较大的动力设备，通常应设过载和缺相的保护装置。开关、插座及配电盘等应设于参观人员不易触及和便于工作人员操作的地方，周围不准存放其他物品。

问149： 铁路、公路、机场候车（机）场所的防火要求有哪些？

（1）提高建筑耐火性能，增强抗御火灾的能力。

① 车站应为一、二级耐火等级的建筑，并且应合理进行分区

布置。候车（机）室每个防火分区的面积都应符合防火规范的规定。防火分区间应采用防火墙分隔，若有困难，可采用防火卷帘或水幕分隔。

② 候车（机）室的安全出口数量和楼梯、走道的各自总宽度应通过计算确定。其中，安全出口不应少于 2 个；楼梯、走道的疏散宽度指标不应小于每百人 0.65m，并且最小宽度不应小于 1.4m，不应在紧靠门口 1.4m 范围内设置踏步；疏散门的开启方向应向外。候车（机）室不应设置旋转、推闩式大门。疏散楼梯和疏散通道上的阶梯不应采用螺旋楼梯及扇形踏步。

③ 通风、空调管道应采用不燃材料制作，管道内要设置自动阻火阀门。通风管道必须穿越防火墙时，应在穿过处设防火阀，穿过防火墙两侧 2m 内的风管保温材料用不燃材料，而穿过处的缝隙则应用不燃材料严密填塞。

④ 在候车（机）室内部装修中，必须严格控制使用可燃材料。如吊顶、隔墙以及门窗等，均应采用不燃材料制作，禁止采用高分子材料。同时，改造装修不得破坏和影响原有建筑分隔及疏散设施。

⑤ 建筑楼层之间穿越电缆的孔洞、缝隙，应用不燃材料堵塞；而各种竖井则应采用不燃材料装修，检修门应采用耐火极限不低于 0.60h 的丙级防火门。

（2）规范用电设备设置，减少发生火灾的可能。

① 电源线与信号线分别敷设在不同的电缆沟槽内，如必须在一起敷设，电源线应穿金属套管或者采用铠装线。

② 照明线路在穿越吊顶或者其他隐蔽处所时，要穿金属管敷设，接头处要安装接线盒。

③ 候车（机）室内禁止任意牵拉电线和安装移动灯具，不准使用电热棒、电炉等赤热电器。

④ 完善消防设施设备，做好扑救火灾的准备。

⑤ 候车（机）室应按《建筑设计防火规范》（GB 50016—2014）（2018 版）等技术规范要求设置自动报警系统和自动喷水灭火系统等自动消防设施。同时，还应按照规定设置应急照明、疏散

指示标志以及室内消防给水设施。

⑥ 室内消火栓的用水量应根据同时使用水枪数量与充实水柱，由计算确定，并应确保有两支水枪的充实水柱同时到达室内任何部位，水枪的充实水柱不应小于 7m。若消防管网的压力无法保证，则应采取设置水箱、加压泵等临时加压措施。消火栓应设在明显便于取用的位置，栓口离地面高度为 1.1m，其出水方向宜向下或者垂直于设置消火栓的墙面。消火栓的间距不应超过 50m。

⑦ 候车（机）场所内，应按《建筑灭火器配置设计规范》（GB 50140—2005）配备移动式灭火器，并且设置醒目的灭火器指示标牌。

（3）加强日常防火管理，保证候车（机）室消防安全。

① 车站应加强防火宣传，在进站口醒目位置设立消防安全宣传警示牌，并通过广播、电视等媒体向旅客宣传夹带易燃易爆物品进站乘车的危险性及安全旅行的重要性，使旅客自觉遵守防火安全规定；与此同时，要严格落实"三品"查堵工作，严防旅客携带易燃易爆危险品进站候车（机）。

② 在候车（机）室开设商业经营网点，应经消防救援机构审核批准；柜台与摊位不得占用疏散通道、堵塞安全出口和消防设施；不准大量存放及经营可燃物质；禁止使用和经营燃油、液化石油气等易燃易爆危险品；不得使用明火加热食品。

③ 候车（机）室要设置专门的旅客吸烟室，客运服务人员应加强巡视，严格制止旅客在候车（机）室吸烟，严防旅客乱扔烟头、火柴梗。

④ 候车（机）室要合理安排旅客候车（机）座位，并留出足够通畅的疏散通道；同时，要加强消防设施设备的管理及维护，消火栓周围 1.5m 范围内不得设置座椅、柜台和堆放物品，保证消火栓不失效、不被圈埋。

⑤ 候车（机）室客运服务人员要经常进行消防培训教育，符合"四知四会"（知本岗位的火灾危险性，知本岗位的火灾预防措施，知扑救火灾的方法，知预防及逃生自救知识；会报警，会

使用灭火器材，会处置初起火灾事故，会引导在场群众疏散）的要求。

⑥ 车站应建立火灾事故应急处置预案，并经常组织演练，保证在发生火灾时能够有条不紊地进行火灾报警、灭火救援和旅客疏散。

问150： 地铁客运站如何防止火灾？

根据对地铁火灾特性的分析，防止地铁客运站发生火灾主要从两个方面予以考虑：一是根据防火安全系统工程理论从本质上消除火灾产生的条件；二是一旦发生地铁火灾，事先应创造一些什么样的条件或采取什么样的措施以尽可能地减少人员伤亡及经济损失。具体来讲有下列措施。

（1）控制可燃材料和有毒材料的应用。合理规划布局，控制可燃装饰材料及有毒材料的应用，提高地铁的整体耐火性和减少有毒物质的产生。地铁车间、隧道及所有车辆材料应全部选用经消防部门认证的防火材料；车辆的车厢、座位设备、扶手、管线及车站站台、墙、天花板等材料全部用不燃或阻燃材料；隧道内的设备、电缆、管道以及其他材料应为不燃或者难燃的；人员疏散必经之路的疏散走道、封闭楼梯间以及防烟楼梯间等部位的墙和顶的装饰材料必须采用不燃材料，以在火灾情况下阻止火势蔓延，使人能从相对的不燃区域进出；严禁有毒材料的应用，以防火灾时产生大量的有毒气体，影响逃生人员的疏散。

（2）良好及规范的电力供应。电气的故障容易导致火灾或爆炸，如 1995 年 10 月 28 日，阿塞拜疆首都巴库发生了一场地铁列车大火，导致 558 人死亡，269 人受伤，主要就是因为电气线路老化短路。所以电气设施的安装使用必须符合规范要求，严禁非专业人员随便拉、接电线和拆卸电气气具，禁止电气设施超负荷运载，对电气线路的老化及时予以更新，杜绝电火花的产生。

（3）设置有效的防排烟设施。烟雾、毒气具有使人缺氧、中毒、高温灼伤以及降低能见度等危害，是致人死亡的主要因素，同时也是影响人员安全疏散以及消防人员扑救灭火工作的重大问题。所以，通风就显得尤为重要。地铁客运站应使用机械通风方法，设置独立的排烟系统，依据建筑物的结构、材料及设施的防排烟效果，准确计算烟量，同时设置防火防烟分区系统，并且在存烟区内安装排烟风道。

（4）设计合理的疏散出口和路线。首先要保证安全出口的数量和宽度，严禁在通道上设置任何障碍，同时要提高疏散路线的安全系数。在车站及隧道内设置事故应急照明和明显的安全疏散标志及通道引导标志，包括与出口路线一致的视觉信息，如标牌、照明以及布局图等，并且标志间距不应太大，以使逃生人员能够及时得到与疏散有关的信息，引导逃生人员以最佳路线疏散。

（5）配备完善和足够的消防设施。地铁的消防工作必须重视火灾的预防及早期自救，立足于地铁内部防火灭火设施的完善，借助事先设置的硬件设施进行科学的防范，使其具有良好的基础。如针对可能遇到的火灾，必须设立火灾自动报警系统。同时为了能够及时扑灭火灾，应设置室内消火栓系统、自动喷水灭火系统或者气体灭火装置等各种紧急救援设备。

（6）制定消防应急预案。为把伤亡程度降低到最低限度，必须制定应急方案，要经常进行模拟演练以检验其可行性。防灾演练应形成制度，定期举行，并在演练层次及规模上不断深入、扩大和逼真。让全体工作人员熟练掌握应急措施，使各工种能够快速地反应，并予以相互协调、相互配合，做到能灭火，能够从容不迫地引导乘客安全疏散。

（7）加强地铁防火宣传。地铁消防工作的开展离不开群众的参与，只有人们的消防意识增强了，才能达到治本的目的。所以，地铁防火应加大宣传力度，充分发挥电视台及广播电台等新闻媒体的舆论导向作用，定期制作播放短小的防火专片，并且在影响面较广的杂志上开辟专栏，宣传防火、灭火以及人员救护等方面的知识。

3.5 集贸市场消防安全管理

问151：集贸市场可以采取哪些安全防火措施？

（1）必须建立消防管理机构。在消防监督机构的指导下，集贸市场主办单位应建立消防管理机构，健全防火安全制度，强化管理，组建义务消防组织，并确定专（兼）职防火人员；制定灭火、疏散应急预案并开展演练。做到平时预防工作有人抓、有人管、有人落实；在发生火灾时有领导、有组织、有秩序地进行扑救。对于多家合办的应成立有关单位负责人参加的防火领导机构，统一管理消防安全工作。

（2）安全检查、隐患整改必须到位。集贸市场主办单位应组织防火人员要进行经常性的消防安全检查，针对检查中发现的火灾隐患：一要将产生的原因找出，制定整改方案，抓紧落实；二要把整改工作做到领导到位、措施到位、行动到位以及检查验收到位，绝不走过场、图形式；对整改不彻底的单位，要责令重新进行整改，绝不留下新的隐患；三要充分发挥消防部门监督职能作用，经常深入市场检查指导，发现问题，及时指出，将检查中发现的火灾隐患整改彻底。

（3）确保消防通道畅通。安全通道畅通是集贸市场发生火灾后，保证人员生命财产安全的有效措施。市场主办单位应认真落实"谁主管、谁负责"，按照商品的种类和火灾危险性划分若干区域，区域之间应保持相应的防火距离及安全疏散通道，对所堵塞消防通道的商品应依法取缔，保证安全疏散通道畅通。

（4）完善固定消防设施。针对集贸市场内未设置消防设施、无消防水源的现状，主办单位应立即筹集资金，按照规范要求增设室内外消火栓、火灾自动报警系统及消防水池、自动喷水灭火系统、水泵房等固定消防设施，配置足量的移动式灭火器、疏散指示标志，尽快提高市场自身的防火及灭火能力，使市场在安全的情况下正常经营。

问152： 商场、集贸市场要达到哪些防火要求？

目前，我国的一些大型商场为了满足人民群众的需求，大多集购物、餐饮、娱乐为一体，所以商场、集贸市场的火灾风险较高，一旦发生火灾，容易造成重大的经济损失和人员伤亡，所以商场、集贸市场的防火要求要严于一般场所。

（1）建筑防火要求。商场的建筑首先在选址上应远离易燃易爆危险品生产及储存的场所，要与其他建筑保持一定防火间距。在商场周边要设置环形消防通道。商场内配套的锅炉房、变配电室、柴油发电机房、消防控制室、空调机房、消防水泵房等的设置应符合消防技术规范的要求。

商场建筑物的耐火等级不应低于二级，应严格按照《建筑设计防火规范》（GB 50016—2014）（2018 版）的要求划分防火分区。

对于电梯间、楼梯间、自动扶梯及贯通上下楼层的中庭，应安装防火门或者防火卷帘进行分隔，对于管道井、电缆井等，其每层检查口都应安装丙级防火门，并且每隔 2～3 层楼板处用相当于楼板耐火极限的材料分隔。

（2）室内装修。商场室内装修采用的装修材料的燃烧性能等级，应按楼梯间严于疏散走道；疏散走道严于其他场所；地下严于地上；高层严于多层的原则予以控制。应严格执行《建筑内部装修设计的防火规范》（GB 50222—2017）与《建筑内部装修防火施工及验收规范》（GB 50354—2005）的规定，尽量采用不燃材料和难燃材料，避免在燃烧时产生大量浓烟或有毒气体的材料。

建筑内部装修不应遮挡安全出口、消防设施、疏散通道及疏散指示标志，不应减少安全出口、疏散出口和疏散走道的净宽度和数量，不应妨碍消防设施及疏散走道的正常使用。

（3）安全疏散设施。商场是人员集中的场所，安全疏散必须满足消防规范的要求。要按照规范设置相应的防烟楼梯间、封闭楼梯间或者室外疏散楼梯。商场要有足够数量的安全出口并多方位地均匀布置，不应设置影响安全疏散的旋转门及侧拉门等。

安全出口的门禁系统必须具备从内向外开启并且发出声光报警

信号的功能，以及断电自动停止锁闭的功能。禁止使用只能由控制中心遥控开启的门禁系统。

安全出口、疏散通道以及疏散楼梯等都应按要求设置应急照明灯和疏散指示标志，应急照明灯的照度不应低于 0.5lx，连续供电时间不得少于 20min，疏散指示标志的间距不大于 20m。禁止在楼梯、安全出口和疏散通道上设置摊位、堆放货物。

（4）消防设施。商场的消防设施包括火灾自动报警系统、室内外消火栓系统、自动喷水灭火系统、防排烟系统、疏散指示标志、应急照明、事故广播、防火门、防火卷帘及灭火器材。

① 火灾自动报警系统。商场中任一层建筑面积大于 $3000m^2$ 或者总建筑面积大于 $6000m^2$ 的多层商场，建筑面积大于 $500m^2$ 的地下、半地下商场以及一类高层商场，都应设置火灾自动报警系统。

火灾自动报警系统的设置应符合《火灾自动报警系统的设计规范》（GB 50116—2013）的规定。营业厅等人员聚集场所宜设置漏电火灾报警系统。

② 灭火设施。商场应设置室内外消火栓系统，并应满足有关消防技术规范要求。设有室内消防栓的商场应设置消防软管卷盘。建筑面积大于 $200m^2$ 的商业服务网点应设置消防软管卷盘或者轻便消防水龙。

任一楼层建筑面积超过 $1500m^2$ 或总建筑面积超过 $3000m^2$ 的多层商场和建筑面积大于 $500m^2$ 的地下商场以及高层商场均应设置自动喷水灭火系统。

商场应按照《建筑灭火器配置设计规范》（GB 50140—2005）的要求配备灭火器。

3.6 公共娱乐场所消防安全管理

问153： 公共文化娱乐场所如何设置才能符合防火要求？

（1）设置位置、防火间距、耐火等级。公共文化娱乐场所不得设置在古建筑、博物馆以及图书馆建筑内，不得毗连重要仓库或者危险物品仓库，不得在居民住宅楼内建公共娱乐场所。在公共文化娱乐场所的上面、下面或毗邻位置，不准布置燃油、燃气的锅炉房以及油浸电力变压器室。

公共文化娱乐场所在建设时，应与其他建筑物保持一定的防火间距，通常与甲、乙类生产厂房、库房之间应留有不少于50m的防火间距。而建筑物本身不宜低于二级耐火等级。

（2）防火分隔在建筑设计时应当考虑必要的防火技术措施：影剧院等建筑的舞台和观众厅之间，应采用耐火极限不低于3.00h的不燃体隔墙，舞台口上部和观众厅闷顶之间的隔墙，可以采用耐火极限不低于1.50h的不燃体，隔墙上的门应采用乙级防火门；舞台下面的灯光操作室和可燃物储藏室，应用耐火极限不低于2.00h的不燃体墙与其他部位隔开；电影放映室应用耐火极限不低于1.50h的不燃体隔墙与其他部分隔开，观察孔和放映孔应设阻火闸门。

对超过1500个座位的影剧院与超过2000个座位的会堂、礼堂的舞台，以及与舞台相连的侧台、后台的门窗洞口，都应设水幕分隔。对于超过1500个座位的剧院与超过2000个座位的会堂的屋架下部，以及建筑面积超过400m² 的演播室、建筑面积超过500m² 的电影摄影棚等，均应设雨淋喷水灭火系统。

公共文化娱乐场所与其他建筑相毗连或者附设于其他建筑物内时，应当按照独立的防火分区设置。商住楼内的公共文化娱乐场所和居民住宅的安全出口应当分开设置。

（3）公共文化娱乐场所的内部装修设计和施工，必须符合《建筑内部装修设计防火规范》（GB 50222—2017）和有关装饰装修防火规定。

（4）在地下建筑内设置公共娱乐场所除符合有关消防技术规范的要求外，还应符合以下规定。

① 只允许设在地下一层。

② 通往地面的安全出口不应少于2个，每个楼梯宽度应当满足有关建筑设计防火规范的规定。

③ 应当设置机械防烟排烟设施。

④ 应当设置火灾自动报警系统及自动喷水灭火系统。

⑤ 禁止使用液化石油气。

问154： 公共文化娱乐场所应如何设置安全疏散通道？

（1）公共文化娱乐场所观众厅、舞厅的安全疏散出口，应当按照人流情况合理设置，数目不应少于 2 个，并且每个安全出口平均疏散人数不应超过 250 人，当容纳人数超过 2000 人时，其超过部分按每个出口平均疏散人数不超过 400 人计算。

（2）公共文化娱乐场所观众厅的入场门、太平门不应设置门槛，其宽度不应小于 1.4m。紧靠于门口 1.4m 范围内不应设置踏步。同时，太平门不准采用卷帘门、转门、吊门以及侧拉门，门口不得设置门帘、屏风等影响疏散的遮挡物。公共文化娱乐场所在营业时，必须保证安全出口和走道畅通无阻，严禁将安全出口上锁、堵塞。

（3）为确保安全疏散，公共文化娱乐场所室外疏散通道的宽度不应小于 3m。为了确保灭火时的需要，超过 2000 个座位的礼堂、影院等超大空间建筑四周，宜设环形消防车道。

（4）在布置公共文化娱乐场所观众厅内的疏散走道时，横走道之间的座位不宜超过 20 排；纵走道之间的座位数每排不宜超过 22 个，当前后排座椅的排距不小于 0.9m 时，可以增加 1 倍，但是不得超过 50 个；仅一侧有纵走道时，其座位数应减半。

问155： 公共文化娱乐场所的应急照明应如何设置？

（1）在安全出口和疏散走道上，应设置必要的应急照明及疏散指示标志，以利于火灾时引导观众沿着灯光疏散指示标志顺利疏散。疏散用的应急照明，其最低照度不应低于 1.0lx。而照明供电时间不得少于 20min。

（2）应急照明灯应设在墙面或者顶棚上，疏散指示标志应设于太平门的顶部和疏散走道及其转角处距地面 1.0m 以下的墙面上，走道上的指示标志间距不应大于 20m。

问156：公共文化娱乐场所的灭火设施及器材应如何设置？

公共文化娱乐场所发生火灾蔓延快，扑救困难。因此，必须配备消防器材等灭火设施。根据规定，对于超过 800 个座位的剧院、电影院、俱乐部以及超过 1200 个座位的礼堂，都应设置室内消火栓。

为了确保能及时有效地控制火灾，座位超过 1500 个的剧院和座位超过 2000 个的会堂或礼堂，室内人员休息室与器材间应设置自动喷水灭火系统。

室内消火栓通常应布置在舞台、观众厅和电影放映室等重点部位并且醒目、便于取用的地方。此外，对放映室（包括卷片室）、配电室、储藏室、舞台以及音响操作等重点部位，都应配备必要的灭火器。

设置在综合性建筑内的公共娱乐场所，其消防设施及火火器材的配备，应符合规范对综合性建筑的防火要求。

3.7 电信通信枢纽消防安全管理

问157：邮件收寄和投递过程的防火要求有哪些？

办理邮件收寄和投递的单位有邮政局、邮政所、邮政代办所以及各种快递单位等。这些单位分布在各省、市、地区、县城、乡镇和农村，负责办理本辖区邮件的收寄及投递。一般都设有营业室、邮件、包裹寄存室、分发室以及投递室等；辖区范围较大的邮政局还设有车库，库内存放的机动车，从数辆到数十辆不等，这些都潜伏有一定的火灾危险性，因此，在收寄和投递邮件中应注意以下防火要求。

（1）严格生活用火的管理。在营业室的柜台内，邮件及包裹存放室以及邮件分发室等部位，要禁止吸烟；小型单位冬季如没有暖气采暖时，这些部位不得使用火盆、火缸，必要时可安装火炉，但在木地板上应垫砖，并加铁皮炉盘隔热及保护，炉体与周围可燃物保持不小于1m的距离，金属烟筒与可燃结构应保持50cm以上的距离，上班时要有专人看管，工作人员离开或者下班时，应将炉火封好。

（2）包裹收寄要注意防火安全检查。包裹收寄的安全检查工序，为邮件管理过程中的重要环节。为了避免邮件、包裹内夹带易燃易爆危险品，负责收寄的工作人员必须认真负责，严格检查。包裹、邮件要开包检查，有条件的邮政局，应采用防爆监测设备进行检查，防止混进的易燃易爆危险品在运输、储存过程中引起着火或者爆炸。营业室内应悬挂宣传消防知识的标语、图片。

（3）机动邮运投递车辆应注意防火。机动邮运投递车辆除应遵守"汽车和汽车库、场"的有关防火要求外，还应要求司机及押运人员不准在驾驶室及邮件厢内吸烟；营业室及车库内不准存放汽油等易燃液体；车辆的修理及保养应在车库外指定的地点进行。

问158： 邮件转运时有哪些防火要求？

各地邮政系统的邮件转运部门是将邮件集中、分拣、封发以及运输等集中于一体的邮政枢纽。对邮政枢纽内的各工序有下列防火要求。

（1）信件分拣。信件分拣工作对邮件的迅速、准确以及安全投递有着重要影响。信件分拣应在分拣车间（房）内进行，操作方法目前有人工与机械分拣两种。

人工分拣车间（房）的照明灯具和线路应固定安装，照明所需电源要设置室外总控开关与室内分控开关，以便停止工作时切断电源。照明线路布设应按照闷顶内的布线要求穿金属管保护，荧光灯的镇流器不能安装在可燃结构上。同时禁止在分拣车间（房）内吸烟和进行各种明火作业。

机械分拣车间分别设有信件分拣与包裹分拣设备，主要是信件分拣机和皮带输送设备等，除有照明用线路外，还有动力线路。机械分拣车间除应遵守信件分拣的有关防火要求之外，对电力线路、控制开关、电动机及传动设备等的安装使用，都应满足有关电气防火的要求。电气控制开关应安装在包铁片的开关箱内，并不使邮包靠近，电动机周围要加设铁护栏以避免可燃物靠近和人员受伤，机械设备要定期检查维护，传动部位要经常加油润滑，最好选用润滑胶皮带，避免机械摩擦发热引起着火。

（2）邮件待发场地。邮件待发场地是邮件转运过程中，邮件集中的场所。此场所一旦发生火灾，会造成很大的影响，所以要把邮件待发场地划为禁火区域，并设置明显的禁火标志。要禁止吸烟和一切明火作业，严格控制外来人员及车辆的出入。邮件待发场地不应设于电力线下面，不准拉设临时电源线。

（3）邮件运输。邮件运输是邮件传递过程中的一个重要环节，是在确保邮件迅速、准确、安全传递的基础上，根据不同运输特点组织运输。邮件运输的方式分铁路、船舶、航空以及汽车四种。铁路邮政车和船舶运输的邮件，由邮政部门派专人押运；航空邮件交由班机托运。此类邮件运输要遵守铁路、交通以及民航部门的各项防火安全规定。汽车运输邮件，除了长途汽车托运外，还有邮政部门本身组织的汽车运输。当邮政部门用汽车运输邮件时，运输邮件的汽车应用金属材料改装车厢。如用一般卡车装运邮件时，必须用篷布严密封盖，并提防途中飞火或者烟头落到车厢内，引燃邮件起火。邮件车要专车专用。在装运邮件时，禁止与易燃、易爆化学危险品以及其他物品混装、混运。邮件运输车辆要根据邮件的数量配备应急灭火器材并不少于两具。通常情况下，装有邮件的重车不能停放在车库内，以防不测。

问159：邮政枢纽建筑应进行哪些防火管理？

在大、中城市，尤其是大城市，一般都兴建有现代化的邮政枢纽设施，集分、发于一体，是邮政行业的重点防火单位。

邮政枢纽设施作为公共建筑，通常采用多层或高层建筑，并建在交通方便的繁华地段。新建的邮政枢纽工程，在总体设计上应对于建筑的耐火等级、防火分隔，安全疏散、消防给水和自动报警、自动灭火系统等防火措施认真予以考虑，并严格执行《建筑设计防火规范》（GB 50016—2014）（2018 版）的有关规定。对已经建成，但以上防火措施不符合规范规定的，应采取措施逐步加以改善。

问160：　邮票库房有哪些防火要求？

邮票库房是邮政防火的重点部位，其库房的建筑不能低于一、二级耐火等级，并与其他建筑保持规定的防火间距或防火分隔，避免其他建筑物失火殃及邮票库房的安全。邮票库房的电器照明、线路敷设、开关的设置，都必须满足仓库电器规定的要求，并应做到人离电断。对邮票总额在 50 万元以上的邮票库房，还应安装火灾自动报警及自动灭火装置。对省级邮政楼的邮袋库，应当设置闭式自动喷水灭火系统。

问161：　电信企业管理不当会有哪些火灾危险性？

（1）电信建筑可燃物较多。电信建筑的火灾危险性主要在两个方面：一是原有老式建筑，耐火等级比较低，在许多方面很难满足防火的要求，导致火险隐患非常突出；二是在一些新建筑中，由于使用性能特殊，机房里敷管设线、开凿孔洞较多，尤其是机房建筑中的间壁、隔声板、地板、吊顶等装饰材料和通风管道的保温材料，以及木制机台、电报纸条、打字蜡纸以及窗帘等，都是可燃物，一旦起火会迅速蔓延成灾。

（2）设备带电易带来火种。安装有电话及电报通信设备的机房，不仅设备多、线路复杂，而且带电设备火险因素较多。这些带电设备，若发生短路或者接触不良等，都会造成设备上的电压变化，使导线的绝缘材料起火，并可引燃周围可燃物，扩大灾害；若遭受雷击或者架空的裸导线搭接在通信线路上就会将高电压引到设备上发生火灾；避雷的引下线电缆、信号电缆距离过近也会给通信设备造成不安全的因素；收、发信机的调压器是充油设备，若发生超负荷、短路、漏油、渗油或者遭雷击等，都有可能引起调压器起火或者爆炸；室内的照明、空调设备以及测试仪表等的电气线路，都有可能引起火灾；电信行业中经常用到电炉、电烙铁以及烘箱等电热器具，如果使用、管理不当，也会引燃附近的可燃物。动力输送设备、电气设备安装不合格，接地线不牢固或者超负荷运行等，亦会造成火灾危险。

（3）设备维修、保养时使用易燃液体并有动火作业。电信设备经常需要进行维修及保养，但在维修保养中，经常要使用汽油、煤油以及酒精等易燃液体清洗机件。这类易燃液体在清洗机件、设备时极易挥发，遇火花就会引起着火、爆炸。同时在设备维修中，除常用电烙铁焊接插头和接头外，有时还要使用喷灯和进行焊接、气割作业，此类明火作业随时都有导致火灾的危险。

问162： 电信企业的消防安全管理措施有哪些？

（1）电信建筑。电信建筑的防火，除必须严格执行《建筑设计防火规范》（GB 50016—2014）（2018 版）外，还应在总平面布置上适当分组、分区。通常将主机房、柴油机房、变电室等组成生产区；将食堂、宿舍以及住宅等组成生活区。生产区与生活区要用围墙分隔开。尤其贵重的通信设备、仪表等，必须设在一级耐火等级的建筑物内。在设有机房及报房的建筑内，不应设礼堂、歌舞厅、清洗间以及机修室。收、发信机的调压设备（油浸式），不宜设在机房内，如由于条件所限必须设在同一层时，应以防火墙分隔成小间作为调压器室，每间设的调压器的总容量，不得大于 400kV。调压器室通向机房的各种孔洞、缝隙都应用不燃材料密封填塞，门窗不应开向人员集中的方向，并应设有通风、泄压和防尘、防小动物入内的网罩等设施。清洗间应为一、二级耐火等级的单独建筑，由于室内常用易燃液体清洗机件，其电气设备应符合防爆要求，易燃液体的储量不应大于当天的用量，盛装容器应为金属制作，室内严禁一切明火。

各种通风管道的隔热材料，应使用硅酸铝、石棉等不燃材料。

通风管道内要设置自动阻火闸门。通风管道不宜穿越防火墙，必须穿越时，应用不燃材料把缝隙紧密填塞。建筑内的装饰材料，如吊顶、隔墙以及门窗等，均应采用不燃材料制作，建筑内层与表层之间的电缆及信号电缆穿过的孔洞、缝隙亦应用不燃材料堵塞。竖向风道、电缆（含信号电缆）的竖井，不能采用可燃材料装修，检修门的耐火极限不应低于0.60h。

（2）电信电气设备。

① 电源线与信号线不应混在一起敷设，若必须在一起敷设时，电源线应穿金属管或采用铠装线。移动式测试仪表线、照明灯具的电线应采用橡胶护套线或者塑料线穿塑料套管。机房采用日光灯照明时，应有防止镇流器发热起火的措施。照明、报警以及电铃线路在穿越吊顶或者其他隐蔽地方时，均应穿金属管敷设，接头处要安装接线盒。

② 机房、报房内禁止任意安装临时灯具和活动接线板，并不得使用电炉等电加热设备，若生产上必须使用，则要经本单位保卫、安全部门审批。机房、报房内的输送带等使用的电动机，应安装在不燃材料的基础上，并且加护栏保护。

③ 避雷设备应在每年雷雨季节到来前进行一次测试，对于不合格的要及时改进。避雷的地下线与电源线和信号线的地下线的水平距离，不应小于3m。应保持地下通信电缆与易燃易爆地下储罐、仓库之间规定的安全距离，通常地下油库与通信电缆的水平距离不应小于10m，20t以上的易燃液体储罐和爆炸危险性较大的地下仓库与通信电缆的安全距离还应按照专业规范要求相应增大。

④ 供电用的柴油机发电室应和机房分开，独立设在一、二级耐火等级的建筑物内，如不能分开需用防火墙隔开。供发电用的燃料油，最多保持一天的用量。汽油或者柴油禁止存放在发电室内，而应存放在专门的危险品仓库内。配电室、变压器室、酸性蓄电池室以及电容器室等电源设施，必须确保安全。

（3）电信建筑消防设施。电信建筑设施应安装室内消防给水系统，并且装置火灾自动报警和自动灭火系统。电信建筑内的机房和其他电信设备较集中的地方，应采用二氧化碳自动灭火系统或者

"烟落尽"灭火系统。其余地方可以用自动喷水灭火系统。电信建筑的各种机房内，还应配备应急用的常规灭火器。

（4）电信企业日常的防火管理。

① 要加强易燃品的使用管理。在日常的工作中，电信机房及报房内不得存放易燃物品，在临近的房间内存放生产中必须使用的小量易燃液体时，应严格限制其储存量。在机房、报房以及计算机房等部位禁止使用易燃液体擦刷地板，也不得进行清洗设备的操作，如用汽油等少量易燃液体擦拭接点时，应在设备不带电的情况下进行，如果情况特殊必须带电操作，则应有可靠的防火措施：所用汽油要用塑料小瓶盛装，以避免其大量挥发；使用的刷子的铁质部分，应用绝缘材料包严，避免碰到设备上短路打火，引燃汽油而失火。

② 要加强可燃物的管理。机房、报房内要尽量减少可燃物，拖把、扫帚以及地板蜡等应放在固定的安全地点，在报房内存放电报纸的容器应当用不燃材料制成并且加盖，在各种电气开关、插入式熔断器插座附近和下方，以及电动机、电源线附近不得堆放纸条及纸张等可燃物。

③ 要加强设备的维修。各种通信设备的保护装置及报警设备应灵敏可靠，要经常检查维修，如有熔丝熔断，应及时查清原因，整修后再安装，切实确保各项设备及操作的安全。

④ 要加强对人员的管理。电信企业领导应把消防安全工作列入重要日程，切实加强日常的消防管理，配备一定数量的专、兼职消防管理人员，各岗位职工应全员进行消防安全培训，掌握必要的消防安全知识之后才可上岗操作，保证通信设施万无一失。

3.8　重要科研机构防火管理

问163：化学实验室如何进行防火管理？

（1）化学实验室应为一、二级耐火等级的建筑。从事爆炸危险性操作的实验室，应采用钢筋混凝土框架结构，并应按照防爆设计要求，采用泄压门窗、泄压外墙和轻质泄压屋顶及不发生火花的地面等。安全疏散门不应少于两个。

（2）化学实验室的电气设备应满足防爆要求，试验用的加热设备的安装、燃料的使用要符合防火要求，各种气体压力容器（钢瓶）要远离火源及热源，应放置于阴凉通风的位置。

（3）实验室内试验剩余或常用少量易燃化学品，当总量不大于5kg时，可放在铁橱柜中，贴上标签，由专人负责保管；超过5kg时，不得存放在实验室内；有毒物品要集中存放，专人管理。

（4）对于不明化学性质的未知物品，应先做测定闪点、引燃温度以及爆炸极限等基础试验，或者先从最小量开始试验，同时要采取安全措施，做好灭火准备。

（5）配备有效的灭火器材，定期进行检查保养。对研究、试验人员进行自防自救的消防知识教育，做到会用消防器材扑救初期火灾，会报火警、会自救。

（6）要建立健全各种试验的安全操作规程和化学物品管理使用方法，严禁违章操作。

问164： 生化检验室防火管理不当会有哪些火灾危险性？有哪些防火要求？

生化检验是临床辅助诊断必不可少的手段。生化检验项目繁多，方法各异。比如尿液分析、肝功能试验以及血液检查等，使用的试剂和方法也各不相同。从防火角度来看，都免不了使用化学试剂，一些通用设备（烘箱等）也大致相同，因此将这些部门的火灾危险性和防火要求一并叙述如下。

（1）平面布置。

① 生化检验室使用的醇、醚、苯、叠氮钠以及苦味酸等都是易燃易爆危险品。所以，这些生化检验室应布置在主体建筑的一侧，门应设在靠外侧处，以便发生事故时能迅速疏散和施救。生化检验室不宜设在门诊病人密集的地区，也不宜设在医院主要通道口、锅炉房、X射线胶片室、药库、液化石油气储藏室等附近。

② 房间内部的平面布置要合理。试剂橱应放在人员进出及操作时不易靠近的室内一角。电烘箱、高速离心机等设备应设在远离试剂橱的另外一角，同时应注意自然通风的风向及日光的影响。试剂橱应设在生化检验室的阴凉地方，不宜靠近南窗，防止阳光直射。

③ 室内必须通风良好。室内相对两侧都应有窗户，最好使自然通风能够在室内成稳定的平流，减少死角，使操作时逸散的有毒、易燃气体以及蒸气能及时排出。还应考虑到使室内排出的气体不致流进病房、观察室以及候诊室等人员密集的房间里。

（2）试剂的储存与保管。

① 乙醇、甲醇、丙酮以及苯等易燃液体应放在试剂橱的底层阴凉处，以防容器渗漏时液体流下，与下面试剂作用而发生危险。高锰酸钾和重铬酸钾等氧化剂与易燃有机物必须隔离储存，不得混放。乙醚等遇日光会产生易爆的过氧化物，应避光储藏。开启后未用完的乙醚，不能放于普通冰箱内储存，防止挥发的乙醚蒸气遇到冰箱内电火花发生爆炸。

② 广泛用作防腐剂的叠氮钠虽较叠氮铅等稳定，但是仍属起爆药类，有爆炸危险且剧毒。应将包装完好的叠氮钠放置于黄沙桶内，专柜保管。储藏处力求平稳防震，双人双锁。苦味酸应先配成溶液后存放，并避免触及金属，防止形成敏感度更高的苦味酸盐。凡是沾有叠氮钠或者苦味酸的一切物件均应彻底清洗，不得随便乱丢。

③ 试剂标签必须齐全、清楚，可以在标签上涂蜡保护，万一标签脱落，应即取出，未经确认，不得使用，防止弄错后发生异常反应而引起危险。试剂应有专人负责保管，定期检查清理。

④ 若乙醇等用量大时，不能将其作试剂看待，不得与试剂存放在一起，最好不要储存在实验室内，应在室外单独存放，随用随取。有的科研所使用液化石油气或者丙烷作燃料，应将它们分室储存，可以用金属管道输入室内使用。

（3）主要操作。

① 用圆底玻璃烧瓶做蒸馏或者回收操作时，液体装量应为玻璃瓶容量的 $50\%\sim60\%$，使其有最大的蒸发面积，不易导致液体

过热，否则容易冲料起火。平底烧瓶不宜用于蒸馏，进行蒸馏或者回收操作时必须加沸腾石。沸腾石放置在液体内，过夜就会失效，应另加新品，否则加热时底部液体容易过热，会发生突沸冲料起火。

② 冷凝器必须充分有效，防止蒸气冷凝不完全而逸出，与下部明火接触起火；加热设备要慎重选择，100℃以下应用水浴，100℃以上可用油浴，易燃液体宜用封闭电热器加热，不得用明火直接加热。

③ 如果多次回收套用溶剂，应注意产生过氧化物的危险。尤其是回收乙醚时，更应注意。在回收套用乙醚过程中，容器中的套用乙醚经回收蒸馏而逐渐减少，当减少至原量的20%时，应立即停止蒸馏，取样试验，加入碘化钾试液，如呈现黄色，则表示残留的套用乙醚中有过氧化物存在。这时应加酸性硫酸亚铁溶液，除去之后，再进行蒸馏。否则，过氧化物不断浓缩会发生爆炸。

④ 使用各种烧瓶，瓶内外都应有可靠的温度计。操作过程中应密切注意温度变化情况，严格控制，防止冲料；减压蒸馏宜采用冷却的方式，在操作时，应先打开冷凝器阀门，让冷却水进入，然后开真空，最后加热；蒸馏结束时，应先停止加热，稍待冷却之后再缓缓放进空气，最后关闭冷却水阀门。切记次序不可弄错，防止突沸冲料。

⑤ 使用烘箱操作时，含有易燃溶剂的样品不得用电热烘箱烘干，防止易燃液体蒸气遇电热丝发生着火或爆炸，可用蒸气烘箱或者真空烘箱。后者操作时先开真空抽去空气，使溶剂蒸气不能形成爆炸性混合物，然后加热；结束时，先关热源，稍冷之后再缓缓放进空气；烘箱应有温度自动控制装置，并经常检查维修，保证良好有效。

⑥ 使用加热设备时酒精灯的点火灯头应为瓷质，不宜用铁皮，以免由于导热快使瓶内酒精受热冲出起火；正点燃的酒精灯，不得添加酒精，必须在熄火之后，方可添加；熄灭酒精灯火焰时，应加盖熄灭，不能用嘴去吹灭火焰；煤气灯头连接的橡胶管极易产生裂纹而漏气，应每周检查一次，如有裂纹，应立即将其更换；熄灭煤

气火时应将球形气阀关闭，不得将煤气灯座上的流量调节阀当作开关用；生物检验室使用的电炉，最好用封闭式或半封闭式的，用一般电炉时，应防止电热丝翘起与水浴锅等金属材料接触，而产生触电危险；玻璃仪器或者烧瓶不得直接放在电炉上或明火上灼烧，而应下衬实验室专用的石棉网，防止爆裂或局部过热造成内容物突沸冲料。

⑦ 对容易分解的试剂或强氧化剂（如高氯酸）在加热时易爆炸或者冲料，应务必小心，最好在通风橱内操作；每次试验操作完毕后，都应将易燃品、剧毒品立即归回至原处，入橱保存，不得在实验台上存放；室内检验的电气设备，应合格安装并定期检查，防止出现漏电、短路以及超负载等不正常情况；一切烘箱等发热体不得直接放在木台上，烘箱的铁皮架和木台之间应有砖块、石棉板等隔热材料垫衬。

问165：电子洁净实验室应采取哪些防火措施？

电子洁净实验室是研制精密电子元件不可缺少的工作室。按研究条件要求，洁净室必须是封闭的。由于在试验过程中，要使用丙酮、丁酮以及乙醇等易挥发的易燃液体，有的试验还要求通入大量氢气，容易形成爆炸性混合物，遇到明火会导致着火或爆炸，故危险性较大。其主要防火措施如下。

（1）电子洁净实验室应采用一、二级耐火等级的建筑，隔墙和内部装修材料尽可能采用不燃材料。

（2）电气设备应采用防爆型，电热器具应用密封式，并且置于不燃的基座上，要配备蓄电池等事故电源，出入口或者拐弯处要设安全疏散指示灯。

（3）气体钢瓶应放置在安全地点，不宜集中储放在洁净实验室内。用量少的小型钢瓶（如磷烷、硅烷等气体）最好放于专用橱柜中，不能随意存放。洁净实验室内使用的易燃液体、可燃气体，以及氧化剂、腐蚀剂等危险化学品，其管理方法与化学实验室相同。使用易燃液体和气体的洁净实验室，应还安装排风设备。

（4）洁净实验室应立足于火灾自救，设置比较完善的消防设施。有贵重、高精仪器、仪表以及电气设备的洁净实验室，应设置二氧化碳自动灭火系统，在便于通行的位置（如走廊）应设紧急报警按钮或电话等，以便和外部联系。

（5）加强对洁净实验室研究、试验人员的防火安全教育，制定安全管理制度及各种设备的安全操作规程；要求研究、试验人员会用灭火器材、会报火警、会自救以及会逃生。

问166： 发动机实验室如何进行防火管理？

发动机试验研究广泛应用于汽车、航空以及航海等工业系统开发、革新产品的研究工作中。这里所述的发动机是以油料为燃料的发动机。在试验中，因为气缸破裂、冲出火焰、油路滴漏，或调整化油器时，油品滴在排气管上（烧红时温度可达到 900℃）等，都容易发生火灾。因此，应采取以下防火措施。

（1）发动机实验室的试车台，应设在一、二级耐火等级的建筑物中，内部装修及器具等，要求不燃化。

（2）油箱与试车台宜分室设置，经常检查油路系统是否有滴漏现象，输油管路、油箱应设有良好的静电接地装置。

（3）发动机实验室应设置油品蒸气危险浓度报警器与固定式自动灭火设施，同时配备小型灭火器，以便于扑救初起火灾。

（4）室内要严禁烟火，电气设备应满足防爆要求。

3.9 大型群众性活动消防安全管理

问167： 大型群众性活动的主要特点是什么？

（1）规模庞大。规模庞大是指在短时间内聚集大量人群，这些人群大多不熟悉活动场地的安全情况，对活动中需要注意的安全事项缺乏了解。

（2）搭建临时性设施。为了满足活动需求，通常会设置一些临时搭建物或新增设备设施，例如临时舞台、主席台、看台等。这些新增设施大多没有经过安全检验的试运行，因此在活动举办过程中容易出现一些安全隐患。此外，为了实现活动效果，往往需要临时拉接电源线，如照明线、扩音设备电源线等。

（3）协调困难。举办大型社会活动涉及的单位和部门众多，因此协调和沟通相对困难，容易出现安全管理的盲点和死角。

问168： 大型群众性活动有哪些火灾因素？

大型群众性活动中存在许多不安全的状态和行为，这些因素是引发火灾事故的主要原因。除了人为破坏和恐怖袭击外，大型群众性活动场所发生火灾的原因主要有以下几个方面。

（1）电气引起火灾。据统计数据显示，约30％的火灾是由电气方面的原因引起的。电气火灾的原因包括：照明设备引燃附近的可燃物，电气设备故障导致火灾，电线接触不良或超负荷导致发热引燃电线包覆材料，电线漏电或短路产生火花引燃可燃物等。在举办大型群众性活动的场所，使用电气设施较多，临时拉电线的情况也较多，因此引发电气火灾的可能性较高。

（2）明火管理不善引起火灾。在举办大型群众性活动的场所，如庙会、展销会、招聘会等，通常设有临时餐厅、小吃摊位等。这些场所中可能使用明火进行烹饪，包括使用液化气和卡式炉等。如果对明火管理不善或使用不当，很容易引发火灾。

（3）吸烟引起火灾。在举办大型群众性活动的场所，人员众多且复杂，难以完全禁止吸烟。一些人在活动场所内吸烟，有的吸烟者将未完全熄灭的烟蒂扔进垃圾桶中，这些行为都很容易引发火灾。

（4）燃放烟花爆竹引起火灾。在举办大型群众性活动时，有时会燃放烟花爆竹，这是中国传统的习俗，也是活动特别是节庆活动的一部分。然而，不正确燃放烟花爆竹很容易引发火灾。

总之，大型群众性活动中的火灾隐患主要源于电气问题、明火管理不善、吸烟和燃放烟花爆竹等因素。因此，要确保活动的安全，应采取相应的预防措施和安全管理措施。

问169： 重大活动的消防安全工作的原则是什么？

（1）坚持以预防为主。根据"预防为主、防消结合"的原则，重点分析、发现和整改重大活动中的火灾风险源，努力提升重大活动消防安全工作的能力和水平。

（2）坚持合法管理。制定和执行重大活动的消防安全方案，解决重大活动消防安全工作中的突出问题，提高消防安全工作的能力。

（3）坚持群众参与。通过常年的宣传教育和培训，建立健全重大活动消防安全管理体系，明确相关责任人的职责，并动员广大群众积极参与重大活动的消防安全工作。

问170： 大型群众性活动的承办者应承担什么消防安全责任？

根据《大型群众性活动安全管理条例》第五条规定，大型群众性活动的承办者对其承办活动的安全负责，承办者的主要负责人为大型群众性活动的安全责任人。消防安全作为大型群众性活动安全工作的重要部分，其消防安全责任也应由承办者及承办者的主要负责人负责。

《消防法》第二十条规定，举办大型群众性活动，承办人应当依法向公安机关申请安全许可，制定灭火和应急疏散预案并组织演练，明确消防安全责任分工，确定消防安全管理人员，保持消防设施和消防器材配置齐全、完好有效，保证疏散通道、安全出口、疏散指示标志、应急照明和消防车通道符合消防技术标准和管理规定。

活动场地的产权单位应向大型群众性活动的承办单位提供符合消防安全要求的建筑物、场所及场地。

问171： 大型群众性活动的消防安全管理工作的原则是什么？

大型群众性活动的消防安全管理工作必须坚持以下 5 个原则。

（1）以人民为中心，减少火灾。从人民群众的根本利益出发，将保障人民群众的生命财产安全作为安全管理工作的出发点和落脚点，最大限度地减少火灾对人员伤亡、财产损失和社会的危害。

（2）居安思危，预防为主。重视火灾预防工作，做好灭火救援准备工作，加强宣传教育培训，提高单位全体员工抗御火灾的整体能力和自防自救意识。

（3）统一领导，分级负责。在消防安全责任人的统一领导下，实行分级负责、条块结合的工作体制，确保大型群众性活动消防安全保卫工作的有序进行。

（4）依法申报，加强监管。在办理大型群众性活动的法律手续齐备的前提下，加强对活动举办前和举办期间的监督检查工作，督促整改各类火灾隐患。

（5）快速反应，协同应对。充分整合和利用现有力量，建立统一指挥、反应迅速、协调有序、高效运转的灭火和应急疏散管理机制。

问172： **大型群众性活动的消防安全管理组织体系是什么样的？**

为了确保大型群众性活动的安全有效进行，需要建立一个统一指挥、反应迅速、协调有序、高效运转的消防安全管理组织体系。举办大型群众性活动的单位应根据实际情况和活动需求，成立一个由单位消防安全责任人（法定代表人或主要领导）担任组长，消防安全管理人员以及单位副职领导（专职或兼职）担任副组长，各部门领导担任成员的消防安全保卫工作领导小组，统一指挥协调大型群众性活动的消防安全保卫工作。领导小组应设立灭火行动组、通信保障组、疏散引导组、安全防护救护组和防火巡查组。

问173： **大型群众性活动中，承办单位的消防安全管理人必须落实哪些消防安全管理工作？**

作为大型群众性活动消防安全保卫工作领导小组副组长，承办单位的消防安全管理人负责以下消防安全管理工作。

（1）拟订大型群众性活动的消防安全工作方案，并组织实施消防安全管理工作。

（2）组织制定消防安全制度和操作规程，并检查督促其落实。

（3）制定消防安全工作的资金投入和组织保障方案。

（4）组织实施防火巡查、防火检查和火灾隐患整改工作。

（5）组织检查承办活动所需的消防设施、灭火器材和消防安全标志，确保其完好有效，并确保疏散通道和安全出口畅通。

（6）组织管理志愿消防队。

（7）对参加活动的演职员工、服务人员和保障人员进行消防知识、技能的宣传教育和培训，组织实施灭火和应急疏散预案的演练。

（8）执行单位消防安全责任人委托的其他消防安全管理工作。

（9）协调活动场地所属单位做好相关消防安全工作。

消防安全管理人应定期向消防安全责任人报告消防安全情况，并及时报告涉及消防安全的重大问题。如果没有指定消防安全管理人，则由单位消防安全责任人负责实施消防安全管理工作。

问174： 大型群众性活动中，承办单位的消防安全责任人必须履行的消防安全职责有哪些？

作为大型群众性活动消防安全保卫工作领导小组的组长，承办单位的消防安全责任人担负着大型群众性活动消防安全的第一责任。他必须履行以下消防安全职责。

（1）贯彻执行消防法律、法规，确保承办活动的消防安全符合规定，并了解活动的消防安全情况。

（2）统筹安排消防工作与承办的大型群众性活动，批准实施大型群众性活动的消防安全工作方案。

（3）提供必要的经费和组织保障，确保大型群众性活动的消防安全。

（4）确定逐级消防安全责任，批准实施消防安全制度和保障消防安全的操作规程。

（5）组织防火巡查、防火检查，督促整改火灾隐患，并及时处理涉及消防安全的重大问题。

（6）根据消防法律、法规的规定，建立志愿消防队。

（7）制定符合大型群众性活动实际的灭火和应急疏散预案，并进行演练。

（8）在取得合法手续的前提下，依法申报举办大型群众性活动的消防安全检查手续。

这些职责的履行将确保大型群众性活动的消防安全，并保护参与活动的人员的生命财产安全。

问175： 大型群众性活动中，灭火行动组承担哪些工作职责？

灭火行动组的组长由单位消防安全管理人（负责消防安全的副职领导）担任。如果单位没有负责消防安全的副职领导，则由单位消防安全责任人（单位的法定代表人或主要领导）担任。成员由现场工作人员和现场防火巡查力量（如保卫部门、处室、科室等职能部门）组成。灭火行动组承担以下工作职责。

（1）根据活动举办的实际情况，制定灭火和应急疏散预案，并经领导小组批准后实施。

（2）进行灭火和应急疏散预案的演练，对预案中存在的不合理之处进行调整，确保预案贴近实际情况。

（3）组织对活动举办场地和相关设施进行消防安全检查，督促相关职能部门整改火灾隐患，确保活动举办的安全。

（4）在活动举办现场，组织人员利用现有消防装备实施消防安全保卫，以确保在火灾事故或突发事件发生时能够及时处置。

（5）在火灾事故发生时，组织人员对现场进行保护，并协助当地公安机关进行事故调查。

（6）对发生的火灾事故进行分析，总结经验教训，为今后的活动举办提供强有力的安全保障。

以上是灭火行动组的职责，旨在确保大型群众性活动的消防安全，并在火灾事故发生时能够迅速响应和处理。

问176：大型群众性活动中，活动场地产权单位承担哪些职责？

活动场地的产权单位应向承办大型群众性活动的单位提供符合消防安全要求的建筑物、场所和场地。对于承包、租赁或委托经营、管理的情况，当事人在合同中应明确各方的消防安全责任，以符合相关规定。消防车通道、与公共消防安全相关的疏散设施和其他建筑消防设施应由产权单位或委托管理单位进行统一管理。

问177：大型群众性活动中，通信保障组的工作职责有哪些？

通信保障组的组长由副职领导担任，成员由相关部门指定的人员组成。通信保障组的职责如下。

（1）建立通信平台。有条件的单位可以利用无线通信平台，没有条件的单位将领导小组各级领导和成员的联系方式整理成册，以建立通信联络平台。

（2）确保领导小组组长的指令能够第一时间传达给每个参战单位和人员，确保上下通信畅通无阻。

（3）与当地的消防救援机构保持密切联系，确保能够第一时间向消防救援机构报警，争取灭火救援时间，最大限度地减少人员伤亡和财产损失。

问178：大型群众性活动中，疏散引导组的工作职责有哪些？

疏散引导组的组长由副职领导担任，成员由相关部门指定的人员组成。疏散引导组的职责如下。

（1）熟悉活动举办场所的安全通道和出口位置，并了解这些通道和出口的畅通情况。

（2）在关键位置安排工作人员，确保安全通道和出口的畅通。

（3）在发生火灾或突发事件时，引导参与活动的人员从最近的安全通道和出口疏散，确保他们的生命安全。

问179： **大型群众性活动中，防火巡查组承担哪些工作职责？**

防火巡查组的组长由副职领导担任，成员由具备专业消防知识和技能的巡查人员组成。防火巡查组的职责如下。

（1）巡查活动现场的消防设施，确保其处于完好有效的状态。

（2）巡查活动现场的安全出口和疏散通道，确保其畅通无阻。

（3）巡查活动现场的消防安全重点部位，检查其运行状况，并核实工作人员是否到岗。

（4）巡查活动过程中的用火和用电情况。

（5）巡查活动过程中存在的其他消防安全隐患。

（6）纠正巡查过程中发现的消防违规行为。

（7）及时向活动的消防安全管理人员报告巡查情况。

问180： **大型群众性活动中，安全防护救护组承担哪些工作职责？**

安全防护救护组的组长由副职领导担任，成员由相关部门指定的人员组成。安全防护救护组的职责如下。

（1）提前预防可能发生的事件，做好充分的准备工作。

（2）聘请医疗机构的专业人员，携带所需的医疗设备和急救药品到活动现场，做好应对突发事件的准备。

（3）一旦发生突发事件，确保能够第一时间到达现场进行处理，确保人身安全。

问181： **大型群众性活动中，如何进行消防安全档案管理？**

承办大型群众性活动的单位应该建立健全的消防档案。消防档案应包括消防安全的基本情况和管理情况，详细、全面地记录大型群众性活动的消防工作情况，并附有必要的图表，根据情况变化及时更新。单位应当对消防档案进行统一保管、备查。

（1）消防安全基本情况的内容。

① 活动基本概况及活动消防安全重点部位情况。

② 活动消防安全管理组织机构和各级消防安全责任人。

③ 活动场所符合消防安全条件的相关文件。

④ 活动消防安全工作方案、消防安全制度。

⑤ 消防设施及灭火器材情况。

⑥ 现场防火巡查力量、志愿消防队等力量部署及消防装备配备情况。

⑦ 与活动消防安全有关的重点工作人员情况。

⑧ 临时搭建的活动设施的耐火性能检测情况。

⑨ 灭火和应急疏散预案。

（2）消防安全管理情况的内容。

① 活动前消防救援机构进行消防安全检查的文件或资料，及落实整改意见的情况。

② 活动所需消防设备设施的配备及运行情况。

③ 防火检查、巡查记录。

④ 消防安全培训记录。

⑤ 灭火及应急疏散预案的演练记录。

⑥ 火灾情况记录。

⑦ 消防奖惩情况记录。

问182： 在大型群众性活动的前期筹备阶段如何进行消防安全工作？

在大型群众性活动的前期筹备阶段，承办单位应遵循以下几点要求：①遵守法律规定，办理举办大型群众性活动所需的各类许可事项；②收集整理活动场所和场地的消防安全情况，特别关注是否进行了消防设计审查和消防验收等程序；③与场地的产权单位签订相关协议，明确消防安全责任的划分；④组织相关人员对活动场所和场地进行消防安全检查，如果发现不符合消防法律、法规和标准、规范要求的情况，要求产权单位进行相应的整改，并确保提供的活动场所和场地符合消防安全要求。不得使用未经消防验收的场所举办大型群众性活动。

（1）制定大型群众性活动的消防工作方案。消防工作方案应包括以下内容。

① 活动的基本情况，包括时间、地点、活动内容、主办单位、承办单位、协办单位、活动场所可容纳的人员数量以及预计参加人数等信息。

② 消防工作组织机构，包括消防安全责任人和消防安全管理人。

③ 消防安全工作人员的数量、任务分配和识别标志。

④ 活动场所的消防安全平面图、临时设施的消防设计图样、消防设施位置图、安全出口和疏散路线图等相关图样资料。

⑤ 相关工作人员的消防安全培训计划。

⑥ 根据活动举办时间，制订消防安全工作计划，并设定工作时间节点。

⑦ 确定活动的消防安全重点部位和具体的消防工作措施。

⑧ 消防车通道的情况。

⑨ 现场秩序维护和人员疏导措施。

⑩ 制定灭火和应急疏散预案。

⑪ 联系相关保安机构，组织具备专业消防知识和技能的巡查人员。

（2）检查室内活动场所的重点部位消防安全状况，固定消防设施及其运行情况，以及消防安全通道和安全出口的设置情况。

（3）了解室外场所的消防设施配置情况，以及消防车通道的预留情况。

（4）设计符合消防安全要求的舞台和其他临时设施，用于活动搭建。

问183： 在大型群众性活动的集中审批阶段，承办单位应做好哪些工作？

在集中审批阶段，大型群众性活动的承办单位应完成以下工作。

（1）领导小组对各项消防安全工作方案进行全面复核，并审查各小组的组成人员，确保工作方案符合现场保卫工作实际，各职能小组的结构合理，形成高效的工作团队。

（2）审定制定的灭火和应急疏散预案，确保其合理有效。

（3）组织实施灭火和应急疏散预案的实战演练，并及时进行调整，确保预案与实际情况相符。

（4）全面检查活动搭建的临时设施，加强过程管理，确保在施工期间的消防安全。

（5）在活动举办前，对活动所需的电力线路进行全电力负荷测试，以确保用电安全。

问184： 在大型群众性活动的现场保卫阶段如何实施消防安全管理工作？

根据事先制定的预案，现场保卫工作主要涉及活动现场保卫和外围流动保卫两个方面。其中，活动现场保卫包括现场防火监督保卫和现场灭火保卫。

现场防火监督保卫人员主要负责在活动现场巡查消防安全重点部位，及时发现并消除各种潜在火灾隐患，协调当地消防救援机构工作人员对活动现场进行消防安全检查。按照预案的要求，确定现场防火监督保卫人员的数量、工作中心点和巡逻范围。

现场灭火保卫人员主要负责在舞台、大功率电器使用点等容易引发火灾的重大危险源和消防专用设施点进行定点守护。这些人员携带灭火装备和固定灭火设施，能够及时、迅速地扑灭发现的初起火灾，防止火灾的扩散。

外围流动保卫人员主要在活动举办期间对活动举办地的主要通道、重大危险源等进行有针对性的流动巡逻。这些人员应及时发现并扑灭初起火灾，并做好活动举办场所的应急救援准备工作，最大限度地确保活动的安全进行。

问185： 大型群众性活动防火巡查的工作内容包括什么？

大型群众性活动应该安排具备专业消防知识和技能的巡查人

员，在活动开始前的2h进行一次防火巡查，并在活动期间全程进行防火巡查。活动结束时，还应对现场进行检查，确保消除任何潜在的火灾隐患。防火巡查的内容应包括以下几个方面。

（1）及时纠正任何违章行为。

（2）妥善处理火灾危险情况。如果无法立即处理，应立即报告相关部门。

（3）一旦发现初起火灾，应立即报警并采取及时的灭火措施。

进行防火巡查时，应填写巡查记录，并由巡查人员及其主管人员在记录上签名。

问186： 大型群众性活动防火检查的工作内容包括什么？

大型群众性活动应在活动开始前的12h内进行防火检查。检查的内容如下。

（1）检查消防救援机构提出的意见整改情况和防范措施的执行情况。

（2）检查安全疏散通道、疏散指示标志、应急照明和安全出口的状况。

（3）检查消防车通道和消防水源的情况。

（4）检查灭火器材的配置和有效性。

（5）检查用电设备的运行情况。

（6）检查重要操作人员和其他人员对消防知识的掌握情况。

（7）检查消防安全重点部位的管理情况。

（8）检查易燃易爆危险品和场所防火防爆措施的执行情况，以及其他重要物资的防火安全情况。

（9）检查防火巡查的情况。

（10）检查消防安全标志的设置情况和完好有效情况。

（11）检查其他需要检查的内容。

防火检查应填写检查记录，并由检查人员和被检查部门负责人在记录上签名。

问187： 大型群众性活动的承办单位制定的灭火和应急疏散预案应当包括哪些内容？

大型群众性活动的主办单位应制定灭火和应急疏散预案，包括以下内容。

（1）组织机构：设立灭火行动组、通信联络组、疏散引导组和安全防护救护组等组织机构。

（2）报警和接警处置程序。

（3）应急疏散的组织程序和措施。

（4）扑救初起火灾的程序和措施。

（5）通信联络和安全防护救护的程序和措施。

承办单位应按照灭火和应急疏散预案，在活动举办前至少进行一次演练，并结合实际情况不断完善预案。在进行消防演练时，应设置明显的标识并提前告知参与演练范围的人员。

3.10　施工现场消防安全管理

问188： 施工现场的火灾危险性是什么？

施工现场的火灾危险性与一般居民住宅、厂矿、企事业单位有所不同。由于处于施工期间，室内消火栓系统、自动喷水灭火系统、火灾自动报警系统均不能投入使用，且施工现场内存有大量施工材料，施工人员众多，这些都在一定程度上增加了施工现场的火灾危险性。

（1）易燃、可燃材料多。由于施工要求，很难避免施工现场存放木材、油毡纸、沥青、汽油、松香水等可燃材料。这些材料一部分存放在条件较差的临建库房内，另一部分为了施工方便，可能会露天堆放在施工现场。此外，施工现场还经常遗留废刨花、锯末、油毡纸头等易燃、可燃的施工尾料，不能及时清理。这些物质的存在使施工现场具备了燃烧产生的一个必备条件——可燃物。

（2）临建设施多，防火标准低。为了施工需要，施工现场会临时搭设大量的作业棚、仓库、宿舍、办公室、厨房等临时用房。考虑到简易快捷和节省成本，这些临时用房多数会使用耐火性能较差的金属夹芯板房（俗称彩钢板房），甚至有些施工现场还会采用可燃材料搭设临时用房。同时，因为施工现场面积相对狭小，上述临时用房往往相互连接，缺乏应有的防火间距，一旦一处起火，很容易蔓延扩大。

（3）动火作业多。施工现场会存在大量的电气焊、防水、切割等动火作业。这些动火作业使施工现场具备了燃烧产生的另一个必备条件——火源。一旦动火作业不慎，火星引燃施工现场的可燃物，极易引发火灾。另外，施工现场一旦缺乏统筹管理或失管、漏管，形成立体交叉动火作业，甚至出现违章动火作业，更易引发火灾。

（4）临时用电安全隐患大。施工现场需要使用大量的机械设备，部分施工现场还需要解决施工人员的饮食问题。施工现场的生产、生活用电都是临时用电，如果设计不合理或任意敷设电气线路，很容易造成线路超负荷或出现接触不良、短路等电气故障，从而引发火灾。

（5）施工临时员工多，流动性强，素质参差不齐。由于建筑施工的工艺特点，各工序之间往往相互交叉、流水作业。一方面，施工人员常处于分散、流动状态，各作业工种之间相互交接，容易遗留火灾隐患。另一方面，施工现场外来人员较多，施工人员的素质参差不齐，随意出入工地，乱动机械、乱丢烟蒂等现象时有发生，给施工现场安全管理带来不便，往往会因遗留的火种未被及时发现而酿成火灾。

（6）既有建筑进行扩建、改建火灾危险性大。对既有建筑进行扩建、改建时，如果扩建、改建部分与建筑其他正常使用部分未进行有效的防火隔离，很容易造成因施工环节的动火作业引燃正常使用区域的可燃物而引发火灾。

（7）易燃、可燃的隔声、保温材料用量大。建筑节能、降噪的标准不断提高，建筑中隔声、保温的用量不断增大，市场上普遍使用的橡塑保温材料以丁腈橡胶、聚氯乙烯为主要原料，这些材料都是可燃材料，在施工环节有较大的火灾危险性。

（8）现场施工消防安全管理不善。施工现场消防安全管理不善，可能出现由于违章施工的行为，或因分包单位消防安全责任制落实不到位，而带来消防安全隐患。

问189：施工现场常见的火灾成因有哪些？

（1）焊接、切割作业引发的火灾。

① 焊接、切割作业产生的金属火花飞溅引燃周围可燃物。

② 焊接、切割作业产生的高温通过热传导引燃其他房间或部位的可燃物。

③ 焊接导线与电焊机、焊钳连接接头处理不当，松动引发打火。

④ 焊接导线选择不当，截面过小，使用过程中超负荷损坏绝缘，造成短路打火。

⑤ 焊接导线受压、磨损引发短路或敷设不当、接触高温物体或打卷使用造成涡流，过热失去绝缘导致短路打火。

⑥ 电焊回路线（搭铁线或接零线）使用、敷设不当或乱搭乱接，在焊接作业时产生电火花或接头过热引燃易燃、可燃物。

⑦ 电焊回路线与电气设备或电网零线相连，电焊时大电流通过，可能烧断保护零线或电网零线。

（2）电气故障引发的火灾。施工现场临时用电线路乱拉乱接导致过负荷、接触不良或短路等电气故障，从而引发火灾；临时用电线路或用电设备防护不当，导致机械损坏、受到雨水侵蚀等，进而引发电气线路或电气设备故障，从而引发火灾。

（3）用火不慎、遗留火种。施工人员在生活设施使用过程中，如烹饪、取暖、照明设备等不慎使用火源，或因吸烟乱丢烟蒂而引燃周围可燃物，从而引发火灾。

问190：施工现场重点区域的布置原则是什么？

（1）施工现场出入口的布置原则。施工现场出入口的设置应满足消防车通行的要求，并宜布置在不同方向，数量不宜少于 2 个。当确有困难仅能设置 1 个出入口时，应在施工现场内设置满足消防车通行的环形道路。

（2）固定动火作业场的布置原则。固定动火作业场应布置在可燃材料堆场及其加工场、易燃易爆危险品库房等全年最小频率风向的上风侧；宜布置在临时办公用房、宿舍、可燃材料库房、在建工程等全年最小频率风向的上风侧。

（3）危险品库房等的布置原则。易燃易爆危险品库房应远离明火作业区、人员密集区以及建筑物相对集中区。可燃材料堆场及其加工场、易燃易爆危险品库房不应布置在架空电力线下。

问191： 施工现场的宿舍、办公用房的防火要求是什么？

在施工现场生活区，通常需要搭建大量的临时用房，用于供人员办公和住宿。这些临时用房经常有许多现场工作人员在其中活动和休息。由于这些临时用房无法按照正式的办公楼或宿舍楼进行防火设计，可能给施工现场的消防安全带来潜在的风险。所以，对临时搭建的宿舍、办公用房提出下列防火设计要求。

（1）建筑构件的燃烧性能等级应为 A 级。当临时用房是金属夹芯板时，其芯材的燃烧性能等级应为 A 级。材料的燃烧性能应按照《建筑材料及制品燃烧性能分级》（GB 8624—2012），由具有相应资质的检测机构进行检测，出具合格的检测报告。

（2）建筑层数不应超过 3 层，每层建筑面积不应大于 $300m^2$。

（3）建筑层数为 3 层或每层建筑面积大于 $200m^2$ 时，应设置不少于 2 个疏散楼梯，房间疏散门至疏散楼梯的最大距离不应大于 25m。

（4）单面布置用房时，疏散走道的净宽度不应小于 1m；双面布置用房时，疏散走道的净宽度不应小于 1.5m。

（5）疏散楼梯的净宽度不应小于疏散走道的净宽度。

（6）宿舍房间的建筑面积不应大于 $30m^2$，其他房间的建筑面积不宜大于 $100m^2$。

（7）房间内任一点至最近疏散门的距离不应大于 15m，房门的净宽度不应小于 0.8m；房间建筑面积超过 50m^2 时，房门的净宽度不应小于 1.2m。

（8）隔墙应从楼地面基层隔断至顶板基层底面。

问192： 施工现场的特殊临时用房有哪些防火要求？

除了宿舍和办公用房外，施工现场内还有一些临时用房，如发电机房、变配电房、厨房操作间、锅炉房、可燃材料和易燃易爆危险品库房等。这些临时用房在施工现场中存在较大的火灾危险性。为了控制火灾风险，对这些临时用房提出防火要求是非常重要的。特殊临时用房的防火设计应符合下列要求。

（1）建筑构件的燃烧性能等级应为 A 级。材料的燃烧性能应按照《建筑材料及制品燃烧性能分级》（GB 8624—2012），由具有相应资质的检测机构进行检测，出具合格的检测报告。

（2）建筑层数应为 1 层，建筑面积不应大于 200m^2。

（3）可燃材料库房应采用不燃材料将其分隔成若干间库房，如施工过程中某种易燃易爆危险品需用量大，可分别存放于多间库房内。单个房间的建筑面积不应超过 30m^2，易燃易爆危险品库房单个房间的建筑面积不应超过 20m^2。

（4）房间内任一点至最近疏散门的距离不应大于 10m，房门的净宽度不应小于 0.8m。

问193： 施工现场其他临时用房有哪些防火要求？

施工现场的临时用房较多，且受现场条件制约较多，不同使用功能的临时用房可按规定组合建造。组合建造时，两种不同使用功能的临时用房之间应采用不燃材料进行防火分隔，其防火要求应以等级要求较高的临时用房为准。组合建造一般应满足下列要求。

（1）宿舍、办公用房不应与厨房操作间、锅炉房、变配电房等组合建造。

（2）会议室、文化娱乐室、培训室、餐厅等房间应设置在临时用房的第一层，其疏散门应向疏散方向开启。

问194：在建工程作业场所的临时疏散通道有哪些防火要求？

在建工程中，火灾经常发生在作业场所。因此，在建工程应该提供临时疏散通道，并且与建筑结构施工保持同步，与作业场所相连通，以满足人员疏散的需求。为了经济和安全的考虑，也可以利用在建工程施工完毕的水平结构和楼梯作为疏散通道。为满足人员迅速、有序、安全撤离火场及避免疏散过程中发生人员拥挤、踩踏和疏散通道垮塌等次生灾害，在建工程作业场所临时疏散通道的设置应符合以下规定。

（1）在建工程作业场所的临时疏散通道应采用不燃、难燃材料建造并与在建工程结构施工同步设置，临时疏散通道应具备与疏散要求相匹配的耐火性能，其耐火极限不应低于 0.50h。

（2）临时疏散通道应当具备与疏散要求相匹配的通行能力。设置在地面上的临时疏散通道，其净宽度不应小于 1.5m；利用在建工程施工完毕的水平结构、楼梯作为临时疏散通道，其净宽度不宜小于 1m；用于疏散的爬梯及设置在脚手架上的临时疏散通道，其净宽度不应小于 0.6m。

（3）临时疏散通道为坡道，且坡度大于 25°时，应修建楼梯或台阶踏步或设置防滑条。

（4）临时疏散通道不宜采用爬梯，确需采用爬梯时，应有可靠固定措施。

（5）临时疏散通道的侧面如为临空面，必须沿临空面设置高度不小于 1.2m 的防护栏杆。

（6）临时疏散通道如果搭设在脚手架上，脚手架作为疏散通道的支撑结构，其承载力和耐火性能应满足相关要求。在进行脚手架的刚度、强度和稳定性验算时，应考虑人员疏散荷载。脚手架应采用不燃材料进行搭设，其耐火性能不应低于疏散通道的耐火性能。

（7）临时疏散通道应确保人员有序疏散，并设置明显的疏散指示标识和应急照明设施。

问195：既有建筑进行扩建、改建施工有哪些防火要求？

既有建筑居住、营业以及使用期间进行扩建、改建时，考虑到施工现场本身引发火灾的危险因素就较多，一旦发生火灾，容易导致群死群伤，所以施工中应结合具体工程及施工情况，采取切实有效的防范措施，严防火灾发生。

既有建筑进行扩建、改建施工时，必须明确划分施工区与非施工区。施工区不得营业、使用和居住；非施工区继续营业、使用和居住时，应符合下列要求。

（1）施工区和非施工区之间应采用不开设门、窗、洞口的耐火极限不低于3.00h的不燃烧体隔墙进行防火分隔。

（2）非施工区内的消防设施应完好和有效，疏散通道应保持畅通，并应落实日常值班及消防安全管理制度。

（3）施工区的消防安全应配有专人值守，发生火情应能立即处置。

（4）施工单位应向居住和使用者进行消防宣传教育，告知建筑消防设施、疏散通道的位置及使用方法，同时应组织进行疏散演练。

（5）外脚手架搭设不应影响安全疏散、消防车正常通行及灭火救援操作，外脚手架搭设长度不应超过该建筑物外立面的1/2。

问196：施工现场中的其他在建工程有哪些防火要求？

（1）外脚手架、支模架。外脚手架既用于在建工程的外部保护架，也用于施工人员的操作平台。支模架既用于支撑混凝土模板，也用于施工人员的操作平台。为了保护施工人员免受火灾伤害，外脚手架和支模架的结构应使用不燃或难燃材料进行搭设。尤其对于高层建筑和既有建筑改造工程的外脚手架和支模架，应使用不燃材料进行搭设。

（2）安全网。外脚手架应使用安全防护网将整个在建工程包裹或封闭起来。一旦发生火灾，动火作业可能引燃可燃安全网，从而迅速蔓延火势。为了有效保障施工人员和建筑内其他人员的生命安全，以下安全防护网应使用阻燃型安全防护网：①高层建筑外脚手架的安全防护网；②既有建筑外墙改造时，外脚手架的安全防护网；③临时疏散通道的安全防护网。

（3）安全疏散。为了在紧急、混乱的情况下让施工人员快速找到疏散通道，确保人员有序疏散，作业层应设置醒目的安全疏散示意图，并在作业场所设置明显的疏散指示标志，指示方向应指向最近的临时疏散通道出口。

问197：施工现场临时消防设施的设置原则是什么？

（1）同步。临时消防设施应与在建工程的施工同步设置。在施工过程中，由于混凝土强度等原因，可能会出现模板和支模架不能及时拆除，影响临时消防设施的设置进度的情况。然而，临时消防设施的设置与在建工程主体结构施工进度的差距不应超过3层。

（2）合理。基于经济和实际考虑，可以合理利用已具备使用条件的在建工程的永久性消防设施，兼作施工现场的临时消防设施。当永久性消防设施无法满足使用要求时，应增设临时消防设施，并满足相应设施的设置要求。

（3）其他。

① 为确保施工现场消防水泵供电的可靠性，消防水泵应由引至施工现场总配电箱的总断路器上端的专用配电线路供电，并保持不间断供电。

② 在地下工程的施工作业场所作业时应配备防毒面具。

③ 为方便使用临时消防设施，临时消防给水系统的蓄水池、消火栓泵、室内消防竖管及水泵接合器等设施，应设有醒目的标识。

问198： 施工现场有哪些需设置临时应急照明的场所？

为保证火灾情况下可以满足火灾初期扑救及人员疏散的照明要求，施工现场的下列场所应配备临时应急照明：①自备发电机房及变配电房；②水泵房；③无天然采光的作业场所及疏散通道；④高度超过100m的在建工程的室内疏散通道；⑤发生火灾时仍需坚持工作的其他场所。

问199： 施工现场临时应急照明的设置要求有哪些？

（1）作业场所应急照明的照度不应低于正常工作所需照度的90％，疏散通道的照度值不应小于0.5lx。

（2）临时消防宜选用自备电源的应急照明灯具，自备电源的连续供电时间不应小于60min。

问200： 施工现场临时防火技术方案包括哪些内容？

施工单位应编制施工现场防火技术方案，并根据现场情况的变化及时对其进行修改和完善。防火技术方案应包括以下主要内容。

（1）施工现场重大火灾危险源的识别。

（2）施工现场防火技术措施，即在施工人员进行具有火灾危险的场所作业或实施具有火灾危险的工序时，采取的防火技术措施，包括人员、机械设备、材料、环境和法律等方面。

（3）临时消防设施和临时疏散设施的配备，并具体明确以下相关内容：①明确配置灭火器的场所，选择灭火器的类型和数量以及最低灭火级别；②确定消防水源，包括临时消防给水管网的管径、敷设线路、给水工作压力，以及消防水池、消防水泵、消火栓等设施的位置、规格和数量等；③明确应急照明的设置场所，应急照明灯具的类型、数量和安装位置等；④安排并说明在建工程永久性消防设施临时投入使用的安排；⑤明确安全疏散的路线（位置），临时疏散设施的搭设方法和要求等。

（4）临时消防设施和消防警示标识的布置图。

问201：施工现场灭火及应急疏散预案包括哪些内容？

施工单位应当编制施工现场灭火及应急疏散预案，并依据预案，定期开展灭火及应急疏散的演练。灭火及应急疏散预案应包括以下主要内容：①应急灭火处置机构和各级人员应急处置职责；②报警、接警处置的程序及通信联络的方式；③扑救初起火灾的程序及措施；④应急疏散及救援的程序及措施。

问202：施工现场消防安全教育及培训包括哪些内容？

施工人员进场前，施工现场的消防安全管理人员应对他们进行消防安全教育和培训。消防安全教育和培训应包括以下内容：①施工现场消防安全管理制度、防火技术方案、灭火及应急疏散预案的主要内容；②施工现场临时消防设施的性能、使用方法和维护方法；③灭火初期和自救逃生的知识和技能；④报火警和接警的程序及方法。

问203：施工现场消防安全技术交底包括哪些内容？

施工作业前，施工现场的施工管理人员应当向作业人员进行消防安全技术交底。消防安全技术交底是安全技术交底的一部分，可以与安全技术交底同时进行或者单独进行。消防安全技术交底的对象是在具有火灾危险场所作业或实施具有火灾危险工序的人员。交底应针对具体的火灾危险作业场所或工序，向作业人员传授预防火灾、扑灭初起火灾、自救逃生等方面的知识和技能。消防安全技术交底应包括以下主要内容：①施工过程中可能发生火灾的部位或环节；②施工过程中应采取的防火措施及应配备的临时消防设施；③初起火灾的扑灭方法及注意事项；④逃生方法及逃生路线。

问204：　施工现场消防安全检查的内容有哪些？

在施工过程中，施工现场的消防安全负责人应定期组织消防安全管理人员对施工现场的消防安全进行检查。检查内容可以根据当时当地的气候条件、社会环境和生产任务适当调整。例如，工程开工前，施工单位应对现场消防安全管理制度、防火技术方案、灭火及应急疏散预案、消防安全教育与培训、消防设施的设置与配备情况进行检查；施工过程中，施工单位应按规定每月组织一次检查。此外，施工单位应在每年的重要节日或冬季风干物燥的特殊时段到来之际，根据实际情况组织相应的专项检查或季节性检查。

消防安全检查应包括以下主要内容：①可燃物及易燃易爆危险品的管理是否得到落实；②动火作业的防火措施是否得到落实；③用火、用电、用气是否存在违章操作，电、气焊及保温防水施工是否按照操作规程执行；④临时消防设施是否完好有效；⑤临时消防车通道及临时疏散设施是否畅通。

通过定期的消防安全检查，可以及时发现并解决施工现场的消防安全隐患，确保消防措施得到有效执行，保障施工现场的消防安全。同时，根据具体情况进行专项检查或季节性检查，可以针对性地解决特定时期或特殊条件下可能存在的消防安全问题。

问205：　施工现场消防安全管理档案的内容有哪些？

施工单位应做好并保存施工现场消防安全管理的相关文件及记录，建立现场消防安全管理档案。施工现场消防安全管理档案包括下列文件和记录：①施工单位组建施工现场防火安全管理机构及聘任现场防火管理人员的文件；②施工现场防火安全管理制度及其审批记录；③施工现场防火安全管理方案及其审批记录；④施工现场防火应急预案及其审批记录；⑤施工现场防火安全教育和培训记录；⑥施工现场防火安全技术交底记录；⑦施工现场消防设备、设施、器材验收记录；⑧施工现场消防设备、设施、器材台账及更换、增减记录；⑨施工现场灭火和应急疏散演练记录；⑩施工现场防火安全检查记录（含防火巡查记录、定期检查记录、专项检查记录、季节性检查记录，以及防火安全问题或隐患整改通知单、问题或隐患整改回复单、问题或隐患整改复查记录）；⑪施工现场火灾事故记录及火灾事故调查报告；⑫施工现场防火工作考评和奖惩记录。

问206：如何管理施工现场可燃材料及易燃易爆危险品？

在建设工程施工现场使用的保温、防水、装饰、防火和防腐材料的燃烧性能等级以及耐火极限应符合设计要求。这不仅是满足建设工程施工质量验收标准的要求，也是减少施工现场火灾风险的基本条件。可燃材料和易燃易爆危险品应按计划限量进场。进场后，可燃材料应存放在库房内。如果需要露天存放，应进行分类堆放，堆放的高度不得超过 2m，单个堆放体积不得超过 50m³。堆放之间的最小间距不得小于 2m，并且应使用不燃或难燃材料进行覆盖。易燃易爆危险品应进行分类储存，确保库房内通风良好，并设置严禁明火的标志。在室内使用涂料及其有机溶剂、乙二胺、冷底子油或其他可燃材料、易燃易爆危险品进行作业时，应保持良好的通风。作业场所严禁明火，并应避免产生静电。施工过程中产生的可燃和易燃建筑垃圾或余料应及时清理。

问207：施工现场如何进行用火管理？

（1）动火作业管理。动火作业是指在施工现场进行明火、爆破、焊接、气割或采用酒精炉、煤油炉、喷灯、砂轮、电钻等工具进行可能产生火焰、火花和炽热表面的临时性作业。

为保证动火作业安全，施工现场动火作业应符合下列要求。

① 动火作业应办理动火许可证；动火许可证的签发人收到动火申请后，应前往现场查验并确认动火作业的防火措施落实后，再签发动火许可证。

② 动火操作人员应具有相应资格。

③ 进行焊接、切割、烘烤或加热等动火作业前，应对作业现场的可燃物进行清理；作业现场及其附近无法移走的可燃物应采用不燃材料对其覆盖或隔离。

④ 施工作业安排时，宜将动火作业安排在使用可燃建筑材料的施工作业前进行。确需在使用可燃建筑材料的施工作业之后进行动火作业时，应采取可靠的防火措施。

⑤ 裸露的可燃材料上严禁直接进行动火作业。

⑥ 焊接、切割、烘烤或加热等动火作业应配备灭火器材，并应设置动火监护人进行现场监护，每个动火作业点均应设置1个监护人。

⑦ 五级（含五级）以上风力时，应停止焊接、切割等室外动火作业；确需动火作业时，应采取可靠的挡风措施。

⑧ 动火作业后，应对现场进行检查，并应在确认无火灾危险后，动火操作人员再离开。

（2）其他用火管理。

① 具有火灾、爆炸危险的场所严禁明火。

② 施工现场不应采用明火取暖。

③ 厨房操作间炉灶使用完毕后，应将炉火熄灭，排油烟机及油烟管道应定期清理油垢。

问208： 施工现场如何进行用电管理？

施工现场用电，应符合下列要求。

（1）施工现场供用电设施的设计、施工、运行和维护应符合《建设工程施工现场供用电安全规范》（GB 50194—2014）的有关规定。

（2）电气线路应具有相应的绝缘强度和机械强度，严禁使用绝缘老化或失去绝缘性能的电气线路，严禁在电气线路上悬挂物品。破损、烧焦的插座、插头应及时更换。

（3）电气设备与可燃、易燃易爆危险品和腐蚀性物品应保持一定的安全距离。

（4）有爆炸和火灾危险的场所，应按危险场所等级选用相应的电气设备。

（5）配电屏上每个电气回路都应设置漏电保护器、过载保护器，距配电屏 2m 范围内不应堆放可燃物，5m 范围内不应设置可能产生较多易燃、易爆气体、粉尘的作业区。

（6）可燃材料库房不应使用高热灯具，易燃易爆危险品库房内应使用防爆灯具。

（7）普通灯具与易燃物的距离不宜小于 300mm，聚光灯、碘钨灯等高热灯具与易燃物的距离不宜小于 500mm。

（8）电气设备不应超负荷运行或带故障使用。

（9）严禁私自改装现场供用电设施。

（10）应定期对电气设备和线路的运行及维护情况进行检查。

问209：施工现场如何进行用气管理？

施工现场常使用瓶装氧气、乙炔以及液化气等气体，一旦储装气体的气瓶及其附件不合格或违规储装、运输、存放、使用气体，便极易导致火灾、爆炸等危害，所以施工现场用气应符合下列要求。

（1）储装气体的罐瓶及其附件应合格、完好和有效；严禁使用减压器及其他附件缺损的氧气瓶，严禁使用乙炔专用减压器、回火防止器及其他附件缺损的乙炔瓶。

（2）气瓶运输、存放、使用时，应符合下列规定。

① 气瓶应保持直立状态，并采取防倾倒措施，乙炔瓶严禁横躺卧放。

② 严禁碰撞、敲打、抛掷、滚动气瓶。

③ 气瓶应远离火源，距火源距离不应小于 10m，并应采取避免高温和防止曝晒的措施。

④ 燃气储装瓶罐应设置防静电装置。

（3）气瓶应分类储存，库房内通风良好；空瓶和实瓶同库存放时，应分开放置，两者间距不应小于 1.5m。

（4）气瓶使用时，应符合下列规定。

① 使用前，应检查气瓶及其附件的完好性，检查连接气路的气密性，并采取避免气体泄漏的措施，严禁使用已老化的橡胶气管。

② 氧气瓶与乙炔瓶的工作间距不应小于 5m，气瓶与明火作业点的距离不应小于 10m。

③ 冬季使用气瓶，如气瓶的瓶阀、减压器等发生冻结，严禁用火烘烤或用铁器敲击瓶阀，禁止猛拧减压器的调节螺栓。

④ 氧气瓶内剩余气体的压力不应小于 0.1MPa。

⑤ 气瓶用后，应及时归库。

4 易燃易爆设备和危险品管理

4.1 易燃易爆设备防火管理

问210：易燃易爆设备的火灾危险有哪些特点？

（1）生产装置、设备日趋大型化。为获得更好的经济效益，工业企业的生产装置及设备正朝着大型化的方向发展。因为这些设备所加工储存的都是易燃易爆的物料，所以规模的大型化，也加大了设备的火灾危险性。

（2）生产和储存过程中承受高温高压。为了提高设备的单机效率及产品回收率，获得更佳的经济效益，许多工艺过程都采用了高温、高压以及高真空等手段，使设备的操作要求更为严格和困难，同时也增大了火灾危险性。如以石脑油作为原料的乙烯装置，其高温稀释蒸气裂解法的蒸气温度为 1000℃，加氢裂化的温度也在 800℃以上；以轻油为原料的大型合成氨装置，其一段、二段转化炉的管壁温度在 900℃以上，普通的氨合成塔的压力为 32MPa，合成酒精、尿素的压力均在 10MPa 以上；高压聚乙烯装置的反应压力达 270MPa 等。这些高温高压的反应设备致使物料的自燃点降低，爆炸范围变大，且对设备的强度提出了更高的要求，在操作中一有闪失，便会有对全厂造成毁灭性破坏的危险。

（3）生产和储存过程中易产生"跑冒滴漏"。因为多数易燃易爆设备都承受高温、高压，很容易造成设备疲劳、强度降低，加之多与管线连接，连接处极易发生"跑冒滴漏"；而且由于有些操作温度超过了物料的自燃点，一旦"跑漏"就会着火。再加之生产的连续性强，一处失火就会影响整个生产。另外由于有的物料具有腐蚀性，设备易被腐蚀而使强度降低，或致使"跑冒滴漏"，这些又增加了设备的火灾危险性。

问211： 使用易燃易爆设备有哪些消防安全要求？

（1）合理配备设备。要依据企业生产的特点、工艺过程和消防安全要求，选配安全性能符合规定要求的设备，设备的材质、耐腐蚀性、焊接工艺及其强度等，应能确保其整体强度，设备的消防安全附件，如压力表、温度计、安全阀、阻火器、紧急切断阀以及过流阀等应齐全合格。

（2）严把试车关。易燃易爆设备启动时，要严格试车程序，详细观察及记录各项试车数据，各项安全性能要达到规定指标。试车启用过程要有安全技术及消防管理部门共同参加。

（3）配备与设备相适应的操作人员。对于易燃易爆设备应确定具有一定专业技能的人员操作。在上岗前操作人员要进行严格的消防安全教育和操作技能训练，并经考试合格才可允许独立操作。设备的操作应做到"三好、四会"，也就是管好设备、用好设备、修好设备，会保养、会检查、会排除故障、会应急灭火和逃生。

（4）涂以明显的颜色标记。易燃易爆设备应有明显的颜色标记，给人以醒目的警示，并要悬挂醒目的易燃易爆设备等级标签，以便检查管理。

（5）为设备创造较好的工作环境。易燃易爆设备的工作环境对安全工作有比较大的影响。如环境潮湿，会加快设备的腐蚀，甚至影响设备的机械强度；如环境温度较高，会影响设备内气、液物料的蒸气压。因此，对使用易燃易爆设备的场所，要严格控制温度、湿度、灰尘、振动以及腐蚀等条件。

（6）严格操作规程。正确操作设备的每一个开关与阀门，是易燃易爆设备消防安全管理的一个重要环节。在工业生产中，如若将投料次序颠倒了，错开了一个开关或阀门，就可能酿成重大事故。所以，操作工人必须严格操作规程，严格把握投料与开关程序，每一个阀门和开关都应有醒目的标记、编号和高压、中压或者低压的说明。

（7）保证双路供电，备有手动操作机构。对易燃易爆设备，要有确保其安全运行的双路供电措施。对自动化程度较高的设备，还应备有手动操作机构。设备上的各种安全仪表，均必须反应灵敏并且动作准确无误。

（8）严格交接班制度。为确保设备安全使用，要下班的人员要把当班的设备运转情况全面、准确地向接班人员交代清楚，并认真填写交接班记录。接班的人员要做上岗前的全面检查，并且在记录上认真登记，以使在班的操作人员对设备的运行情况有较为清楚的了解，对设备状况做到心中有数。

（9）坚持例行设备保养制度。操作工人每天要对设备进行维护保养，其内容主要包括：班前、班后检查，设备各个部位的擦拭，班中认真观察听诊设备运转情况，及时将故障排除等，不得使设备带病运行。

（10）建立设备档案。建立易燃易爆设备档案，目的是及时掌握设备的运行情况，加强对设备的管理。易燃易爆设备档案的内容主要包括：性能、生产厂家、使用时间、使用范围、事故记录、修理记录、维护人、操作人、操作要求以及应急方法等。

问212：易燃易爆设备的安全检查如何分类？

易燃易爆设备的安全检查，按照时间可以分为日检查、周检查、月检查以及年检查等；从技术上来讲，还可以分为机能性检查和规程性检查两种。

① 日检查。日检查指操作工人在交接班时进行的检查。此种检查通常都由操作工人自己进行。

② 周检查和月检查。周检查和月检查指班组或车间、工段的

负责人按周或者月的安排进行的检查。

③ 年检查。年检查指由厂部组织的全厂或全公司的易燃易爆设备检查。对于年检查，应成立专门检查组织，由设备、技术以及安全保卫部门联合组成，时间一般安排在本厂、公司生产或者经营的淡季。年检查时要进行编制检查标准书，确定检查项目。

问213： 易燃易爆设备的安全检查有哪些要求？

（1）进行动态检查。易燃易爆设备的检查，发展的方向是在设备运转的条件之下进行动态检查。这样可以及时、准确地预报设备的劣化趋势及安全运转状况，为提出修理意见提供依据。

（2）合理确定检查周期。合理地确定易燃易爆设备的检查周期，是一个不可忽视的问题。周期过长达不到预防的目的；周期过短会导致经济上不必要的浪费，对生产造成影响。确定检查周期应先根据设备制造厂的说明书和使用说明书中的说明，听取操作工、维修工以及生产部门的意见，初步暂定一个周期；再依据维修记录中所记录的曾发生的故障，并参考外厂的经验，对暂定检查周期进行修改，然后根据维修记录所表示的性能和可能发生的着火或者爆炸事故来最后确定。

问214： 易燃易爆设备的检修的分类及内容有哪些？

设备检修的目的主要是恢复功能部分及防火防爆部分的作用，保证安全生产。设备检修按每次检修的内容和时间的长短，分为小修、中修以及大修三种。

（1）小修。小修是指只对设备的外观表面进行的检修。设备的小修通常一年进行一次。检修的主要内容主要包括：设备的外表面是否有裂纹、变形、局部过热等现象，防腐层、保温层及设备的铭牌是否完好，设备的焊缝、连接管以及受压元件等有无泄漏，紧固螺栓是否完好，基础有无下沉、倾斜等异常现象和设备的各种安全附件是否齐全、灵敏以及可靠等。

（2）中修。中修是指设备的中、外部检修。中修一般三年进行一次，但是对使用期已达 15 年的设备应每隔 2 年中修一次，对使用期大于 20 年的设备每隔一年中修一次。中修的内容除外部检修的全部内容外，还应对设备的外表面、开孔接管处是否有介质腐蚀或冲刷磨损等现象以及对设备的所有焊缝、封头过渡区和其他应力集中的部位有无断裂或者裂纹等进行检查。对有怀疑的部位应采用 10 倍放大镜检查或采用磁粉、着色进行表面探伤。若发现设备表面有裂纹时，还应采用超声波或 X 射线进一步抽查焊缝的 20％。若未发现裂纹，对制造时只做局部无损探伤检验的设备，仍应进一步做＜20％且≥10％的适量抽检。

设备的内壁如由于温度、压力以及介质腐蚀作用，有可能引起金属材料的金相组织或者连续性破坏时（如脱碳、应力腐蚀、晶体腐蚀、疲劳裂纹等），还应进行金相检验及表面硬度测定，并且做出检验报告。

在对设备的筒体、封头等进行以上检验后，如发现设备的内外壁表面有腐蚀现象时，应对怀疑部位进行多处壁厚测量。当测量的壁厚小于最小允许壁厚时，应重新进行强度核算，并且提出可否继续使用的建议及许用最高压力。

（3）大修。大修是指对设备的内外进行全面的检修。大修应由技术总负责人批准，并且报上级主管部门备案。大修至少 6 年进行一次。大修的内容，除进行中修的全部内容之外，还应对设备的主要焊缝（或壳体）进行无损探伤抽查。抽查长度是设备（或壳体面积）焊缝总长的 20％。

易燃易爆设备大修合格之后，应严格进行水压试验与气密性试验，在正式投入使用之前，还应进行惰性气体置换或者抽真空处理。

问215： 如何检修易燃易爆设备？

易燃易爆设备的检修方法通常有拆卸法、隔离法以及浸水法几种。

（1）拆卸法。拆卸法就是将要检修的部件拆卸下来，搬移至非生产区或禁火区之外的地点进行检修。此种方法的优点：一是可以使在禁火区内检修时采取的一些复杂的防火安全措施减少；二是可以维持连续生产，减少停工待产的时间；三是便于施工及检修人员操作。

（2）隔离法。隔离法就是将要检修的生产工段或者设备和与其相联系的工段、设备，以及检修的容器与管线之间，采取严格的隔离防护措施进行隔离，将检修设备与周围设备管线之间的联系切断，直接在原设备上进行检修的方法。一般采取盲板封堵和搭围帆布架并用水喷淋的方法隔离。

（3）浸水法。浸水法就是把要检修的容器盛满水，消除容器空间内的空气（氧气）后进行动火检修的方法。此种方法主要是对那些盛装过可燃气体、液体以及氧化性气体的容器设备在需要动火检修时使用。

问216：　易燃易爆设备的如何进行更新？

在易燃易爆设备的壁厚小于最小允许壁厚，强度核算不能满足最高许用压力时，就应考虑设备的更新问题。

衡量易燃易爆设备是否需要更新，主要看两个性能：一是力学性能；二是安全可靠性能。力学性能和安全可靠性能是不可分割的，安全性能的好坏主要依赖于力学性能。易燃易爆设备的力学性能和安全可靠性能低于消防安全规定的要求时，应立即更新。

更新设备应考虑两个问题：一是经济性，就是在确保消防安全的基础上花最少的钱；二是先进性，就是替换的新设备防火防爆安全性能应先进、可靠。

4.2　易燃易爆危险品管理

问217：　政府部门对危险品安全管理的职责范围是什么？

根据国家对危险品安全管理的社会分工及《危险品安全管理条

例》的规定，政府有关对危险品生产、经销、储存、运输、使用以及对废弃危险品处置实施安全监督管理的部门，按下列职责进行分工。

（1）国务院和省、自治区以及直辖市人民政府安全生产监督管理部门，负责危险品安全监督的综合管理。包括危险品生产、储存企业的设立及其改建、扩建的审查，危险品包装物、容器（包括用于运输工具的槽罐，下同）专业生产企业的审查及定点，危险品经营许可证的发放，国内危险品的登记，危险品事故应急救援的组织和协调以及前述事项的监督检查。对于设区的市级人民政府及县级人民政府负责危险品安全监督综合管理工作部门的职责范围，可以由各该级人民政府确定，并且应依照国务院颁发的《危险品安全管理条例》的规定履行职责。

（2）公安部门负责危险品的公共安全管理、剧毒品购买凭证及准购证的发放，审查、核发剧毒品公路运输通行证，对危险品道路运输安全实施监督和前述事项的监督检查。

公众上交的危险品，由公安部门接收。公安部门接收的危险品及其他有关部门收缴的危险品，应当交由环境保护部门认定的专业单位进行处理。

根据《消防法》第23条的规定，消防救援机构对易燃易爆危险品的生产、储存、运输、销售、销毁和使用负有消防监督管理之责。易燃易爆危险品包括：易燃液体、易燃气体、易燃固体、自燃物品、遇湿易燃物品、氧化性气体、氧化剂以及有机过氧化物等具有易燃易爆危险性的危险品。

（3）质检部门负责易燃易爆危险品及其包装物（散装容器）生产许可证的发放，对易燃易爆危险品包装物（含容器）的产品质量实施监督，并且负责前述事项的监督检查。质检部门应当将颁发易燃易爆危险品生产许可证的情况通报国务院经济贸易综合管理部门、环境保护部门以及公安部门。

（4）环境保护部门负责废弃易燃易爆危险品处置的监督管理，重大易燃易爆危险品污染事故及生态破坏事件的调查，毒害性易燃易爆危险品事故现场的应急监测及进口易燃易爆危险品的登记，并且负责前述事项的监督检查。

（5）铁路、民航部门负责易燃易爆危险品铁路、航空运输以及易燃易爆危险品铁路、民航运输单位及其运输工具的安全管理及监督检查。交通运输部门负责易燃易爆危险品公路与水路运输单位及其运输工具的安全管理及对易燃易爆危险品水路运输安全实施监督，负责易燃易爆危险品公路、水路运输单位、船员、驾驶人员、装卸人员和押运人员的资质认定，以及易燃易爆危险品公路、水路运输安全的监督检查。

（6）卫生行政部门负责易燃易爆危险品的毒性鉴定及易燃易爆危险品事故伤亡人员的医疗救护工作。

（7）工商行政管理部门根据有关部门的批准、许可文件，核发易燃易爆危险品生产、经销、储存以及运输单位的营业执照，并监督管理易燃易爆危险品市场经营活动。

（8）邮政部门负责邮寄易燃易爆危险品的监督检查工作。

问218： 政府部门对危险品监督检查有哪些职权？

为确保对易燃易爆危险品的监督检查工作能够正常、有序、顺利进行，政府有关部门在进行监督检查时，应当根据法律、法规授权的范围及国家对易燃易爆危险品安全管理的职责分工，依法行使以下职权。

（1）进入易燃易爆危险品作业场所进行现场检查，调取有关资料，向相关人员了解具体情况，向易燃易爆危险品单位提出整改措施及建议。

（2）发现易燃易爆危险品事故隐患时，责令立即或限期排除。

（3）对有根据认为不符合有关法律、法规、规章规定以及国家标准要求的设施、设备、器材和运输工具，责令立即停止使用。

（4）发现违法行为，当场予以纠正或责令限期改正。有关部门派出的工作人员依法进行监督检查时，应当出示证件。易燃易爆危险品单位应当接受相关部门依法实施的监督检查，不得拒绝和阻挠。

问219：易燃易爆危险品单位应如何进行易燃易爆危险品管理？

易燃易爆危险品单位应当具备有关法律、行政法规以及国家标准或者行业标准规定的生产安全条件；不具备条件的，不得从事生产经营活动。

（1）易燃易爆危险品单位主要负责人的安全职责。易燃易爆危险品单位的主要负责人必须具备与本单位所从事的生产经营活动相应的安全生产知识及管理能力，并应由有关主管部门对其安全生产知识和管理能力考核（考核不得收费）合格后方可任职；应确保本单位易燃易爆危险品的安全管理符合有关法律、法规、规章的规定和国家标准的要求，并认真履行下列职责。

① 建立和健全本单位的安全责任制。

② 组织制定本单位的安全规章制度及安全操作规程。

③ 确保本单位安全投入的有效实施。

④ 督促、检查本单位的安全工作，及时消除隐患。

⑤ 组织制定并且实施本单位的事故应急救援预案。

⑥ 及时、如实报告事故。

（2）易燃易爆危险品单位的从业人员、安全管理人员、安全管理机构以及安全资金的管理要求

① 从事生产、经销、储存、运输以及使用易燃易爆危险品或者处置废弃易燃易爆危险品活动的人员，应当接受有关法律、法规、规章和安全知识、专业技术、人体健康防护以及应急救援知识的培训，并且经考核合格才能上岗作业。

② 应当设置安全管理机构或者配备专职的安全管理人员。安全管理人员应当具备与本单位所从事的生产经营活动相适应的安全知识及管理能力，并且应由有关主管部门对其安全知识和管理能力进行考核合格后才能任职。主管部门的考核不应当收费。

③ 安全管理机构应当对易燃易爆危险品从业人员进行安全教育及培训，并保证从业人员具备必要的安全知识，熟悉有关的安全规章制度与安全操作规程，掌握本岗位的安全操作技能。未经安全教育和培训合格的从业人员，不得上岗作业。此外，当采用新工艺、新技术以及新材料或使用新设备时，应当了解、掌握其安全技术特性，采取有效的安全防护措施，并且对其从业人员进行专门的安全教育和培训。从事易燃易爆危险品作业的人员，还应按国家有关规定经专门的特种作业安全培训，并取得特种作业操作资格证书之后才能上岗作业。

④ 易燃易爆危险品单位应当具备生产安全条件及所必需的资金投入，生产经营单位的决策机构、主要负责人或个人经营的投资人应当予以保证，并且对由于生产安全所必需的资金投入不足导致的后果承担责任。

（3）易燃易爆危险品单位建设、施工及生产工艺和设备的管理要求。

① 易燃易爆危险品单位新建、改建以及扩建工程项目（以下统称建设项目）的安全设施，应当与主体工程同时设计、同时施工、同时投入生产及使用。对安全设施的投资应当纳入建设项目概算，并应当分别按照国家有关规定进行安全条件论证与安全评价。其建设项目的安全设施设计应按国家有关规定报经有关部门审查，审查部门及其负责审查的人员应对审查结果负责。对用于易燃易爆危险品生产及储存建设项目的施工单位，应按批准的安全设施设计施工，并应对安全设施的工程质量负责。建设项目竣工投入生产或者使用之前，还应当依照有关法律、行政法规的规定对安全设施进行验收，验收合格后，才能投入生产和使用。同时，验收部门及其验收人员应当对验收结果负责。

② 在有较大危险因素的生产经营场所及有关设施、设备上，应当设置明显的安全警示标志。安全设备的设计、制造、安装、使用、检测、维修、改造以及报废，应当符合国家标准或者行业标准。对安全设备要进行经常性维护、保养，并定期检测，以确保设

备的正常运转。安全设备的维护、保养、检测应当做好记录，并由有关人员签字；对涉及生命安全、危险性比较大的特种设备，以及盛装易燃易爆危险品的容器、运输工具，还应按国家有关规定，由专业生产单位生产，并经取得专业资质的检测、检验机构检测、检验合格，并取得安全使用证或安全标志后才可投入使用。检测、检验机构应当对检测及检验结果负责。

③ 国家对严重危及生产安全的工艺、设备实行淘汰制度。国家明令淘汰、禁止使用的危及生产安全的工艺和设备不得使用。

问220： 易燃易爆危险品生产、储存企业应当满足哪些条件？

国家对易燃易爆危险品的生产与储存实行统一规划、合理布局和严格控制的原则，并实行审批制度。在编制总体规划时，设区的城市人民政府应根据当地经济发展的实际需要，按照保证安全的原则，规划出专门用于易燃易爆危险品生产与储存的适当区域。生产、储存易燃易爆危险品时应当满足下列条件。

（1）生产工艺、设备或储存方式、设施符合国家标准。

（2）企业的周边防护距离符合国家标准或国家有关规定。

（3）管理人员和技术人员符合生产或储存的需要。

（4）消防安全管理制度健全。

（5）符合国家法律、法规规定以及国家标准要求的其他条件。

问221： 如何申请易燃易爆危险品生产及储存企业？

为了严格管理，易燃易爆危险品生产及储存企业在设立时，应当向设区的市级人民政府的负责易燃易爆危险品安全监督综合管理的部门提出申请；剧毒性易燃易爆危险品还应向省、自治区、直辖市人民政府经济贸易管理部门提出申请。但是无论哪一级申请，都应当提交以下文件。

（1）可行性研究报告。

（2）原料、中间产品、最终产品或储存易燃易爆危险品的自燃点、闪点、爆炸极限、毒害性、氧化性等理化性能指标。

（3）包装、储存以及运输的技术要求。

（4）事故应急救援措施。

（5）安全评价报告。

（6）符合易燃易爆危险品生产、储存企业必须具备条件的证明文件。

省、自治区、直辖市人民政府经济贸易管理部门或设区的市级人民政府的负责易燃易爆危险品安全监督综合管理的部门，在收到申请和提交的文件后，应当组织有关专家进行审查，提出审查意见，并报本级人民政府做出批准或者不予批准的决定。根据本级人民政府的决定，予以批准的，由省、自治区以及直辖市人民政府经济贸易管理部门或者设区的市级人民政府的负责易燃易爆危险品安全监督管理部门颁发批准书，申请人凭批准书向工商行政管理部门办理登记注册手续；不予批准的，应以书面形式通知申请人。

问222：易燃易爆危险品生产、储存、使用单位的消防安全管理要求有哪些？

由于易燃易爆危险品在生产、储存、使用过程中受到振动、摩擦、摔碰、挤压、雨淋以及高温、高压等外在因素的影响最大，因而带来的事故隐患也最多，并且一旦发生事故所带来的危害也最大。所以，生产、储存、装卸易燃易爆危险品的工厂、仓库和专用车站、码头的设置，应当满足消防技术标准。易燃易爆气体和液体的充装站、供应站、调压站，应当设置在符合消防安全要求的位置，并符合防火防爆要求。已经设置的生产、储存以及装卸易燃易爆危险品的工厂、仓库和专用车站、码头，易燃易爆气体和液体的充装站、供应站以及调压站，不再符合前款规定的，地方人民政府应当组织、协调有关部门、单位限期解决，将事故隐患消除，并严格各项管理要求。

（1）依法设立的易燃易爆危险品生产企业，应向国务院质检部门申请领取易燃易爆危险品生产许可证；没有取得易燃易爆危险品生产许可证的，不得开工生产；当需要改建、扩建时，应报经政府有关部门审查批准。需要转产、停产、停业或解散的，应采取有效措施处置易燃易爆危险品的生产或者储存设备、库存产品及生产原料，以将各种事故隐患消除。处置方案应当报所在地设区的市级人民政府负责易燃易爆危险品安全监督综合管理工作的部门及同级环境保护部门、公安部门备案。负责易燃易爆危险品安全监督综合管理工作的部门应当对处置情况进行监督检查。

（2）生产易燃易爆危险品的单位，应在易燃易爆危险品的包装内附有与易燃易爆危险品完全一致的产品安全技术说明书，并在包装（包括外包装件）上加贴或拴挂与包装内易燃易爆危险品完全一致的易燃易爆危险品安全标签及易燃易爆危险品包装标志。当发现其生产的易燃易爆危险品有新的危害特性时，应立即公告，并且及时修订其安全技术说明书及安全标签和易燃易爆危险品包装标志。

（3）使用易燃易爆危险品从事生产的单位，其生产条件应符合国家标准和国家有关规定，建立、健全使用易燃易爆危险品的安全管理规章制度，并根据国家有关法律、法规的规定取得相应的许可，确保易燃易爆危险品的使用安全。应当根据易燃易爆危险品的种类、特性，在车间、库房等作业场所设置相应的监测、通风、防晒、调温、防火、灭火、防爆、泄压、防毒、中和、消毒、防潮、防雷、防静电、防腐、防渗漏、防护围堤或隔离操作等安全设施、设备和通信、报警装置，并且应按照国家标准和国家有关规定进行维护、保养，确保在任何情况下都处于正常适用状态，且符合安全运行要求。

（4）国家明令禁止的易燃易爆危险品任何单位和个人不得生产、经销和使用。

问223： 如何对易燃易爆危险品生产、储存、使用场所、装置、设施进行消防安全评价？

消防安全评价一般分为下列四个步骤进行。

（1）收集资料。就是根据评价的对象及范围收集国内外的法律、法规和标准，了解同类易燃易爆危险品的生产设备、设施、工艺以及事故情况，评价对象的地理气象条件及社会环境情况等。

（2）辨识与分析危险危害因素。就是根据设备、设施或者场所的地理、气象条件及工程建设方案、工艺流程、装置布置、主要设备和仪器仪表、原材料以及中间体产品的理化性质等情况，辨识和分析可能发生事故的类型、事故的原因及机理。

（3）具体评价。就是在上述危险分析的基础上，划分、评价单元，依据评价目的和评价对象的复杂程度选择具体的一种或多种评价方法，对发生事故的可能性和严重程度进行定性或者定量评价；并在此基础上进行危险分级，以将管理的重点确定。

（4）提出降低或控制危险的安全对策。就是依据安全评价和分级结果，提出相应的对策措施。对于高于标准的危险情况，应采取坚决的工程技术或者组织管理措施，降低或者控制危险状态。对低于标准的危险情况应当分两种情况解决：对属于可以接受或允许的危险情况，应建立监测措施，避免因生产条件的变更而导致危险值增加；对不可能排除的危险情况，应采取积极的预防措施，并依据潜在的事故隐患提出事故应急预案。

安全评价的方法，可依据评价对象、评价人员素质和评价的目的选择。一般典型的评价方法有安全检查表法、危险性预先分析法、危险指数法、危险可操作性研究法、故障类型与影响分析法、人的可靠性分析法、故障树分析法、作业条件危险性评价法、概率危险分析法以及着火爆炸危险指数评价法等。

问224： 易燃易爆危险品生产、储存、使用场所、装置、设施的消防安全评价的要求有哪些？

（1）生产、储存、使用易燃易爆危险品的装置，一般应每两年进行一次安全性评价。但由于剧毒品一旦发生事故可能造成的伤害和危害更严重，并且相同剂量的易燃易爆危险品存在于同一环境，剧毒品造成事故的危害会更大。所以要求生产、储存以及使用的单位，对生产、储存剧毒品的装置应每年进行一次安全性评价。

（2）安全性评价报告应当对生产、储存装置存的事故隐患提出整改方案，当发现存在现实危险时，应当立即停止使用，予以更换或修复，并采取相应的安全措施。

（3）由于安全评价报告所记录的是安全评价的过程及结果，并包括了对于不合格项提出的整改方案、事故预防措施及事故应急预案。因此，对安全性评价的结果应当形成文件化的评价报告，并且报所在地设区的市级人民政府负责易燃易爆危险品安全监督综合管理工作的部门备案。

问225： **易燃易爆危险品的包装在消防安全管理方面有哪些要求？**

易燃易爆危险品包装的好坏对保证易燃易爆危险品的安全十分重要，如果不能满足运输储存的要求，就有可能在运输储存和使用过程中发生事故。所以，易燃易爆危险品包装在消防安全管理方面应符合以下要求。

（1）易燃易爆危险品的包装应当符合国家法律、法规、规章的规定以及国家标准的要求。包装的材质、形式、规格、方法以及单件质量，应与所包装易燃易爆危险品的性质及用途相适应，以便于装卸、运输和储存。

（2）易燃易爆危险品的包装物、容器，应由省级人民政府经济贸易管理部门审查合格的专业生产企业定点生产，并通过国务院质检部门认可的专业检测、检验机构检测、检验合格，方可使用。

（3）重复使用的易燃易爆危险品包装物（含容器）在使用前，应当进行检查，并且做出记录；检查记录至少应保存2年。质检部门应对易燃易爆危险品的包装物（含容器）的产品质量进行定期或不定期的检查。

问226：　如何储存易燃易爆危险品？

由于储存易燃易爆危险品的仓库一般都是重大危险源，一旦发生事故往往带来重大损失和危害，因此，对易燃易爆危险品储存仓库应当有更加严格的要求。

（1）易燃易爆危险品必须储存在专用仓库、专用场地或专用储存室（以下统称专用仓库）内，储存方式、方法与储存数量必须满足国家标准，并由专人管理出入库，应当进行核查登记。

（2）库存易燃易爆危险品应当分类、分项储存，性质互相抵触、灭火方法不同的易燃易爆危险品不得混存，堆垛要留有垛距、墙距、顶距、柱距、灯距，要定期检查、保养，注意防热及通风散潮。

（3）剧毒品、爆炸品以及储存数量构成重大危险源的其他易燃易爆危险品必须单独存放于专用仓库内，实行双人收发、双人保管制度。储存单位应将储存剧毒品以及构成重大危险源的其他易燃易爆危险品的数量、地点以及管理人员的情况，报当地公安部门及负责易燃易爆危险品安全监督综合管理工作部门备案。

（4）易燃易爆危险品专用仓库，应符合国家标准对安全、消防的要求，设置明显标志。应定期对易燃易爆危险品专用仓库的储存设备及安全设施进行检测。

（5）对废弃易燃易爆危险品处置时，应严格按《固体废物污染环境防治法》和国家有关规定进行。

问227：　经销易燃易爆危险品应具备哪些条件？

国家对易燃易爆危险品经销实行许可制度。未经许可，任何单位及个人都是不能够经销易燃易爆危险品的。经销易燃易爆危险品的企业应当具备以下条件。

（1）经销场所及储存设施符合国家标准。

（2）主管人员和业务人员经过专业培训，并且取得上岗资格。

（3）安全管理制度健全。

（4）符合法律、法规规定以及国家标准要求的其他条件。

问228：如何申办易燃易爆危险品经销许可证？

（1）经销剧毒品性易燃易爆危险品的企业，应当分别向省、自治区以及直辖市人民政府的经济贸易管理部门或设区的市级人民政府的负责易燃易爆危险品安全监督综合管理工作部门提出申请，并附送满足易燃易爆危险品经销企业条件的相关证明材料。

（2）省、自治区、直辖市人民政府的经济贸易管理部门或设区的市级人民政府负责易燃易爆危险品安全监督综合管理工作的部门接到申请之后，应当依照规定对申请人提交的证明材料及经销场所进行审查。

（3）经审查，不符合条件的，书面通知申请人并说明理由；符合条件的，颁发危险品经销（营）许可证，并将颁发危险品经销（营）许可证的情况通报同级公安部门及环境保护部门。申请人凭危险品经销（营）许可证向工商行政管理部门办理登记注册手续。

问229：对经销易燃易爆危险品的企业的消防安全管理有哪些要求？

（1）企业经销易燃易爆危险品时，不应当从未取得易燃易爆危险品生产许可证或易燃易爆危险品经销（营）许可证的企业采购易燃易爆危险品；易燃易爆危险品生产企业也不得向没有取得易燃易爆危险品经销（营）许可证的单位或个人销售易燃易爆危险品。

（2）经销易燃易爆危险品的企业不得经销国家明令禁止的易燃易爆危险品；也不得经销无安全技术说明书及安全标签的易燃易爆

危险品。

（3）经销易燃易爆危险品的企业储存易燃易爆危险品时，应遵守国家易燃易爆危险品储存的有关规定。经销商店内只能够存放民用小包装的易燃易爆危险品，其总量不得超过国家规定的限量。

问230：运输易燃易爆危险品应符合哪些要求？

国家对易燃易爆危险品的运输实行资质认定制度；未经过资质认定，不得运输易燃易爆危险品。为此，运输易燃易爆危险品应当符合以下要求。

（1）用于易燃易爆危险品运输工具的槽、罐以及其他容器，应由符合规定条件的专业生产企业定点生产，并经检测、检验合格，方可使用。质检部门应当对满足规定条件的专业生产企业定点生产的槽、罐以及其他容器的产品质量进行定期或者不定期的检查。

（2）易燃易爆危险品运输企业，应当对其驾驶员、船员、装卸管理人员以及押运人员进行有关安全知识培训；驾驶员、船员、装卸管理人员以及押运人员必须掌握易燃易爆危险品运输的安全知识，并且经所在地设区的市级人民政府交通部门考核合格（船员经海事管理机构考核合格），取得上岗资格证，方可上岗作业。易燃易爆危险品的装卸作业应严格遵守操作规程，并且在装卸管理人员的现场指挥下进行。

（3）运输易燃易爆危险品的驾驶员、船员、装卸人员以及押运人员应当了解所运载易燃易爆危险品的性质、危险、危害特性以及包装容器的使用特性和发生意外时的应急措施。在运输易燃易爆危险品时，应配备必要的应急处理器材及防护用品。

（4）托运易燃易爆危险品时，托运人应向承运人说明所运输易燃易爆危险品的品名、数量、危害以及应急措施等情况。当所运输的易燃易爆危险品需要添加抑制剂或稳定剂时，托运人交付托运时应当将抑制剂或者稳定剂添加充足，并且告知承运人。托运人不得在托运的普通货物中夹带易燃易爆危险品，也不得把易燃易爆危险品匿报或谎报为普通货物托运。

（5）运输、装卸易燃易爆危险品，应当依照有关法律、法规、规章的规定以及国家标准的要求，按易燃易爆危险品的危险特性，采取必要的安全防护措施。

（6）运输易燃易爆危险品的槽罐以及其他容器必须封口严密，能承受正常运输条件下产生的内部压力和外部压力，确保易燃易爆危险品在运输中不因温度、湿度或者压力的变化而发生任何渗（洒）漏。

（7）任何单位和个人不得邮寄或在邮件内夹带易燃易爆危险品，也不得将易燃易爆危险品匿报或谎报为普通物品邮寄。

（8）通过铁路及航空运输易燃易爆危险品的，应符合国务院铁路、民航部门的有关专门规定。

问231： 对易燃易爆危险品公路运输有哪些消防安全管理要求？

易燃易爆危险品公路运输时由于受驾驶技术、道路状况、车辆状况以及天气情况的影响很大，因而所带来的危险因素也很多，且一旦发生事故扑救难度较大，往往带来重大经济损失及人员伤亡，因此，应当严格管理要求。

（1）通过公路运输易燃易爆危险品时，必须配备押运人员，并且随时处于押运人员的监管之下。不得超装、超载，不得进入易燃易爆危险品运输车辆禁止通行的区域；若确需进入禁止通行区域的，则应当事先向当地公安部门报告，并由公安部门为其指定行车时间和路线，并且运输车辆必须遵守公安部门为其指定的行车时间及路线。

（2）利用公路运输易燃易爆危险品的，托运人只能委托有易燃易爆危险品运输资质的运输企业承运。

（3）剧毒性易燃易爆品在公路运输途中发生被盗、丢失、流散以及泄漏等情况时，承运人及押运人员应当立即向当地公安部门报告，并采取一切可能的警示措施。公安部门接到报告之后，应立即向其他有关部门通报情况；相关部门应采取必要的安全措施。

（4）易燃易爆危险品运输车辆禁止通行的区域，由设区的市级人民政府公安部门划定，并且设置明显的标志。运输烈性易燃易爆危险品途中需要停车住宿或者遇有无法正常运输的情况时，应当向当地公安部门报告。

问232： 对易燃易爆危险品水路运输有哪些消防安全管理要求？

易燃易爆危险品在水上运输时，一旦发生事故往往对水道形成阻塞或者对水域造成污染，给人民的生命财产带来更大的危害，且往往扑救较为困难。因此，水上运输易燃易爆危险品时应当比陆地有更加严格的要求。

（1）禁止通过内河以及其他封闭水域等航运渠道运输剧毒性易燃易爆危险品。

（2）通过内河以及其他封闭水域等航运渠道运输禁运以外的易燃易爆危险品时，只能委托有易燃易爆危险品运输资质的水运企业承运，并按国务院交通部门的规定办理手续，并且接受有关交通港口部门及海事管理机构的监督管理。

（3）运输易燃易爆危险品的船舶及其配载的容器应按国家关于船舶检验的规范进行生产，并通过海事管理机构认可的船舶检验机构检验合格，方可投入使用。

问233： 销毁易燃易爆危险品应遵守哪些基本要求？

易燃易爆危险品的销毁，要严格遵守国家有关安全管理的规定，严格遵守安全操作规程，以防着火、爆炸或其他事故的发生。

（1）正确选择销毁场地。销毁场地的安全要求由于销毁方法的不同而有别。当采用爆炸法或者燃烧法销毁时，销毁场地应选择在远离居住区、生产区、人员聚集场所以及交通要道的地方，最好选择在有天然屏障或比较隐蔽的地区。销毁场地边缘与场外建筑物的距离不应小于200m，与公路、铁路等交通要道的距离不应小于150m。当四周无自然屏障时，应设有高度不小于3m的土堤防护。

销毁爆炸品时，销毁场地最好是没有石块、砖瓦的泥土或沙地。专业性的销毁场地，四周应砌筑围墙，围墙距作业场地边沿不应小于50m；临时性销毁场地四周应设警戒或铁丝网。销毁场地内应设人身掩体及点火引爆掩体。掩体的位置应在常年主导风向的上风方向，掩体之间的距离不应小于30m，掩体的出入口应背向销毁场地，并且距作业场地边沿的距离不应小于50m。

（2）严格培训作业人员。执行销毁操作的作业人员，要通过严格的操作技术和安全培训，并经考试合格才能执行销毁的操作任务。执行销毁操作的作业人员应当具备下列条件：①具有一定的专业知识；②身体健壮，智能健全；③工作认真负责，责任心强；④经过安全培训合格。

（3）严格消防安全管理。根据《消防法》的有关规定，应急管理部门应当加强对于易燃易爆危险品的监督管理。销毁易燃易爆危险品的单位应当严格遵守有关消防安全的规定，并认真落实具体的消防安全措施，当大量销毁时应当认真研究，制定出具体方案（包括一旦引发火灾时的应急灭火预案）向消防救援机构申报，通过审查并经现场检查合格方可进行，必要时，消防救援机构应当派出消防队现场执勤保护，保证销毁安全。

问234：销毁易燃易爆危险品应具备哪些条件？

由于废弃的易燃易爆危险品稳定性差、危险性大，因此销毁处理时必须要有可靠的安全措施，并需通过当地公安和环保部门同意才可进行销毁，其基本条件如下。

（1）销毁场地的四周和防护设施，均应满足安全要求。

（2）销毁方法选择正确，适合所要销毁物品的特性，安全、易操作以及不会污染环境。

（3）销毁方案无误，防范措施周密、落实。

（4）销毁人员经安全培训合格，有法定许可的证件。

5 消防系统管理

5.1 消防系统的选择

问235： 应当设置自动喷水灭火系统的场所都有哪些？

根据《建筑设计防火规范》（GB 50016—2014）（2018版）的有关规定，环境温度在 4～70℃ 范围的以下建筑物和场所应设置自动灭火系统，除不宜用水保护或者灭火者，以及另有专门规定者外，最好采用自动喷水灭火系统。

（1）除散装粮食仓库可不设置自动灭火系统外，下列厂房或生产部位、仓库应设置自动灭火系统：

① 地上不小于 50000 锭的棉纺厂房中的开包、清花车间，不小于 5000 锭的麻纺厂房中的分级、梳麻车间，火柴厂的烤梗、筛选部位；

② 地上占地面积大于 $1500m^2$ 或总建筑面积大于 $3000m^2$ 的单、多层制鞋、制衣、玩具及电子等类似用途的厂房；

③ 占地面积大于 $1500m^2$ 的地上木器厂房；

④ 泡沫塑料厂的预发、成型、切片、压花部位；

⑤ 除本条第①～④款规定外的其他乙、丙类高层厂房；

⑥ 建筑面积大于 $500m^2$ 的地下或半地下丙类生产场所；

⑦ 除占地面积不大于 $2000m^2$ 的单层棉花仓库外，每座占地面积大于 $1000m^2$ 的棉、毛、丝、麻、化纤、毛皮及其制品的地上

仓库；

⑧ 每座占地面积大于 600m² 的地上火柴仓库；

⑨ 邮政建筑内建筑面积大于 500m² 的地上空邮袋库；

⑩ 设计温度高于 0℃ 的地上高架冷库，设计温度高于 0℃ 且每个防火分区建筑面积大于 1500m² 的地上非高架冷库；

⑪ 除本条第⑦～⑩款规定外，其他每座占地面积大于 1500m² 或总建筑面积大于 3000m² 的单、多层丙类仓库；

⑫ 除本条第⑦～⑪款规定外，其他丙、丁类地上高架仓库，丙、丁类高层仓库；

⑬ 地下或半地下总建筑面积大于 500m² 的丙类仓库。

（2）除建筑内的游泳池、浴池、溜冰场可不设置自动灭火系统外，下列民用建筑、场所和平时使用的人民防空工程应设置自动灭火系统：

① 一类高层公共建筑及其地下、半地下室；

② 二类高层公共建筑及其地下、半地下室中的公共活动用房、走道、办公室、旅馆的客房、可燃物品库房；

③ 建筑高度大于 100m 的住宅建筑；

④ 特等和甲等剧场，座位数大于 1500 个的乙等剧场，座位数大于 2000 个的会堂或礼堂，座位数大于 3000 个的体育馆，座位数大于 5000 个的体育场的室内人员休息室与器材间等；

⑤ 任一层建筑面积大于 1500m² 或总建筑面积大于 3000m² 的单、多层展览建筑、商店建筑、餐饮建筑和旅馆建筑；

⑥ 中型和大型幼儿园，老年人照料设施，任一层建筑面积大于 1500m² 或总建筑面积大于 3000m² 的单、多层病房楼、门诊楼和手术部；

⑦ 除上述规定外，设置具有送回风道（管）系统的集中空气调节系统且总建筑面积大于 3000m² 的其他单、多层公共建筑；

⑧ 总建筑面积大于 500m² 的地下或半地下商店；

⑨ 设置在地下或半地下、多层建筑的地上第四层及以上楼层、高层民用建筑内的歌舞娱乐放映游艺场所，设置在多层建筑第一层至第三层且楼层建筑面积大于 300m² 的地上歌舞娱乐放映游艺

场所；

⑩ 位于地下或半地下且座位数大于 800 个的电影院、剧场或礼堂的观众厅；

⑪ 建筑面积大于 $1000m^2$ 且平时使用的人民防空工程。

（3）除敞开式汽车库可不设置自动灭火设施外，Ⅰ、Ⅱ、Ⅲ类地上汽车库，停车数大于 10 辆的地下或半地下汽车库，机械式汽车库，采用汽车专用升降机作为汽车疏散出口的汽车库，Ⅰ类的机动车修车库均应设自动灭火系统。

问236： 预作用式喷水灭火系统的特点和适用范围是什么？

在预作用式喷水灭火系统中，火灾探测器与闭式喷头都是感温元件，但火灾探测器的控制温度选择较低一些。火灾发生时，火灾探测器首先动作，进行报警，并将报警阀打开，使水充满管网，充水时间不宜大于 3min。当火场温度继续上升，满足喷头的动作温度后才开始喷水。这样既解决了湿式系统容易渗水的弊病，又避免了干式系统延缓喷水时间的缺点，其灭火效果优于干式系统。

这种系统的主要缺点为自动化部件较多，因而投资费用大，技术要求高，如果平时维护不良，可能会失去及时扑灭初期火灾的时机。

它的适用范围比较大，凡是适用于湿式喷水灭火系统和充气式干式喷水灭火系统的场所，均适用预作用式喷水灭火系统。特别是不允许有水渍损失的建筑物、构筑物，宜采用预作用式喷水灭火系统。

问237： 哪些建筑物和构筑物应当设置雨淋灭火系统？

（1）火柴厂的氯酸钾压碾厂房，建筑面积大于 $100m^2$ 且生产或使用硝化棉、喷漆棉、火胶棉、赛璐珞胶片、硝化纤维的厂房。

（2）建筑面积超过 $60m^2$ 或储存量超过 2t 的硝化棉、喷漆棉、火胶棉、赛璐珞胶片、硝化纤维的仓库。

（3）日装瓶数量大于 3000 瓶的液化石油气储配站的灌瓶间、实瓶库。

（4）特等、甲等剧场的舞台葡萄架下部，座位数大于 1500 个的乙等剧场的舞台葡萄架下部，座位数大于 2000 个的会堂或礼堂的舞台葡萄架下部。

（5）建筑面积大于或等于 400m² 的演播室，建筑面积大于或等于 500m² 的电影摄影棚。

（6）乒乓球厂的轧坯、切片、磨球、分球检验部位。

问238：哪些场所和部位应当设置水幕系统？

（1）特等、甲等剧院，超过 1500 个座位的其他等级的剧院，超过 2000 个座位的会堂或礼堂，高层民用建筑中超过 800 个座位的剧院、礼堂的舞台口及上述场所中与舞台相连的侧台、后台的门窗洞口。

（2）应设防火墙等防火分隔物而无法设置的局部开口部位。

（3）需要冷却保护的防火卷帘或防火幕的上部。

（4）舞台口也可采用防火幕进行分隔，侧台、后台的较小洞口宜设置乙级防火门、窗。

问239：什么装置必须设置固定喷淋冷却水设施？

（1）高度大于 15m 或者单罐容积大于 2000m³ 的地上液体储罐。

（2）覆土保护的地下油罐。

（3）石油化工企业单罐容积大于 100m³ 的全压力式和半冷冻式液化烃储罐及储罐的阀门、液位计、安全阀等部位。

（4）总容积大于 50m³ 的储罐区或者单罐容积大于 20m³ 的全压力式和半冷冻式液化石油气储罐及储罐的阀门、液位计、安全阀等部位。

问240：细水雾灭火系统的适用范围有哪些？

细水雾灭火系统适用于扑救下列火灾。

（1）书库、档案资料库以及文物库等场所的可燃固体火灾。

（2）液压站、油浸电力变压器室、透平油仓库、润滑油仓库、柴油发电机房、燃油锅炉房、燃油直燃机房以及油开关柜室等场所的可燃液体火灾。

（3）燃气轮机房及燃气直燃机房等场所的可燃气体喷射火灾。

（4）配电室、计算机房、数据处理机房、中央控制室、通信机房、大型电缆室、电缆隧（廊）道以及电缆竖井等场所的电气设备火灾。

（5）引擎测试间及交通隧道等适用细水雾灭火的其他场所的火灾。

问241：哪些场所应当设置细水雾灭火系统？

根据现行国家有关消防技术标准规定，以下场所应当设置细水雾灭火系统。

（1）钢铁冶金企业内应当设置细水雾灭火系统的部位。

① 单台容量在 40MV·A 及以上的油浸电力变压器。

② 总装机容量＞400kV·A 的柴油发电机房。

③ 电气地下室、厂房内的电缆隧（廊）道、厂房外的连接总降压变电所或其他变（配）电所的电缆隧（廊）道、建筑面积＞500m^2 的电缆夹层。

④ 距地坪标高 24m 以上且储油总容积≥2m^3 的平台封闭液压站房。

⑤ 距地坪标高 24m 以下且储油总容积≥10m^3 的地上封闭液压站和润滑油站（库）。

⑥ 液压站、润滑油站（库）、轧制油系统、集中供油系统、储油间、油管廊中储油总容积≥2m^3 的地下液压站和润滑油站（库），储油总容积≥10m^3 的地下油管廊和储油间。

（2）钢铁冶金企业内宜设置细水雾灭火系统的场所。

① 控制室、电气室、通信中心（含交换机室、总配线室和电力室等）、操作室以及调度室；单台设备油量 100kg 以上的配电室、大于等于 8MV·A 且小于 40MV·A 的油浸变压器室、油浸电抗器室以及有可燃介质的电容器室。

② 总装机容量≤400kV·A 的柴油发电机房；厂房外长度＞100m 的非连接总降压变电所［或其他变（配）电所］并且电缆桥架层数≥4 层的电缆隧（廊）道，建筑面积≤500m² 的电缆夹层，与电气地下室、电缆夹层、电缆隧（廊）道连通或穿越 3 个及以上防火分区的电缆竖井；油质淬火间、地下循环油冷却库、成品涂油间、桶装油库、燃油泵房、油箱间、油加热器间、油泵房（间）。

③ 热连轧高速轧机机架（未设油雾抑制系统）。

问242： **哪些场所适宜设置蒸汽灭火系统？**

因为冷水对高温设备的骤冷会引起设备的损坏（水不能扑灭高温设备火灾），所以蒸汽扑灭高温设备火灾，不会导致设备热胀冷缩的应力而破坏高温设备。蒸汽灭火系统构造简单，取用方便，所以在炼油厂、石油化工厂、火力发电厂、油泵房、重油罐区、露天生产装置区和重质油品库房以及有蒸汽源的燃油锅炉房、汽轮发电机房等场所宜设固定式或者半固定式蒸汽灭火系统。但对挥发性大及闪点低的易燃液体和在使用蒸汽可能造成事故的部位不得采用蒸汽灭火。

问243： **哪些场所应当设置低倍数泡沫灭火系统？**

（1）可能发生可燃液体火灾的场所宜采用低倍数泡沫灭火系统。

（2）移动消防设施不能进行有效保护的可燃液体储罐应采用固定式泡沫灭火系统。

（3）可采用移动式泡沫灭火系统的场所。

① 罐壁高度小于 7m 或容积等于或者小于 $200m^3$ 的非水溶性可燃液体储罐。

② 可燃液体地面流淌火灾、油池火灾。

③ 润滑油储罐。

（4）除第（2）（3）条规定外的可燃液体罐宜采用半固定式泡沫灭火系统。

问244： 泡沫灭火系统控制方式应符合的规定有哪些？

（1）单罐容积等于或大于 $20000m^3$ 的固定顶罐及浮盘为易熔材料的内浮顶罐应采用远程手动启动的程序控制。

（2）单罐容积等于或大于 $100000m^3$ 的浮顶罐及内浮顶罐应采用远程手动启动的程序控制。

（3）单罐容积等于或大于 $50000m^3$ 并小于 $100000m^3$ 的浮顶罐及内浮顶罐宜采用远程手动启动的程序控制。

问245： 高、中倍数泡沫灭火系统适用于哪些场所？

适宜采用高、中倍数泡沫灭火系统的场所如下。

（1）电气设备材料、棉花、橡胶、纺织品、烟草及纸张、汽车、飞机等固体物资仓库等。

（2）储存石油、苯等易燃液体的仓库。

（3）石油化工生产车间、飞机发动机试验车间、电缆夹层、锅炉房、油泵房以及油码头等有火灾危险的工业厂房（或车间）。

（4）地下汽车库、地下仓库、地下铁道、人防隧道、煤矿矿井、地下商场、电缆沟和地下液压油泵站等地下建筑工程。

（5）计算机房、大型邮政楼、图书档案库、贵重仪器设备仓库等贵重仪器设备和物品。

（6）各种船舶的机舱、泵舱等处所。

（7）可燃液体和液化石油气、液化天然气的流淌火灾。

（8）中倍数泡沫可以用于立式钢制储油罐内火灾。

问246： **高、中倍数泡沫灭火系统不适用于哪些场所？**

（1）由于高倍数、中倍数泡沫是导体，进入未封闭的带电设备后会形成短路，将设备击毁或造成其他事故，因此不能直接应用于裸露的电气设备（指接点或触点暴露于空气中的设备），而应对其进行封闭，使泡沫不直接与带电部位接触，否则必须在断电之后，才可喷放泡沫。

（2）对于硝化纤维素、火药等物质本身能释放出氧气及其他强氧化剂而维持燃烧的化学物品，由于高倍数、中倍数泡沫即使覆盖、淹没隔绝了空气也不能扑灭这类物质火灾，因此不能使用。

（3）由于高倍数、中倍数泡沫破裂后是水溶液，因此不能扑救有遇湿易燃性物品的火灾。

问247： **干粉灭火系统的应用特点是什么，适用场所有哪些？**

（1）应用特点。干粉灭火系统主要用于扑救可燃气体、可燃液体和电气设备火灾，其应用特点如下。

① 干粉能够长距离输送，设备可远离火区；不用水，尤其适用于缺水地区，寒冷季节使用不需防冻。

② 灭火时间短、效率高，尤其对石油及石油产品的灭火效果尤为显著。

③ 绝缘性能好，可扑救带电设备火灾。

④ 以有相当压力的二氧化碳和氮气作为喷射动力，所以可不受电源限制。

⑤ 干粉不具有冷却作用，容易发生复燃；不能扑救本身能供给氧的化学物质火灾；不能扑救深度阴燃物质的火灾。

（2）适用场所。固定式干粉灭火系统分为全淹没灭火系统与局部应用灭火系统两种类型。全淹没灭火系统主要用于地下室、船舱、油漆仓库、变压器室、油品仓库以及汽车库等密闭的或可密闭的建筑；局部应用灭火系统主要用于建筑物空间很大、不易形成整个建筑物大灾，而只有个别设备容易发生火灾，或一些露天装置易发生火灾的场所。这些场所不可能也没有必要设置全淹没灭火系统，可以针对某个容易发生火灾的部位设置局部应用灭火系统。

问248：哪些场所应设置二氧化碳气体灭火系统？

根据相关规定，以下场所应设置二氧化碳气体灭火系统。

（1）中央和省级的档案馆中的珍藏库与非纸质档案库。

（2）省级或藏书量超过100万册的图书馆的特藏库。

（3）中央和省级广播电视中心内，建筑面积不小于$120m^2$的音像制品库房等部位。

（4）大、中型博物馆中的珍品库房；一级纸绢质文物的陈列室。

另外，二氧化碳灭火系统还可用于浸渍槽、熔化槽、轧制机、发电机、印刷机、油浸变压器，液压、干洗、烘干、除尘等设备和喷漆生产线、电器老化间、水泥生产流程中的煤粉仓、食品库以及船舶的机舱和货舱等设备和场所。但因为二氧化碳具有窒息性，所以该系统只能用在无人场所；当不得不在经常有人占用的场所安装使用时，应采取适当的防护措施，以保障人员安全，但是不得采用卤代烷1211、1301灭火系统。

问249：七氟丙烷气体灭火系统的适用场所有哪些？

七氟丙烷对臭氧层的耗损潜能值ODP＝0，温室效应潜能值GWP＝0.6，无毒性反应含量NOAEL＝9％，大气中存留寿命ALT＝31年，灭火设计基本含量$C＝8％$，具有良好的清洁性、气相电绝缘性和物理性能，是哈龙灭火剂替代物中效果较好的产品。

七氟丙烷气体火火系统的适用场所包括：人员常驻的区域、储存贵重设备和重要资料档案的场所、防护电气设备必须采用非导电性的灭火剂的场所、不能导致水渍损失或其他污染的场所等。系统典型的防护设施包括：电子计算机房、通信设施、资料处理及储存中心、电信电话交换机房、洁净室、编程室、紧急电力供应设施、博物馆及艺术馆、图书馆、昂贵的医疗设施等。

问250：　混合气体IG-541灭火系统适用的火灾类型有哪些？

混合气体 IG-541 灭火系统适用的火灾类型包括：木材及纤维类型材料等固体的表面火灾；庚烷等易燃液体火灾；计算机房、控制室、油浸开关、变压器、电路断路器、循环设备、泵、电动机等带电设备的火灾。适用的典型场所包括：计算机房、磁带库、地板夹层、通信交换机房、工艺处理设备及经常有人工作场所或者不是经常有人但有非常灵敏或无法更换的电子设备的区域。

问251：　热气溶胶灭火系统适用的场所有哪些？

因为使用热气溶胶灭火剂后会使保护区内的能见度很低，而且吸入灭火剂的超细颗粒对人体也有伤害，所以，气溶胶灭火系统主要应用于无人场所或不经常有人员出现的以下场所。

（1）航空业的商用飞机、货物仓、直升机、集装箱、地面支持设备、维修站等场所。

（2）航海业的海运类机动船、舰、艇的发动机室、机器室以及货物仓等场所。

（3）陆地运输的小车、卡车、拖车、吊车、铁路机车、运动车、铺路车、林业机动车、公共汽车、集装箱、地铁机车以及车上配电房等局部场所。

（4）电力系统的电房、计算机和服务器室、汽轮涡轮机动力室、动力供应和数据中心、电缆沟等局部场所。

（5）建筑火灾防护中的屋顶室、车库等。

（6）石油行业中的设备（泵房、电力橱以及配电系统），油气储存处等。

气溶胶灭火剂不适于扑救：硝酸纤维、火药等无空气条件下仍能够迅速氧化的化学物质火灾；钾、钠、镁、钛、铀、锆、钚等活泼金属火灾；过氧化物、联氨等能自行分解的化学物质火灾；氢化钠等金属氢化物火灾；磷等自燃物质火灾；氧化氮、氯、氟等强氧化剂火灾；可燃固体物质的深位火灾等。

问252：哪些场所不应设置气体灭火系统？

根据气体灭火系统灭火剂的性能及特点，对于硝酸钠、硝化纤维等氧化剂或含氧化剂的化学制品火灾场所，钾、钠、镁、锆、钛、铀等碱金属、碱土金属及其他活泼金属火灾场所，氢化钾、氢化钠等金属氢化物火灾场所，可燃固体深位火灾场所等，均不应设置气体灭火系统。

由于热气溶胶灭火剂采用多元烟火药混合制得，因此，其性质有别于传统意义上的气体灭火剂。特别是在灭火剂配方的选择上，因为各生产单位相差较大，如若制造工艺或配方选择不尽合理等都可能造成严重的产品质量事故。我国曾先后发生过热气溶胶产品因误动作而起火、储存装置爆炸、喷放后损坏电气设备等多起严重事故。所以，对于人员密集场所、有爆炸危险性的场所及有超净要求的场所，不得使用热气溶胶预制灭火系统；对于通信机房、电子计算机房、除电缆隧道（夹层、井）及自备发电机房外的其他电气火灾等场所，也不得使用K型和其他型热气溶胶预制灭火系统。

问253：哪些场所应设置火灾自动报警系统？

为了加强对重要场所的监控，及时发现和扑救火灾，下列重要的建筑或场所应当设置火灾自动报警系统。

（1）除散装粮食仓库、原煤仓库可不设置火灾自动报警系统外，下列工业建筑或场所应设置火灾自动报警系统：

① 丙类高层厂房；

② 地下、半地下且建筑面积大于 $1000m^2$ 的丙类生产场所；

③ 地下、半地下且建筑面积大于 $1000m^2$ 的丙类仓库；

④ 丙类高层仓库或丙类高架仓库。

（2）民用建筑或场所：

① 商店建筑、展览建筑、财贸金融建筑、客运和货运建筑等类似用途的建筑；

② 旅馆建筑；

③ 建筑高度大于 100m 的住宅建筑；

④ 图书或文物的珍藏库，每座藏书超过 50 万册的图书馆，重要的档案馆；

⑤ 地市级及以上广播电视建筑、邮政建筑、电信建筑，城市或区域性电力、交通和防灾等指挥调度建筑；

⑥ 特等、甲等剧场，座位数超过 1500 个的其他等级的剧场或电影院，座位数超过 2000 个的会堂或礼堂，座位数超过 3000 个的体育馆；

⑦ 疗养院的病房楼，床位数不少于 100 张的医院的门诊楼、病房楼、手术部等；

⑧ 托儿所、幼儿园，老年人照料设施，任一层建筑面积大于 $500m^2$ 或总建筑面积大于 $1000m^2$ 的其他儿童活动场所；

⑨ 歌舞、娱乐、放映、游艺场所；

⑩ 其他二类高层公共建筑内建筑面积大于 $50m^2$ 的可燃物品库房和建筑面积大于 $500m^2$ 的商店营业厅，以及其他一类高层公共建筑。

问254： 常见火灾探测器的选择要求有哪些？

（1）对火灾初期有阴燃阶段，产生大量的烟和少量的热，很少或者没有火焰辐射的场所，应选择感烟探测器。

（2）对火灾发展迅速，能够产生大量热、烟和火焰辐射的场所，可选择感温探测器、感烟探测器、火焰探测器或其组合。

（3）对火灾发展迅速，有强烈的火焰辐射及少量的烟、热的场所，应选择火焰探测器。

（4）对火灾初期可能产生一氧化碳气体并且需要早期探测的场所，宜选择一氧化碳火灾探测器。

（5）对使用、生产或聚集可燃气体或者可燃液体蒸气的场所，应当选择可燃气体探测器。

（6）对设有联动装置、自动灭火系统以及用单一探测器不应有效确认火灾的场毛宜采用同类型或不同类型的探测器组合。

（7）对火灾形成特征不可预料的场所，可以根据模拟试验的结果选择探测器。

（8）对需要早期发现火灾的特殊场所，可选择高灵敏度的吸气式感烟火灾探器，且应将该探测器的灵敏度设置为高灵敏度状态；也可以根据现场实际分析早期可探的火灾参数而选择相应的探测器。

问255：点型火灾探测器的选择要求有哪些？

对不同高度房间的火灾探测器，应当按表 5-1 选择，并应注意下列要求。

（1）当房间高度大于 12m 时，不宜选择感烟探测器。

（2）当房间高度大于 8m 时，不宜选择感温探测器。

（3）当房间高度大于 6m 时，不宜选择 A2、B、C、D、E、F、G 类感温探测器。

表 5-1　不同高度房间点型火灾探测器的选择

房间高度 h/m	感烟探测器	感温探测器			火焰探测器
		一级	二级	三级	
$12 < h \leqslant 20$	不适合	不适合	不合适	不合适	适合
$8 < h \leqslant 12$	适合	不适合	不适合	不适合	适合
$6 < h \leqslant 8$	适合	适合	不适合	不适合	适合
$4 < h \leqslant 6$	适合	适合	适合	不适合	适合
$\leqslant 4$	适合	适合	适合	适合	适合

问256：感烟火灾探测器应如何选用？

（1）宜选择感烟探测器的场所。

① 饭店、旅馆、教学楼、卧室、办公楼的厅堂、办公室等。

② 计算机房、通信机房、电影或者电视放映室等。

③ 书库、档案库等。

④ 楼梯、走道、电梯机房等。

⑤ 有电气火灾危险的场所。

（2）不宜选择离子感烟探测器的场所。

① 相对湿度经常大于95％的场所。

② 气流速度大于5m/s的场所。

③ 可能产生腐蚀性气体的场所。

④ 有大量粉尘、水雾滞留的场所。

⑤ 产生醇类、醚类、酮类等有机物质的场所。

⑥ 在正常情况下有烟滞留的场所。

（3）不宜选择光电感烟探测器的场所。

① 可能产生蒸气和油雾的场所。

② 有大量粉尘、水雾滞留的场所。

③ 在正常情况下有烟滞留的场所。

（4）通过管路采样的吸气式感烟火灾探测器的选择。

① 具有高空气流量的场所。

② 低温场所。

③ 点型感烟、感温探测器不适宜的大空间或有特殊要求的场所。

④ 需要进行火灾早期探测的关键场所。

⑤ 需要进行隐蔽探测的场所。

⑥ 人员不宜进入的场所。

（5）感烟探测器的选择要求。

① 污物较多并且必须安装感烟火灾探测器的场所，应选择间断吸气的点型吸气式感烟火灾探测器。

② 无遮挡的大空间或者有特殊要求的房间，宜选择红外光束感烟探测器。

③ 对于有大量粉尘、水雾滞留的场所；可能产生蒸气和油雾的场所，在正常条件下有烟滞留的场所，以及探测器固定的建筑结

构因为振动等会产生较大位移的场所，均不宜选择红外光束感烟探测器。

问257： 感温火灾探测器应如何选择？

（1）宜选择缆式线型感温火灾探测器的场所或部位。

① 电缆隧道、电缆竖井、电缆夹层、电缆桥架。

② 各种皮带输送装置。

③ 配电装置、开关设备、变压器等。

（2）宜选择空气管式或线型光纤感温火灾探测器的场所或部位。

① 除液化石油气外的石油储罐。

② 需要设置线型感温火灾探测器的易燃易爆场所。

③ 需要监测环境温度的地下空间等场所宜设置具有实时温度监测功能的线型光纤感温火灾探测器。

④ 公路隧道、敷设动力电缆的铁路隧道和城市地铁隧道等。

（3）线型定温火灾探测器的选择，应保证其不动作温度符合设置场所的最高环境温度的要求。

问258： 吸气式感烟火灾探测器应如何选择？

（1）下列场所宜选择吸气式感烟火灾探测器。

① 具有高速气流的场所。

② 点型感烟、感温火灾探测器不适宜的大空间、舞台上方、建筑高度超过12m或有特殊要求的场所。

③ 低温场所。

④ 需要进行隐蔽探测的场所。

⑤ 需要进行火灾早期探测的重要场所。

⑥ 人员不宜进入的场所。

（2）灰尘比较大的场所，不应选择没有过滤网和管路自清洗功能的管路采样式吸气感烟火灾探测器。

问259: 火焰探测器应如何选择?

（1）宜选择火焰探测器的场所。

① 无阴燃阶段的液体火灾场所。

② 火灾时有强烈火焰辐射的场所。

③ 需要对火焰做出快速反应的场所。

（2）不宜选择火焰探测器的场所。

① 探测器的镜头易被污染的场所。

② 在火焰出现前有浓烟扩散的场所。

③ 可能发生无焰火灾的场所。

④ 探测器的"视线"易被物体（包括油雾、烟雾、水雾以及冰等）遮挡的场所。

（3）选择火焰探测器的要求。

① 探测区域内的可燃物为金属和无机物时，不宜选择红外火焰探测器。

② 探测器易受阳光、白炽灯等光源直接或者间接照射场所，不宜选择单波段红外火焰探测器。

③ 除日光盲的红外火焰探测器外，探测区域内正常条件下有高温黑体的场所，不宜选择单波段红外火焰探测器。

④ 正常条件下有阳光、明火作业及易受 X 射线、弧光以及闪电等影响，不宜选择紫外火焰探测器。

（4）可选择图像式火灾探测器的场所。

① 火灾初期有阴燃阶段，产生大量的烟和少量的热，很少或者没有火焰辐射的场所可选择图像式感烟火灾探测器。

② 火灾发展迅速，有强烈的火焰辐射和少量的烟、热的场所，可以选择图像式火焰探测器。

问260: 可燃气体探测器应如何选择?

（1）宜选择一般可燃气体探测器的场所。

① 煤气站和煤气表房以及存储液化石油气罐的场所。

② 使用可燃气体的场所。

③ 其他散发可燃气体及可燃蒸气的场所。

（2）宜选择一氧化碳火灾探测器的场所。在火灾初期产生一氧化碳的下列场所，可采用一氧化碳火灾探测器。

① 点型感烟、感温以及火焰探测器不适宜的场所。

② 烟不容易对流及顶棚下方有热屏障的场所。

③ 需要多信号复合报警的场所。

④ 在房顶上无法安装其他点型探测器的场所。

问261： 需要设置火灾应急照明及疏散指示标志的部位有哪些?

（1）供安全疏散用的主要房间。因为建筑火灾易导致严重的人员伤亡，其原因虽然是多方面的，但与有无应急照明也有一定的关系。为避免触电事故和通过电气设备、线路扩大火势，需要在火灾时及时切断起火部位甚至整个建筑物的电源，此时如没有应急照明，人员在黑暗的环境中必定惊慌混乱，加上烟气作用更易引起不必要的伤亡。因此，楼梯间、防烟楼梯间前室、消防电梯间前室、合用前室以及高层建筑的避难层等主要供安全疏散用的疏散通道的主要部位应设置应急照明。

（2）火灾时仍需坚持工作的房间。火灾时仍需坚持工作的房间主要有配电室、消防水泵房、消防控制室、防烟排烟机房、供消防用的蓄电池室、自备发电机房以及电话总机房等房间。由于这些房间在扑救火灾过程中，为确保通信联络，保证防烟排烟和人员的安全疏散等方面的需要，必须坚持工作，因此，以上场所也应设应急照明。

（3）人员集中场所。火灾实践说明，在人员密集场所设置应急照明对火灾事故时的紧急疏散是十分重要的。对公共场所的观众厅、建筑面积大于 $400m^2$ 的展览厅、多功能厅、营业厅、餐厅；以及建筑面积大于 $200m^2$ 的演播室；建筑面积大于 $300m^2$ 的地下、半地下室，或地下、半地下室中的公共活动房间均应设置应急照明。

（4）公共疏散走道。为确保疏散顺利进行，在公共建筑内的疏散走道和居住建筑内长度超过20m的内走道上，也必须设置应急照明。对影剧院、体育馆、多功能礼堂、医院的病房以及除二类居住建筑以外的高层建筑等，其疏散走道和疏散门，均宜设置灯光疏散指示标志。由于在火灾初期，往往烟雾很大，人们在紧急疏散时易迷失方向，设有疏散指示标志，人们就可以在浓烟弥漫的情况下，沿着灯光疏散指示标志顺利疏散，避免引起伤亡事故。

问262： 消防设备供电电源的要求有哪些？

（1）消防控制室、消防水泵、消防电梯以及防烟排烟风机等应由两路电源供电，并在最末一级配电箱处设置自动切换装置。消防设备与为其配电的配电箱距离不宜大于30m。

（2）消防设备应急电源（FEPS）可以作为火灾自动报警系统的备用电源，为系统或系统内的设备和相关设施（场所）供电，但为消防设备供电的FEPS不能同时为应急照明供电。

问263： 消防设备供电方式如何选择？

为单相供电额定功率大于30kW、三相供电额定功率大于120kW的消防设备供电的FEPS不应同时为其他负载供电。其消防设备供电时，应采用下列方式。

（1）交流输出的FEPS，一台FEPS可以为一台设备或者多台互投使用的消防设备供电。

（2）直流输出、现场逆变的FEPS，可以树干式或者放射式配备多逆变/变频分机方式为一台设备或者多台互投使用的消防设备供电。

（3）有电梯负荷时，按照最不利的全负荷同时启动冲击的情况下，FEPS逆变母线电压不应低于额定电压的80％；没有电梯负荷时，FEPS的母线电压不应低于额定电压的75％。

5.2 消防系统的维护管理

问264： 如何维护管理消防水源？

（1）每季度应监测市政给水管网的压力和供水能力。

（2）每年应对天然河湖等地表水消防水源的常水位、枯水位、洪水位，以及枯水位流量或蓄水量等进行一次检测。

（3）每年应对水井等地下水消防水源的常水位、最低水位、最高水位和出水量等进行一次测定。

（4）每月应对消防水池、高位消防水池、高位消防水箱等消防水源设施的水位等进行一次检测；消防水池（箱）玻璃水位计两端的角阀在不进行水位观察时应关闭。

（5）在冬季每天应对消防储水设施进行室内温度和水温检测，当结冰或室内温度低于5℃时，应采取确保不结冰和室温不低于5℃的措施。

问265： 如何维护管理消防供水设施设备？

（1）供水设施设备的维护管理规定。

① 每月应手动启动消防水泵运转一次，并应检查供电电源的情况。

② 每周应模拟消防水泵自动控制的条件自动启动消防水泵运转一次，且应自动记录自动巡检情况，每月应检测记录。

③ 每日应对稳压泵的停泵启泵压力和启泵次数等进行检查和记录运行情况。

④ 每日应对柴油机消防水泵的启动电池的电量进行检测，每周应检查储油箱的储油量，每月应手动启动柴油机消防水泵运行一次。

⑤ 每季度应对消防水泵的出流量和压力进行一次试验。

⑥ 每月应对气压水罐的压力和有效容积等进行一次检测。

（2）消防水泵和稳压泵等供水设施设备的维护管理应符合的规定。

① 每月应手动启动消防水泵运转一次，并应检查供电电源的情况。

② 每周应模拟消防水泵自动控制的条件自动启动消防水泵运转一次，且应自动记录自动巡检情况，每月应检测记录。

③ 每日应对稳压泵的停泵启泵压力和启泵次数等进行检查和记录运行情况。

④ 每日应对柴油机消防水泵的启动电池的电量进行检测，每周应检查储油箱的储油量，每月应手动启动柴油机消防水泵运行一次。

⑤ 每季度应对消防水泵的出流量和压力进行一次试验。

⑥ 每月应对气压水罐的压力和有效容积等进行一次检测。

问266：应多长时间对减压阀进行一次维护管理？

（1）每月应对减压阀组进行一次放水试验，并应检测和记录减压阀前后的压力，当不符合设计值时应采取满足系统要求的调试和维修等措施。

（2）每年应对减压阀的流量和压力进行一次试验。

问267：阀门的维护管理有哪些规定？

（1）每月应检查一次雨淋阀的附属电磁阀并做启动试验，动作失常时应及时更换。

（2）每月应对电动阀和电磁阀的供电和启闭性能进行检测。

（3）系统上所有的控制阀门均应采用铅封或锁链固定在开启或规定的状态，每月应对铅封、锁链进行一次检查，当有破坏或损坏时应及时修理更换。

（4）每季度应对室外阀门井中、进水管上的控制阀门进行一次检查，并应核实其处于全开启状态。

（5）每天应对水源控制阀、报警阀组进行外观检查，并应保证系统处于无故障状态。

（6）每季度应对系统所有的末端试水阀和报警阀的放水试验阀进行一次放水试验，并应检查系统启动、报警功能以及出水情况是否正常。

（7）在市政供水阀门处于完全开启状态时，每月应对倒流防止器的压差进行检测，并应符合《减压型倒流防止器》（GB/T 25178—2020）、《低阻力倒流防止器》（JB/T 11151—2011）和《双止回阀倒流防止器》（CJ/T 160—2010）等的有关规定。

问268：如何维护管理室外地下消火栓系统？

地下消火栓应每季度进行一次检查保养，其主要内容如下。

（1）用专用扳手转动消火栓启闭杆，观察其灵活性。在必要时加注润滑油。

（2）检查橡胶垫圈等密封件是否有损坏、老化或丢失等情况。

（3）检查栓体外表油漆是否有脱落、锈蚀，如有应及时修补。

（4）入冬前检查消火栓的防冻设施完好与否。

（5）重点部位消火栓，每年应逐一进行一次出水试验，出水应符合压力要求。在检查中可使用压力表测试管网压力，或者连接水带作射水试验，检查管网压力正常与否。

（6）随时消除消火栓井周围和井内积存的杂物。

（7）地下消火栓应有明显标志，要保持室外消火栓配套器材及标志的完整有效。

问269：如何维护管理室内消火栓系统？

（1）室内消火栓的维护管理。室内消火栓箱内应经常保持干燥、清洁，防止锈蚀、碰伤或者其他损坏。每半年至少进行一次全面的检查维修。主要有以下内容。

① 检查消火栓和消防卷盘供水闸阀是否渗漏水，如果渗漏水应及时更换密封圈。

② 对消防水带、水枪、消防卷盘及其他配件进行检查，全部附件应齐全完好，卷盘转动灵活。

③ 检查消火栓启泵按钮、指示灯及控制线路，应功能正常、没有故障。

④ 消火栓箱及箱内装配的部件外观没有破损、涂层没有脱落，箱门玻璃完好无缺。

⑤ 对消火栓、供水阀门及消防卷盘等所有转动部位应定期加注润滑油。

（2）供水管路的维护管理。室外阀门井中，进水管上的控制阀门应每个季度检查一次，核实其处在全开启状态。系统上所有的控制阀门均应采用铅封或者锁链固定在开启或者规定的状态。每月应对铅封、锁链进行一次检查，当有破坏或者损坏时立及时修理更换。

① 对管路进行外观检查，如果有腐蚀、机械损伤等及时修复。

② 检查阀门有无漏水，若有应及时修复。

③ 室内消火栓设备管路上的阀门为常开阀，平时不得将其关闭，应检查其开启状态。

④ 检查管路的固定是否牢固，如果有松动应及时加固。

问270： 如何检查自动喷水灭火系统？

采用目测观察的方法，检查系统及其组件外观、阀门启闭状态、用电设备以及其控制装置工作状态以及压力监测装置（压力表、压力开关）工作情况。

如何检查末端试水好使好用

（1）喷头。建筑使用管理单位按照以下要求对喷头进行巡查。

① 观察喷头与保护区域环境是否匹配，判定保护区域使用功能、危险性级别有无发生变更。

② 检查喷头外观是否有明显磕碰伤痕或者损坏，有无喷头漏水或者被拆除等情况。

③ 检查保护区域内是否有影响喷头正常使用的吊顶装修，或

新增装饰物、隔断、高大家具以及其他障碍物；如果有上述情况，采用目测、尺量等方法，检查喷头保护面积和障碍物间距等是否发生变化。

（2）报警阀组。建筑使用管理单位按照以下要求对报警阀组进行巡查。

① 检查报警阀组的标志牌是否完好、清晰，阀体上水流指示永久性标识是否易于观察，方向和水流是否一致。

② 检查报警阀组组件齐全与否，表面有无裂纹、损伤等现象。

③ 检查报警阀组是否处于伺应状态，观察其组件是否有漏水等情况。

④ 检查报警阀组设置场所的排水设施是否有排水不畅或者积水等情况。

⑤ 检查干式报警阀组、预作用装置的充气设备、排气装置及其控制装置的外观标志是否有磨损、模糊等情况，相关设备及其通用阀门是否处于工作状态；控制装置外观是否有歪斜翘曲、磨损划痕等情况，其监控信息显示是否准确。

⑥ 检查预作用装置、雨淋报警阀组的火灾探测传动、液（气）动传动及其控制装置、现场手动控制装置的外观标志是否有磨损、模糊等情况，控制装置外观有无歪斜翘曲、磨损划痕等情况，其显示信息准确与否。

（3）末端试水装置和试水阀巡查。建筑使用管理单位按照以下要求对末端试水装置、楼层试水阀进行巡查。

① 检查系统（区域）末端试水装置、楼层试水阀的设置位置是否便于操作和观察，是否有排水设施。

② 检查末端试水装置设置正确与否。

③ 检查末端试水装置压力表，是否能准确监测系统、保护区域最不利点静压值。

（4）系统供电巡查。建筑使用管理单位按照以下要求对系统供电情况进行巡查。

① 检查自动喷水灭火系统的消防水泵及稳压泵等用电设备配电控制柜，观察其电压、电流监测是否正常，水泵启动控制和主、

备泵切换控制有无设置在"自动"位置。

②检查系统监控设备供电是否正常，系统中的电磁阀、模块等用电元器（件）通电与否。

问271：细水雾灭火系统巡查内容包括哪些？

细水雾灭火系统巡查内容主要包括：系统的主备电源接通情况；控制阀等各种阀门的外观及启闭状态；消防泵组、稳压泵外观及工作状态；系统储气瓶、储水瓶、储水箱的外观和工作环境；系统的标志和使用说明等标识状态；释放指示灯、报警控制器、喷头等组件的外观和工作状态；闭式系统末端试水装置的压力值；系统保护的防护区状况等。

问272：细水雾灭火系统的巡查要求有哪些？

采用目测观察的方法，检查系统及其各组件的外观、阀门启闭状态、用电设备及其控制装置的工作状态和压力监测装置（压力表、压力开关）的工作情况。如下为具体巡查要求。

（1）检查系统的消防水泵及稳压泵等用电设备配电控制柜，观察其电压、电流监测是否正常；检查系统监控设备供电是否正常，系统中的电磁阀、模块等用电元器件通电与否。

（2）检查高压泵组电机有无发热现象；检查水泵控制柜（盘）的控制面板及显示信号状态是否正常；检查稳压泵是否频繁启动；检查主出水阀是否处于打开状态；检查泵组连接管道有无渗漏滴水现象；检查水泵启动控制和主、备泵切换控制是否设置在"自动"位置。

（3）检查分区控制阀（组）等各种阀门的标志牌是否完好、清晰；检查阀体上水流指示永久性标志是否易于观察，与水流方向是否一致；检查分区控制阀上设置的对应于防护区或保护对象的永久性标识是否易于观察；检查分区控制阀组的各组件是否齐全，是否有损伤，有无漏水等情况；检查各个阀门是否处于常态位置。

（4）检查储气瓶、储水瓶和储水箱的外观是否无明显磕碰伤痕或损坏；检查储水箱的液位显示装置等是否正常工作；检查储气瓶、储水瓶等的压力显示装置是否状态正常；寒冷和严寒地区检查设置储水设备的房间温度是否低于5℃。

（5）检查释放指示灯、报警控制器等是否处在正常状态；检查喷头外观有无明显磕碰伤痕或者损坏，是否有喷头漏水或者被拆除、遮挡等情况。

（6）检查系统手动启动装置和瓶组式系统机械应急操作装置上的标识是否正确、完整、清晰，是否处于正确位置，是否与其所保护场所明确对应；检查设置系统的场所和系统手动操作位置处是否设有明显的系统操作说明。

（7）闭式系统末端试水装置的巡查。

（8）检查系统防护区的使用性质有无发生变化；检查防护区内有无影响喷头正常使用的吊顶装修；检查防护区内可燃物的数量及布置形式有无重大变化。

问273： 细水雾灭火系统维护管理后续要求有哪些？

（1）系统维护检查中发现问题后需要针对具体问题按照规定要求进行处理。比如更换受损的支吊架、喷头、更换阀门密封件；润滑控制阀门杆、清理过滤器等。

（2）系统检查及模拟试验完毕后将系统所有的阀门恢复工作状态。

（3）将检查和模拟试验的结果与以往的试验结果或者竣工验收的试验结果进行比较，查看其是否保持一致。

问274： 如何进行干粉灭火系统的检查与维护管理？

（1）要在干粉灭火设备存放地点设详细的操作说明，工作人员必须严格遵守操作规程，对各部件勤检查，保证其处于良好工作状态。

（2）动力气瓶要定期检查，测定气体压力和质量是否在规定的范围内。低于规定的数值时，要将漏气原因找出，并立即更换或修复。

（3）要检查喷嘴的位置和方向是否正确，喷嘴上是否有积存污物。对于加密封措施的喷嘴，要检查密封是否完好。

（4）要检查阀门、减压阀、探测器以及压力表等部件是否处于正常的工作状态。

（5）干粉灭火剂应每隔 2～3 年进行开罐取样检查，将样品送往专业单位检测，如不符合性能标准的要求，要立即更换干粉灭火剂。

问275： 如何进行气体灭火系统附加功能检查和保养？

对于新的系统，或对安装后长期未做检查的系统，应进行以下附加功能试验：对二氧化碳系统一般用压缩空气或者二氧此碳气体来试验；对七氟丙烷系统一般用氮气等气体来试验。

（1）对管道用压缩空气或者二氧化碳进行快速的短期喷气试验。

（2）必要时，还可做一次短促喷射试验（通常施放设计喷射量的 10％），以测定灭火施放时间、灭火剂达到的浓度、灭火剂的分布情况和保留时间等。但是在进行此项试验时，必须做好如下准备。

① 将控制盘的电源切断。

② 将试验用灭火剂容器上的瓶头释放装置以及操作管路装配好。

③ 将与试验容器连接的其他不试验的容器和其他无关的操作管路拆下，用管帽或封板封死接头部分。

④ 检查以上各项工作均符合试验要求之后，再接通控制盘等的电源。

以上准备工作完成后，可分别进行手动或者自动喷射试验。

实施灭火前，人员必须撤离防护区；喷放七氟丙烷之后应保持必需的灭火浸渍时间才可给防护区通风换气，开放门窗；防护区没有完成通风换气前，人员不得进入，必须进入时应戴防毒面具。

问276： 如何管理气体灭火系统？

（1）建立技术档案。气体灭火系统投入使用时，应具备系统及其主要组件的使用、维护说明书、系统维护检查记录表、系统工作流程图和操作规程、值班员守则和运行日志等文件，并应有电子备份档案，永久储存。建立系统设备使用技术档案，对其使用状况、维修检查与试验做详细记录。气体灭火系统应由通过专门培训，并经考试合格的专人负责定期检查和维护。

（2）月检的内容和要求。

① 灭火剂储存容器及容器阀、单向阀、集流管、连接管、安全泄放装置、选择阀、阀驱动装置、喷嘴、信号反馈装置、检漏装置、减压装置等全部系统组件应没有碰撞变形及其他机械性损伤，表面应没有锈蚀，保护涂层应完好，铭牌及保护对象标志牌应清晰，手动操作装置的防护罩、铅封以及安全标志应完整。

② 灭火剂及驱动气体储存容器内的压力，不得小于设计储存压力的90％。

③ 预制灭火系统的设备状态与运行状况应正常。

（3）季检的内容和要求。应每季度对气体灭火系统进行一次全面检查。防护区的开口情况，可燃物的种类、分布情况，应符合设计规定；连接管应无变形、裂纹及老化，必要时，送法定质量检验机构进行检测或更换；储存装置间的设备、灭火剂输送管道和支、吊架的固定，应无松动；各喷嘴孔口应无堵塞；对高压二氧化碳储存容器逐个进行称重检查，灭火剂净重不得小于设计储存量的90％；灭火剂输送管道有损伤及堵塞现象时，应进行严密性试验和吹扫。

（4）年检的内容和要求。每年进行一次年检。年检时，应当对每个防护区进行一次模拟启动试验，并应规范要求进行一次模拟喷气试验。要将每个储瓶卸下，进行称重检查，灭火剂净重损失大于5％的，要查明泄漏原因并且排除，当减少量至10％以上时应补充（按编号各就各位复值）；从启动瓶头阀上将电磁启动器卸下，应用系统自身的灭火控制线路进行通电检查，应启动正常；对 O 形圈等橡胶密封件进行抽查，检查其是否损伤、老化，如出现老化现象，应请生产厂家全部实行更换。

（5）全面检查的内容和要求。每5年对系统进行一次全检，全检的主要内容有：将每个灭火剂储瓶卸下，进行称重检查；对管网系统进行强度和气密性试验；对管网阀件及启动瓶组件进行拆洗重装、重新试验；对全系统重新进行调试。低压二氧化碳灭火剂储存容器的维护管理应按《固定式压力容器安全技术监察规程》（TSG 21—2016）的规定执行；钢瓶的维护管理应按《气瓶安全技术规程》（TSG 23—2021）的规定执行。

问277： 如何监督检查气体灭火系统？

（1）模拟启动试验。

① 检查方法。将消防控制室的消防联动控制设备设置在自动位置。将有关灭火剂储存容器上的驱动器关断，安装上相适应的指示灯泡、压力表或者其他相应装置，在被试验防护区模拟两个独立的火灾信号。

② 合格要求。指示灯泡显示正常或者压力表测定的气压足以驱动容器阀和选择阀；有关的开口部位、通风空调设备以及有关的阀门等联动设备动作正常；有关声光报警装置均能发出符合设计要求的正常信号；延时阶段触发停止按钮，可终止气体灭火系统的自动控制。

（2）模拟喷气试验。

① 检查方法。按防护区总数的10％进行模拟喷气试验（不足10个按10个计）。卤代烷灭火系统宜采用氮气进行模拟喷气试验；二氧化碳灭火系统应采用二氧化碳灭火系统进行模拟喷气试验。把消防控制室的消防联动控制设备设置于自动位置。在被试验防护区

模拟两个独立的火灾信号。

② 合格要求。试验气体喷入被试验防护区内，并且能从每个喷嘴喷出；有关声、光报警信号以及灭火剂喷放指示信号正确；有关的开口部位、通风空调设备以及有关的阀门等联动设备动作正常。

问278： 灭火器的管理要求都有哪些？

（1）应根据《灭火器配置验收及检查规范》（GB 50444—2008）的要求配置。建筑设计单位在进行新建、扩建以及改建工程的消防设计时，应按照《灭火器配置设计规范》（GB 50444—2008）的要求将灭火器的配置类型、数量、规格以及位置纳入设计内容，并在工程设计图纸上标明。建设单位必须按批准的工程涉及文件和施工技术标准来配置灭火器。

（2）使用单位应当培训员工，保证每个员工都会正确使用灭火器。使用单位必须组织员工特别是岗位责任人接受灭火器维护管理和使用操作的培训教育，适时组织灭火演练，确保每个员工都会正确使用灭火器，单位还应当保存培训及演练情况的记录。

问279： 灭火器如何进行检查及维修？

（1）灭火器生产厂家应当提供安装、操作和维护保养的说明及维修手册。每具灭火器都应提供一份使用者手册，其内容应有灭火器的安装、操作以及维护保养的说明、警告和提示。对灭火器的维修及再充装应提示阅读生产厂的维修手册。

生产厂家应为每种类型灭火器备有维修手册，当有要求时应可以附送。其内容应有必要的说明、警告以及提示，维修时对设备的要求和说明，推荐维修的说明，同时应有易损零部件的数量、名称。对装有显示内部压力指示器的灭火器，还应指明装在灭火器上的压力指示器不能作为充装压力时的计量压力；若用高压气瓶作充装压力，还应说明应使用调压阀等。

（2）灭火器的功能性检查及维修应由相关技术人员负责。使用单位必须加强对灭火器的日常管理和维护，建立维护管理档案，明确维护管理责任人。应当定期对灭火器进行维护检查。单位应当至少每12个月组织或者委托维修单位对所有灭火器进行一次功能性检查。灭火器的检查按照表5-2的要求每月进行一次检查，而特殊场所每半月进行一次检查；灭火器的维修期限应符合表5-3的规定。

表5-2　灭火器检查内容、要求及记录

检查内容和要求		检查记录	检查结论
配置检查	①灭火器应放置在配置图表规定的设置点位置 ②灭火器的落地、托架、挂钩等设置方式应符合配置设计要求。手提式灭火器的挂钩、托架安装后应能承受一定的静载荷，不应出现松动、脱落、断裂和明显变形 ③灭火器的铭牌应朝外，器头宜向上 ④灭火器的类型、规格、灭火级别和配置数量应符合设计要求 ⑤检查灭火器配置场所的使用性质，包括可燃物的种类和物态等是否发生变化 ⑥检查灭火器是否达到送修条件和维修期限 ⑦检查灭火器是否达到报废条件和报废期限 ⑧室外灭火器应有防雨、防晒等保护措施 ⑨灭火器周围不应有障碍物、遮挡、拴系等影响取用的现象 ⑩灭火器箱不应上锁，箱内应干燥、清洁 ⑪特殊场所中灭火器的保护措施应完好 ⑫灭火器的铭牌应无残缺，清晰明了		
外观检查	①灭火器铭牌上关于灭火剂、驱动气体的种类、充装压力、总质量、灭火级别、制造厂名和生产日期或维修日期等标志及操作说明应齐全 ②灭火器的铅封、销闩等保险装置应未损坏或遗失 ③灭火器的筒体应无明显的损伤（磕伤、划伤）、缺陷、锈蚀（特别是筒底和焊缝）、泄漏 ④灭火器喷射软管应完好，无明显龟裂，喷嘴不堵塞 ⑤灭火器的驱动气体压力应在工作压力范围内（对于储压式灭火器，查看压力指示器是否指示在绿区范围内；对于二氧化碳灭火器和储气瓶式灭火器，可用称重法检查） ⑥灭火器的零部件应齐全，无松动、脱落或损伤 ⑦灭火器应未开启、喷射过		

表 5-3　灭火器的维修期限

灭火器类型		维修期限
水基型灭火器	手提式水基型灭火器	出厂期满三年 首次维修以后每满一年
	推车式水基型灭火器	
干粉灭火器	手提式（储压式）干粉灭火器	出厂期满五年 首次维修以后每满两年
	手提式（储气瓶式）干粉灭火器	
	推车式（储压式）干粉灭火器	
	推车式（储气瓶式）干粉灭火器	
洁净气体灭火器	手提式洁净气体灭火器	
	推车式洁净气体灭火器	
二氧化碳灭火器	手提式二氧化碳灭火器	
	推车式二氧化碳灭火器	

（3）灭火器报废后，应按等效替代的原则进行更换。

问280：需淘汰和报废的灭火器有哪些？

（1）应当淘汰的灭火器。根据国家有关规定，化学泡沫型灭火器、酸碱型灭火器、倒置使用型灭火器、氯溴甲烷灭火器、四氯化碳灭火器以及国家政策明令淘汰的其他类型灭火器（如 1211 灭火器），都应当淘汰。

（2）应当报废的灭火器。对于筒体严重锈蚀（锈蚀面积大于等于筒体总面积的 1/3，表面产生凹坑）的灭火器；器头存在裂纹、无泄压机构的灭火器；筒体明显变形，机械损伤严重的灭火器；筒体为平底等结构不合理的灭火器；没有间歇喷射机构的手提式灭火器；没有生产厂名称及出厂年月的（含铭牌脱落，或虽有铭牌，但已看不清生产厂名称，或出厂年月钢印无法识别的）灭火器；筒体有锡焊、铜焊或者补缀等修补痕迹的灭火器；被火烧过的灭火器，都应做报废处置。出厂时间达到或者超过表 5-4 规定的报废期限的灭火器也应当报废。

表 5-4　灭火器的报废期限

灭火器类型		报废期限/年
水基型灭火器	手提式水基型灭火器	6
	推车式水基型灭火器	
干粉灭火器	手提式(储压式)干粉灭火器	10
	手提式(储气瓶式)干粉灭火器	
	推车式(储压式)干粉灭火器	
	推车式(储气瓶式)干粉灭火器	
洁净气体灭火器	手提式洁净气体灭火器	
	推车式洁净气体灭火器	
二氧化碳灭火器	手提式二氧化碳灭火器	12
	推车式二氧化碳灭火器	

问281：消防应急照明和疏散指示标志系统如何维护管理？

在日常管理过程中应当保持系统连续正常运行，不得随意中断；系统内的产品寿命应符合国家有关标准要求，达到寿命极限的产品应及时更换；定期使系统进行自放电，更换应急放电时间小于30min（超高层小于60min）的产品或者更换其电池；当消防应急标志灯具的表面亮度小于 $15cd/m^2$ 时，应马上进行更换。

每月检查消防应急灯具，若发出故障信号或不能转入应急工作状态，应及时检查电池电压，若电池电压过低，应及时更换电池；若光源无法点亮或有其他故障，应及时通知产品制造商的维护人员进行维修或更换。

每月检查应急照明集中电源和应急照明控制器的状态；若发现故障声光信号，应及时通知产品制造商的维护人员进行维修或更换。

每季度检查和试验系统的以下功能。

（1）检查消防应急灯具、应急照明集中电源以及应急照明控制器的指示状态。

（2）检查转入应急工作状态的控制功能。

（3）检查应急工作时间。

值班人员如果发现故障，应及时进行维护、更换。除常见的灯具故障之外，设备的维修应由专业维修人员负责。常见故障及其检查方法如下。

（1）主电源故障：检查输入电源完好与否，熔丝有无烧断，接触是否不良等。

（2）备用电源故障：检查充电装置，电池损坏与否，连线有无断线。

（3）灯具故障：检测灯具控制器、光源、电池完好与否，如有损坏，应对此灯具故障部分及时更换。

（4）回路通信故障：检查该回路从主机到灯具的接线是否完好，灯具控制器是否有损坏。

（5）其他故障：对于一时排除不了的故障，应当立即通知有关专业维修单位，以便尽快修复，恢复正常工作。

每年检查和试验系统的以下功能。

（1）除季检查内容外，还应当对电池做容量检测试验。

（2）试验应急功能。

（3）试验自动和手动应急功能，进行和火灾自动报警系统的联动试验。

问282： 如何维护管理和使用高、中倍数泡沫灭火系统？

要有效地扑灭各种火灾，就必须确保各种灭火设施完整好用。要充分发挥高、中倍数泡沫灭火系统的作用，也就必须把它管理好，使其时刻处于良好的战备状态，确保火灾时能充分发挥其高效的灭火作用。

（1）设计注意事项。

① 全淹没式高倍数泡沫产生器应设在便于泡沫流散至整个保护空间的安全地点。如果设在火灾危险性较大地点，应有保护设施，以避免着火爆炸对泡沫发生器（或输送混合液管路）的破坏。

② 局部应用高倍数泡沫发生器应设在泡沫消防车容易到达，并且便于操作的地点。在设有局部应用式高倍数泡沫发生器的建筑物室外，应设置室外消火栓，消火栓到发生器接口的距离不应超过40m，方便火场使用。

③ 全淹没式高倍数泡沫灭火系统，宜设有自动报警、自动关闭房间各开口部位以及远距离启动的设备。

④ 采用移动式高倍数泡沫灭火系统灭火的房间、矿井、地下室以及洞室等，应设有泡沫喷射口，以便消防人员向保护空间内喷射高倍数泡沫，有效地将火灾扑灭。

（2）高倍数泡沫灭火系统的管理。高倍数泡沫灭火系统的管理应注意下列几点。

① 设有全淹没式或者局部应用式的高倍数泡沫灭火系统的企业单位，应设专人值勤和维护。

② 制定值班制度及操作规程，并严格执行。

③ 经常保持泡沫发生器的清洁卫生和机件的润滑。高倍数泡沫发生器是此系统的关键部件，其喷嘴的畅通、网孔的完整和清洁、喷头座的润滑，直接关系到泡沫发生器是否能产生泡沫以及泡沫的质量。所以要定期疏通喷嘴、清洗网孔和润滑喷头座。

④ 经常检查水源、水泵充水设备和动力可靠与否，局部应用式泡沫发生器接口及消火栓是否良好可用。

⑤ 定期检查泡沫液的质量符合要求与否。

⑥ 消防泵的运行管理要求、管路的维护要求与低倍数泡沫灭火系统的要求相同。

（3）应用注意事项。因为高倍数泡沫是发泡倍数为 201～1000 倍的空气泡沫，它的泡沫群体质量很小，每立方米的高倍数泡沫为 1.5～3.5kg，所以容易受风的作用而飞散，造成堆积和流动困难，使泡沫不能尽快地覆盖和淹没着火物质，影响灭火性能，严重时会使灭火失败；中倍数泡沫虽然比高倍数泡沫重些，试验证明，风速和风向对泡沫发生器产生泡沫及泡沫的分布同样有不利影响。因此，要求发生器在室外或坑道应用时，应采取防风措施，并应注意下列几点。

① 如在泡沫发生器的发泡网周围增设挡风装置，其挡板应与发泡网有一定的距离，使之不影响泡沫的发生或者损坏泡沫。

② 如在矿井或地下建筑使用泡沫发生器时，因为发生火灾的部位千变万化，无论是竖井、斜井还是地下场所发生火灾，火的风压都很大，泡沫较难达到起火物体的根部，所以可在泡沫发生器前增设导泡筒，让泡沫沿导泡筒输送至火灾部位，达到扑灭火灾的目的。

问283： 火灾自动报警系统系统检测的内容包括哪些？

系统检测内容包括系统中以下装置的安装位置、施工质量和功能，其功能应符合设计文件的要求。

（1）火灾报警系统装置（包括各种火灾探测器、火灾报警控制器、手动火灾报警按钮以及区域显示器等）。

（2）消防联动控制系统［含消防联动控制器、防火卷帘控制器、气体（泡沫）灭火控制器、防火门监控器、消防电气控制装置、消防应急广播控制设备、消防设备应急电源、消防专用电话、传输设备（火灾报警传输设备或用户信息传输装置）、消防控制室图形显示装置、消防电动装置、模块以及消火栓按钮等设备］。

（3）自动灭火系统控制装置（包括自动喷水、气体、干粉以及泡沫等固定灭火系统的控制装置）。

（4）通风空调、防烟排烟及电动防火阀等控制装置。

（5）消火栓系统的控制装置。

（6）防火门监控器、防火卷帘控制器。

（7）火灾警报装置。

（8）消防电梯和非消防电梯的回降控制装置。

（9）消防应急照明和疏散指示控制装置。

（10）电动阀控制装置。

（11）切断非消防电源的控制装置。

（12）系统内的其他消防控制装置。

（13）消防联网通信。

（14）可燃气体报警探测系统装置（包括可燃气体探测器与可燃气体报警控制器等）。

（15）电气火灾监控系统装置（包括电气火灾监控探测器与电气火灾监控设备等）。

6 消防安全检查与火灾事故处置

6.1 消防安全检查

问284： 政府消防安全检查的组织形式、内容及要求有哪些?

（1）政府消防安全检查的组织形式。

① 政府领导挂帅，组织有关部门参加的对所属消防安全工作的考评检查。

② 以政府名义组织，由消防监督机关牵头，政府有关部门参加的联合消防安全检查。

③ 以消防安全委员会的名义组织政府有关部门参加的消防安全检查。

（2）政府消防安全检查的内容。

① 消防监督管理职责。

② 涉及消防安全的行政许可、审批职责。

③ 开展消防安全检查，督促主管的单位整改火灾隐患的职责。

④ 城乡消防规划、公共消防设施建设及管理职责。

⑤ 多种形式消防队伍建设职责。

⑥ 消防宣传教育职责。

⑦ 消防经费保障职责。

⑧ 其他依照法律、法规应当落实的消防安全职责。

（3）政府消防安全检查的要求。

① 地方各级人民政府对有关部门履行消防安全职责的情况检查之后，应当及时予以通报。对不依法履行消防安全职责的部门，应责令限期改正。

② 县级以上地方人民政府的国家资产管理委员会、教育、民政、铁路、交通运输、文化、农业、卫生、广播电视、体育、旅游、文物以及人防等部门和单位，应当建立健全监督制度，根据本行业及本系统的特点，有针对性地开展消防安全检查，及时督促整改火灾隐患。

③ 对于消防救援机构检查发现的火灾隐患，政府各有关部门应采取措施，督促有关单位整改。

④ 县级以上人民政府对公安机关依据《消防法》第 70 条第 5 款报请的对经济及社会生活影响比较大的涉及供水、供热、供气以及供电的重要企业、重点基建工程、交通、通信、广电枢纽、大型商场等重要场所，以及其他对经济建设和社会生活构成重大影响事项的责令停产停业、停止使用、停止施工处罚的请示，应在 10 个工作日内做出明确批复，并组织公安机关等有关部门实施。

⑤ 对各级人民政府有关部门的工作人员不履行消防工作职责，对涉及消防安全的事项未按照法律、法规规定实施审批、监督检查的，或对重大火灾隐患督促整改不力的，尚不构成犯罪的，依法给予处分。

问285：消防救援机构所实施的消防监督检查如何分类？

根据《消防法》的规定，消防救援机构所实施的监督检查，按照检查的对象和性质，通常有下列 5 种。

（1）对公众聚集场所在投入使用、营业前的消防安全检查。

（2）对单位履行法定消防安全职责情况的监督抽查。

（3）对举报投诉的消防安全违法行为的核查。

（4）对大型群众性活动举办前的消防安全检查。

（5）根据需要进行的其他消防监督检查。

问286： 消防救援机构所实施的消防监督检查如何分工？

（1）直辖市、市（地区、州、盟）、县（市辖区、县级市、旗）消防救援机构具体实施消防监督检查。

（2）公安派出所可以实施对居民住宅区的物业服务企业、居民委员会、村民委员会履行消防安全职责的情况以及上级公安机关确定的未设自动消防设施的部分非消防安全重点单位的日常消防监督检查。

（3）上级消防救援机构应当对下级消防救援机构实施消防监督检查的情况进行指导和监督。

（4）消防救援机构应对公安派出所开展日常消防监督检查工作进行指导，定期对公安派出所民警进行消防监督业务培训。

（5）县级消防救援机构应当落实消防监督员，分片负责指导公安派出所共同做好辖区消防监督工作。

问287： 消防监督检查有哪些方式？

消防救援机构对单位履行消防安全职责的情况进行监督检查，可通过以下基本方式进行。

（1）询问单位消防安全责任人、消防安全管理人以及有关从业人员。

（2）查阅单位消防安全工作有关文件及资料。

（3）抽查建筑疏散通道、安全出口、消防车通道是否保持畅通，以及防火分区改变、防火间距占用情况。

（4）实地检查建筑消防设施的运行情况。

（5）根据需要采取的其他方式。

问288： 消防监督检查有哪些内容？

消防监督检查的内容根据检查对象和形式确定。

（1）对单位履行法定消防安全职责情况监督抽查的内容。消防救援机构，应结合单位履行消防安全职责情况的记录，每季度制订消防监督检查计划，对单位遵守消防法律以及法规的情况；单位建筑物及其有关消防设施符合消防技术标准及管理规定的情况进行抽样检查。对单位履行法定消防安全职责情况的监督检查，应针对单位的实际情况检查以下内容。

① 建筑物或者场所是否依法通过消防验收或者进行竣工验收消防备案，公众聚集场所是否通过投入使用、营业前的消防安全检查。

② 建筑物或者场所的使用情况是否与消防验收或者进行竣工验收消防备案时确定的使用性质相符。

③ 消防安全制度、灭火和应急疏散预案是否制定。

④ 消防设施、器材和消防安全标志是否定期组织维修保养，是否完好有效。

⑤ 电气线路、燃气管路是否定期维护保养、检测。

⑥ 疏散通道、安全出口、消防车通道是否畅通，防火分区是否改变，防火间距是否被占用。

⑦ 是否组织防火检查、消防演练和员工消防安全教育培训，自动消防系统操作人员是否持证上岗。

⑧ 生产、储存、经营易燃易爆危险品的场所是否与居住场所设置在同一建筑物内。

⑨ 生产、储存、经营其他物品的场所与居住场所设置在同一建筑物内的，是否符合消防技术标准。

⑩ 其他依法需要检查的内容。

对人员密集场所还应当抽查室内装修材料是否符合消防技术标准、外墙门窗上是否设置影响逃生和灭火救援的障碍物。

（2）对消防安全重点单位检查的内容。对消防安全重点单位履行法定消防安全职责情况的监督检查，除消防监督抽查的内容外，还应当检查以下内容。

① 是否确定消防安全管理人。

② 是否开展每日防火巡查并建立巡查记录。

③ 是否定期组织消防安全培训和消防演练。

④ 是否建立消防档案、确定消防安全重点部位。

对属于人员密集场所的消防安全重点单位，还应当检查单位灭火和应急疏散预案中承担灭火及组织疏散任务的人员是否确定。

（3）大型人员密集场所及特殊建设工地监督检查的内容。对大型密集场所及特殊建设工程的施工工地进行消防监督抽查，应重点检查施工单位履行以下消防安全职责的情况。

① 是否明确施工现场消防安全管理人员，是否制定施工现场消防安全制度、灭火和应急疏散预案。

② 在建工程内是否设置人员住宿、可燃材料及易燃易爆危险品储存等场所。

③ 是否设置临时消防给水系统、临时消防应急照明，是否配备消防器材，并确保完好有效。

④ 是否设有消防车通道并畅通。

⑤ 是否组织员工消防安全教育培训和消防演练。

⑥ 施工现场人员宿舍、办公用房的建筑构件燃烧性能、安全疏散是否符合消防技术标准。

（4）大型群众性活动举办前活动现场消防安全检查的内容。

① 室内活动使用的建筑物（场所）是否依法通过消防验收或者进行竣工验收消防备案，公众聚集场所是否通过使用、营业前的消防安全检查。

② 临时搭建的建筑物是否符合消防安全要求。

③ 是否制定灭火和应急疏散预案并组织演练。

④ 是否明确消防安全责任分工并确定消防安全管理人员。

⑤ 活动现场消防设施、器材是否配备齐全并完好有效。

⑥ 活动现场的疏散通道、安全出口和消防车通道是否畅通。

⑦ 活动现场的疏散指示标志和应急照明是否符合消防技术标准并完好有效。

（5）错时监督抽查的内容。错时消防监督抽查指的是消防救援机构针对特殊监督对象，把监督执法警力部署到火灾高发时段及高发部位，在正常工作时间以外时段开展的消防监督抽查。实施错时消防监督抽查，消防救援机构可以会同治安、教育以及文化等部门联合开展，也可以邀请新闻媒体参加，但检查结果应当通过适当方式予以通报或者向社会公布。消防救援机构夜间对营业的公众聚集场所进行消防监督抽查时，应重点检查单位履行以下消防安全职责的情况。

① 自动消防系统操作人员是否在岗在位，是否持证上岗。

② 消防设施是否正常运行，疏散指示标志和应急照明是否完好有效。

③ 场所疏散通道及安全出口是否畅通。

④ 防火巡查是否按照规定开展。

问289：人员密集场所消防监督检查要点有哪些？

（1）单位消防安全管理检查。

① 消防安全组织机构健全。

② 消防安全管理制度完善。

③ 日常消防安全管理落实。火灾危险部位有严格的管理措施；定期组织防火检查及巡查，能够及时发现和消除火灾隐患。

④ 重点岗位人员经专门培训，持证上岗。员工会报警、会灭初期火灾以及会组织人员疏散。

⑤ 对消防设施定期检查、检测、维护保养，并且有详细完整的记录。

⑥ 灭火和应急疏散预案完备，并且有定期演练的记录。

⑦ 单位火警处置及时准确。对于设有火灾自动报警系统的场所，随机选择一个探测器吹烟或手动报警，发出警报之后，值班员或专（兼）职消防员携带手提式灭火器到现场确认，并及时向消防控制室报告。值班员或者专（兼）职消防员会正确使用灭火器、消防软管卷盘以及室内消火栓等扑救初期火灾。

（2）消防控制室检查要点。

① 值班员不少于2人，经过培训，持证上岗。

② 有每日值班记录，记录完整准确。

③ 有设备检查记录，记录完整准确。

④ 值班员能熟练掌握《消防控制室管理及应急程序》，可以熟练操作消防控制设备。

⑤ 消防控制设备处于正常运行状态，能正确显示火灾报警信号及消防设施的动作、状态信号，能正确打印有关信息。

（3）防火分隔设施检查要点。

① 防火分区和防火分隔设施满足要求。

② 防火卷帘下方无障碍物。自动、手动启动防火卷帘，卷帘能够下落至地板面，反馈信号正确。

③ 管道井、电缆井，以及管道、电缆穿越楼板和墙体处的孔洞应封堵密实。

④ 厨房、配电室、锅炉房以及柴油发电机房等火灾危险性较大的部位与周围其他场所采取严格的防火分隔，并且有严密的火灾防范措施和严格的消防安全管理制度。

（4）人员安全疏散系统检查要点。

① 疏散指示标志及应急照明灯的数量、类型以及安装高度符合要求，疏散指示标志能在疏散路线上明显看到，并且明确指向安全出口。

② 应急照明灯主、备用电源切换功能正常，将主电源切断后，应急照明灯能正常发光。

③ 火灾应急广播可以分区播放，正确引导人员疏散。

④ 封闭楼梯、防烟楼梯及其前室的防火门向疏散方向开启，具有自闭功能，并且处于常闭状态；平时由于频繁使用需要常开的防火门能自动、手动关闭；平时需要控制人员随意出入的疏散门，不用任何工具便可从内部开启，并有明显标识和使用提示；常开防火门的启闭状态在消防控制室能够正确显示。

⑤ 安全出口、疏散通道、楼梯间保持畅通，未锁闭，无任何物品堆放。

（5）火灾自动报警系统检查要点。

① 检查故障报警功能。摘掉一个探测器，控制设备能够正确显示故障报警信号。

② 检查火灾报警功能。任选一个探测器进行吹烟，控制设备

能够正确显示火灾报警信号。

③ 检查火警优先功能。摘掉一个探测器，同时向另一个探测器吹烟，控制设备能够优先显示火灾报警信号。

④ 检查消防电话通话情况。在消防控制室和水泵房及发电机房等处使用消防电话，消防控制室与相关场所能相互正常通话。

（6）湿式自动喷水灭火系统检查要点。

① 报警阀组件完整，报警阀前后的阀门、通向延时器的阀门处在开启状态。

② 对自动喷水灭火系统进行末端试水。把消防控制室联动控制设备设置在自动位置，任选一个楼层进行末端试水，水流指示器动作，控制设备可以正确显示水流报警信号；压力开关动作，水力警铃发出警报，喷淋泵启动，控制设备能正确显示压力开关动作和启泵信号。

（7）消火栓、水泵接合器检查要点。

① 室内消火栓箱内的水枪及水带等配件齐全，水带与接口绑扎牢固。

② 检查系统功能。任选一个室内消火栓，将水带、水枪接好，水枪出水正常；把消防控制室联动控制设备设置在自动位置，按下消火栓箱内的启泵按钮，消火栓泵启动，控制设备能够正确显示启泵信号，水枪出水正常。

③ 室外消火栓不被埋压、圈占以及遮挡，标识明显，有专用开启工具，阀门开启灵活、方便，出水正常。

④ 水泵接合器不被埋压、圈占、遮挡，标识明显，并且标明供水系统的类型及供水范围。

（8）消防水泵房、给水管道、储水设施检查要点。

① 配电柜上控制消火栓泵、喷淋泵以及稳压（增压）泵的开关设置在自动（接通）位置。

② 消火栓泵及喷淋泵进、出水管阀门，高位消防水箱出水管上的阀门，以及自动喷水灭火系统、消火栓系统管道上的阀门保持常开。

③ 高位消防水箱、消防水池以及气压水罐等消防储水设施的

水量达到规定的水位。

④ 北方寒冷地区的高位消防水箱及室内外消防管道有防冻措施。

（9）防烟排烟系统检查要点。

① 检查加压送风系统。自动、手动启动加压送风系统，相关送风口开启，送风机启动，送风正常，且反馈信号正确。

② 检查排烟系统。自动、手动启动排烟系统，相关排烟口开启，排烟风机启动，排风正常，且反馈信号正确。

（10）灭火器检查要点。

① 灭火器配置类型正确，在有固体可燃物的场所配有能扑灭A类火灾的灭火器。

② 储压式灭火器压力满足要求，压力表指针在绿区。

③ 灭火器设置在明显和方便取用的地点，不影响安全疏散。

④ 灭火器有定期维护检查的记录。

（11）室内装修检查要点。

① 疏散楼梯间及其前室和安全出口的门厅，其顶棚、墙面以及地面采用不燃材料装修。

② 房间、走道的顶棚、墙面以及地面使用符合规范规定的装修材料。

③ 疏散走道两侧和安全出口附近无误导人员安全疏散的反光镜子及玻璃等装修材料。

（12）外墙及屋顶保温材料和装修检查要点。

① 了解和掌握建筑外墙及屋顶保温系统构造和材料使用情况。

② 了解外墙及屋顶使用易燃、可燃保温材料的建筑，其楼板与外保温系统之间的防火分隔或封堵情况，以及外墙和屋顶最外保护层材料的燃烧性能。

③ 对外墙和屋顶使用易燃、可燃保温材料和防水材料的建筑，有严格的动火管理制度及严密的火灾防范措施。

（13）消防监督检查其他检查要点。

① 消防主、备电源供电以及自动切换正常。切换主、备电源，检查其供电功能，设备运行正常。

② 电气设备、燃气用具、开关、插座以及照明灯具等的设置和使用，以及电气线路、燃气管道等的材质和敷设满足要求。

③ 室内可燃气体、液体管道采用金属管道，并且设有紧急事故切断阀。

④ 防火间距符合要求。

⑤ 消防车道符合要求。

问290： 消防监督检查的程序是什么？

工作程序的正确与否，会对工作效果的好坏有着十分重要的影响。工作程序正确往往会收到事半功倍的效果，反之则不然。根据实践，消防监督检查应当按下列程序进行。

（1）拟订计划。在进行消防监督检查前，要首先拟订检查计划，确定检查目标和主要目的，根据检查目标及检查目的，选抽各类人员组成检查组织；确定被检查的单位，进行时间安排；明确检查的主要内容，并提出检查过程中的要求。

（2）检查准备。在实施消防监督检查前，负责检查的有关人员，应当对所要检查的单位或部位的基本情况有所了解。对被检查单位所在位置及四邻单位情况，单位的消防安全责任人、管理人以及安全保卫部门负责人、专职防火干部情况，生产工艺及原料、产品、半成品的性质，火灾危险性类别及储存和使用情况，重点要害部位的情况，以往火灾隐患的查处情况和是否有火灾发生的情况等，均应有基本的了解。必要时还应当对所要检查单位、部位的检查项目一一列出消防安全检查表，防止检查时有所遗漏。

（3）联系接洽。在具体实施消防监督检查前，应当与被检查单位进行联系。联系的部门通常是被检查单位的消防安全管理部门或者专职的消防安全管理人员或者是基层单位的负责人。把检查的目的、内容、时间以及需要哪一级领导参加或接待等需要被检查单位做的工作告知被检查单位，以便被检查单位做好准备。但是不宜通知过早，以防造假应付。在必要时也可采取突然袭击的方式进行检查，以利于问题的发现。

与被检查单位的接待人员接洽时，应当首先进行自我介绍，并应主动出示证件，向接待的有关负责人重申本次检查的目的、内容以及要求。在检查过程中，一般情况下被检查单位的消防安全责任人或者管理人，以及消防安全管理部门的负责人和防火安全管理人员都应当参加。

（4）情况介绍。在具体实施实地检查前，首先要由被检查单位汇报有关情况。通常由被检查单位的消防安全责任人或者消防安全管理部门的负责人汇报。汇报的主要内容应包括：消防安全制度的建立和执行情况；本单位的消防工作基本概况、消防安全管理的领导分工情况；消防安全组织的建立和活动情况；职工的消防安全教育情况；工业企业单位的生产工艺过程和产品的变更情况；是否有火灾等情况；上次检查发现的火灾隐患的整改情况及未整改的理由；消防工作的奖惩情况；其他有关防火灭火的重要情况等内容。

（5）实地检查。在汇报完情况后，被检查单位应当派熟悉单位情况的负责人或者其他人员等陪同上级消防安全检查人员深入到单位的实际现场进行实地检查，以协助消防安全检查人员发现问题，并要随时回答检查人员提出的问题。亦可随时质疑检查人员提出的问题。

在对被检查单位的消防安全工作情况进行实地检查时，应当从显要的并在逻辑上的必然地点开始。在通常情况下，应根据生产工艺过程的顺序，从原料的储存、准备，到最终产品的包装入库等整个过程进行，特殊情况也可以例外。但是，无论情况如何，消防安全检查人员不可只是跟随陪同人员简单观察，而必须是整个检查过程的主导；不能假定某个部位没有火灾危险而不去检查。疏散通道的每一扇门均应打开检查，对锁着的疏散门应要求陪同人员通知有关人员开锁。

（6）检查评议，填写法律文书。检查评议就是对在实地检查中听到及看到的情况进行综合分析，最后得出结论，提出整改意见及对策。对出具的《消防安全检查意见书》《责令当场改正书》以及《责令限期改正通知书》等法律文书，要抓住主要矛盾，情况概括要全面，归纳要条理，用词要准确，并且要充分听取被检查单位的意见。

（7）总结汇报，提出书面报告。消防安全检查工作结束，应对整个检查工作进行总结。总结要全面、系统，对好的单位要给予表扬及适当奖励，对差的单位应当给予批评，对检查中发现的重大火灾隐患，应通报督促整改。

（8）复查督促整改和验收。对于消防救援机构在监督检查中发现的火灾隐患，在整改过程中，消防监督部门应现场检查，督促整改避免出现新隐患。整改期限届满或单位申请时，消防监督部门应主动或者在接到申请后及时（通常2天内）前往复查。

问291：消防监督检查的要求有哪些？

根据多年的实践，消防救援机构进行消防监督检查应注意下列几点。

（1）检查人员应当具备一定的素质。消防监督检查人员应具有一定的素养，具备一定的知识结构，不能随便安排。公安消防监督检查人员必须是经公安部统一组织考试合格，并且具有监督检查资格的专业人员。一般消防安全检查人员应当具备下列知识结构。

① 应当具有一定的政治素养及正派的人品。所谓政治素养就是有为人民服务的思想，有满腔热忱和对技术精益求精的工作态度，有严格的组织纪律性和拒腐蚀、不贪财的素养。要具备这些素养，不能向被检查单位索要财物，不能接受特殊招待。

② 应当具有一定的专业知识。消防监督检查所需要的专业知识主要包括：建筑防火知识、火灾燃烧知识、电气防火知识、危险物品防火知识、生产工艺防火知识、消防安全管理知识和公共场所管理知识，以及灭火剂、灭火器械和灭火设施系统知识、《消防法》等与消防安全有关的行政法规知识等。

③ 应当具有一定的社交协调能力和满足社会行为规范的举止。消防监督检查不仅仅是一项专业工作，它所面对的工作对象是各种不同的企业事业单位或者是机关团体，或是不同的社会组织。它所代表的是上级领导机关或是国家政府机关的行为，因此，消防监督

检查人员还应当具有一定的社会交际能力，其言谈、举止以及着装等，都应当符合社会行为规范。

（2）发现问题要随时解答，并说明理由。在实地检查过程中，要注意提出并解释问题，引导陪同人员解释所观察到的情况。每发现一处火灾隐患，均要向被检查单位解释清楚，为什么说它是火灾隐患，它为何会导致火灾或造成人员伤亡，应当怎样消除、减少或避免此类火灾隐患等。对发现的每一处不寻常的作业和新工艺、新产品和所使用的新原料（包括温度、压力、浓度配比等新的工艺条件、新的原料产品的特性）等值得提及的问题，均要记录下来，并分项予以说明，以供今后参考。当被检查单位提出质疑时，能回答的尽量予以回答；若难以回答，则应当直率地告诉对方，"此问题我还不太清楚，待我弄清楚后再告诉你"，但事后一定找到答案，并及时告知对方。不可不懂装懂，装腔作势。

（3）提出问题不可使用"委婉之术"。对在消防监督检查中发现的火灾隐患或者不安全因素，应当慎重地、有理有据地以及直言不讳地向被检查单位指出，不可使用"委婉之术"。如有的采用"我所指出的这些问题仅仅是个人看法，不一定正确，请贵单位参考"的"参考式"；有的采用"××同志已指出了贵单位还需要整改的问题，我的看法也大同小异，希望你们引起注意"的"符合式"，这就失去了安全检查的意义。

在消防监督检查工作中，指出被检查单位存在的问题，适当运用委婉的语气及态度，不要盛气凌人、颐指气使，无疑是正确的。但如果采取不痛不痒、触而无感的隔靴搔痒的"委婉之术"，则对督促火灾隐患的整改是十分不利的，必须克服。

（4）要有政策观念、法治观念、群众观念以及经济观念。具体问题的解决，要以政策和法规为尺度，绝不能随心所欲；要有群众观念，充分相信和依靠群众，深入群众及生产第一线，倾听职工群众的意见，以得到更多真实的情况，掌握工作主动权，达到检查的目的；还要有经济观念，将火灾隐患的整改建立在保卫生产安全及促进生产安全的指导思想基础之上，并且看成是一种经济效益，当成一项提高经济效益的措施去下力气抓好。

（5）要科学安排时间。科学安排时间是一个时间优化问题。因为检查时间安排不同，所以收到的效果也不尽相同。如某些生产工艺流程中的问题，只有在开机生产过程中才会暴露得更充分一些，检查时间就应当选择在易暴露问题的时间进行；再如，值班问题在夜间及休假日最能暴露薄弱环节，那么就应该选择夜间及休假日检查值班制度的落实情况和值班人员尽职尽责情况。因为防火干部管理范围广，部门数量多，所以科学地安排好防火检查时间，将会大大地提高工作效率，收到事半功倍的效果。

（6）要认真观察、系统分析、实事求是，做到原则性与灵活性相结合。对消防监督检查中发现的问题需要认真观察，对问题进行合乎逻辑规律的、全面的、系统的以及由此及彼、由表及里的分析，抓住问题的实质及主要方面；并有针对性地、实事求是地提出切合实际的解决办法。对于重大问题，要敢于坚持原则，但是在具体方法上要有一定的灵活性，做到严得合理，宽得得当；检查要与指导相结合，检查不仅要能够发现问题，更重要的是解决问题，所以应提出正确合理的解决问题的办法和防止问题再发生的措施，且上级机关应给予具体的帮助及指导。

（7）要注重效果，不要流于形式。消防监督检查是集社会科学和自然科学于一体的一项综合性的管理活动，是实施消防安全管理的最具体、最生动、最直接以及最有效的形式之一，所以必须严肃认真、尊重科学、脚踏实地、注重效果。切不可以图形式、走过场，只图检查的次数，不图问题解决的多少。检查一次就应有一次的效果，就应解决一定的问题，就应对某一方面的工作有一定的推动。但也不应有靠一两次大检查即可以一劳永逸的思想。要根据本单位的发展情况和季节天气的变化情况，有重点地定期组织检查。但是平时有问题，要随时进行检查，不要使问题久拖，以致酿成火灾。

（8）要注意检查通常易被人们忽略的隐患。例如要注意寻找易燃易爆危险品的储存不当之处及垃圾堆中的易燃废物；检查需要设"严禁吸烟"标志的地方是否有醒目的警示标志，在"严禁吸烟"的区域内有无烟蒂；爆炸危险场所的电气设备、线路以及开关等是否符合防爆等级的要求，以及防静电和防雷的接地连接紧密、牢固与否等；寻找被锁或被阻塞的出口，查看避难通道是否阻塞或标志合适与否；灭火器的质量、数量，以及与被保护的场所和物品是否相适应等。这些隐患常常易被人们忽略而导致火灾，故应当特别注意。

（9）监督抽查应保证一定的频次。消防救援机构应根据本地区火灾规律、特点以及结合重大节日、重大活动等消防安全需要，组织监督抽查。消防安全重点单位应作为监督抽查的重点，但是非消防安全重点单位必须在抽查的单位数量中占有一定比例。一般情况下，对消防安全重点单位的监督抽查每半年至少应组织一次，对属于人员密集场所的消防安全重点单位每年至少组织一次，对于其他单位的监督抽查每年至少组织一次。

消防救援机构组织监督抽查，宜采取分行业或地区、系统随机方式确定检查单位的方法。抽查的单位数量，依据消防监督检查人员的数量和监督检查的工作量化标准及时间安排确定。消防救援机构组织监督检查时，可事先公告检查的范围、内容、要求以及时间。监督检查的结果可通过适当方式予以通报或者向社会公布。本地区重大火灾隐患情况应当定期公布。

（10）进行消防监督检查时应当着制式警服，出示执法身份证件，填写检查记录。消防救援机构实施消防监督检查时，检查人员不得少于两人，应着制式警服并出示执法身份证件。

进行消防监督检查时应当填写检查记录，如实记录检查情况，并且由消防监督检查人员、被检查单位负责人或有关管理人员签名；被检查单位负责人或有关管理人员对记录有异议或者拒绝签名的，检查人员应在检查记录上注明。

（11）实施消防监督检查不得妨碍被检查单位正常的生产经营活动。为不妨碍被检查单位正常的生产经营活动，消防救援机构实施消防监督检查时，可事先通知有关单位，以便被检查单位的生产经营活动有所准备及安排。被检查单位应当如实提供：消防设施、器材以及消防安全标志的检验、维修、检测记录或者报告；防火检查、巡查及火灾隐患整改情况记录；灭火和应急疏散预案及其演练情况；开展消防宣传教育和培训情况记录；依法可查阅的其他材料等。

问292：消防监督检查必须严格遵守的法定时限有哪些？

（1）举报投诉消防安全检查的法定时限。消防救援机构接到举报投诉的消防安全违法行为，应当及时受理、登记。属于本单位管辖范围内的事项，应当及时调查处理；属于消防救援机构职责范围，但不属于本单位管辖的，应当在受理后的24h内移送有管辖权的单位处理，并告知举报投诉人；对不属于消防救援机构职责范围内的事项，应当告知当事人向其他有关主管机关举报投诉。

① 对举报投诉占用、堵塞、封闭疏散通道、安全出口或者其他妨碍安全疏散行为的，应当在接到举报投诉后24h内进行核查。

② 对举报投诉其他消防安全违法行为的，应当在接到举报投诉之日起3个工作日内进行核查。

核查后，对消防安全违法行为应当依法处理。应当将处理情况及时告知举报投诉人，无法告知的，应当在受理登记中注明。

（2）消防安全检查责令改正的法定时限。

① 在消防监督检查中，消防救援机构对发现的依法应当责令限期改正或者责令改正的消防安全违法行为，应当当场制发责令改正通知书，并依法予以处罚。

② 对违法行为轻微并当场改正，依法可以不予行政处罚的，可以口头责令改正，并在检查记录上注明。

③ 对于依法需要责令限期改正的，应当根据消防安全违法行为改正难易程度合理确定改正的期限。

④ 消防救援机构应当在改正期限届满之日起3个工作日内进行复查。对逾期不改正的，依法予以处罚。

（3）恢复施工、使用、生产、营业检查的法定时限。

① 对于被责令停止施工、停止使用、停产停业处罚的当事人申请恢复施工、使用、生产、经营的，消防救援机构应当自收到书

面申请之日起 3 个工作日内进行检查，自检查之日起 3 个工作日内做出书面意见，并送达当事人。

② 对当事人已改正消防安全违法行为、具备消防安全条件的，消防救援机构应当同意恢复施工、使用、生产、营业；对违法行为尚未改正、不具备消防安全条件的，消防救援机构应当不同意恢复施工、使用、生产、经营，并说明理由。

（4）报告政府的情形、程序和时限。在消防监督检查中，发现城乡消防安全布局、公共消防设施不符合消防安全要求，或者发现本地区存在影响公共安全的重大火灾隐患的，消防救援机构负责人应当组织集体研究。自检查之日起 7 个工作日内提出处理意见，由公安机关书面报告本级人民政府解决。对本地区存在影响公共安全的重大火灾隐患的，还应当在确定之日起 3 个工作日内书面通知存在隐患的单位进行整改。

问293： 消防救援机构在消防监督检查中有哪些法律责任？

消防救援机构及其人员在消防监督检查中违反《消防监督检查规定》，有以下行为尚不构成犯罪的，应当依法给予有关责任人处分。

① 不按规定制作、送达法律文书，不按照规定履行消防监督检查职责，拒不改正的。

② 对不符合消防安全要求的公众聚集场所准予消防安全检查合格的。

③ 无故拖延消防安全检查，不在法定期限内履行职责的。

④ 未按照本规定组织开展消防监督抽查的。

⑤ 发现火灾隐患不及时通知有关单位或者个人整改的。

⑥ 利用消防监督检查职权为用户指定消防产品的品牌、销售单位或者指定消防安全技术服务机构、消防设施施工、维修保养单位的。

⑦ 接受被检查单位或者个人财物或者取得其他不正当利益的。

⑧ 其他滥用职权、玩忽职守、徇私舞弊的行为。

问294：　公安派出所日常检查要求有哪些?

（1）公安派出所对其监督检查范围的单位进行消防监督检查，应当每半年至少检查一次。

（2）公安派出所对群众举报、投诉的消防安全违法行为，应当及时受理，依法处理；对属于消防救援机构管辖的举报、投诉，应当依照《公安机关办理行政案件程序规定》及时移送消防救援机构处理。

（3）公安派出所可以受消防救援机构的委托，对发现的消防安全违法行为，给予警告或者处 500 元以下数额罚款的处罚。

问295：　公安派出所消防监督检查的内容包括哪些，应如何进行处罚?

（1）公安派出所日常消防监督检查的内容。公安派出所对单位进行日常消防监督检查应当包括以下内容，并对检查内容负责。

① 建筑物或者场所是否依法通过消防验收或者进行竣工验收消防备案，公众聚集场所是否依法通过投入使用、营业前的消防安全检查。

② 是否制定消防安全制度。

③ 是否组织防火检查、消防安全宣传教育培训、灭火和应急疏散演练。

④ 消防车通道、疏散通道、安全出口是否畅通，室内消火栓、疏散指示标志、应急照明、灭火器是否完好有效。

⑤ 生产、储存、经营易燃易爆危险品的场所是否与居住场所设置在同一建筑物内。

对设有建筑消防设施的单位，公安派出所还应当检查单位是否对建筑消防设施定期组织维修保养。

对居民住宅区的物业服务企业进行日常消防监督检查，公安派出所除检查本条第②～④项内容外，还应当检查物业服务企业对管理区域内共用消防设施是否进行维护管理。

（2）公安派出所检查居民委员会、村民委员会的内容。公安派出所应当对居民委员会、村民委员会履行消防安全职责的情况进行检查，主要包括以下内容。

① 是否确定消防安全管理人。

② 是否制定消防安全工作制度、村（居）民防火安全公约。

③ 是否开展消防宣传教育、防火安全检查。

④ 是否对社区、村庄消防水源（消火栓）、消防车通道、消防器材进行维护管理。

⑤ 是否建立志愿消防队等多种形式消防组织。

问296： 公安派出所应如何处罚消防安全违法行为？

公安派出所民警在进行消防监督检查时，发现被检查单位有下列行为之一的，应当责令改正，并在委托处罚的权限内依法予以处罚。

（1）未制定消防安全制度、未组织防火检查和消防安全教育培训、消防演练的。

（2）占用、堵塞、封闭疏散通道、安全出口的。

（3）占用、堵塞、封闭消防车通道，妨碍消防车通行的。

（4）埋压、圈占、遮挡消火栓或者占用防火间距的。

（5）室内消火栓、灭火器、疏散指示标志和应急照明未保持完好有效的。

（6）人员密集场所在外墙门窗上设置影响逃生和灭火救援的障碍物的。

（7）违反消防安全规定进入生产、储存易燃易爆危险品场所的。

（8）违反规定使用明火作业或者在具有火灾、爆炸危险的场所吸烟、使用明火的。

（9）生产、储存和经营易燃易爆危险品的场所与居住场所设置在同一建筑物内的。

（10）未对建筑消防设施定期组织维修保养的。

问297： 公安派出所实施消防监督检查的要求有哪些？

（1）公安派出所民警进行消防监督检查时，应当记录发现的消防安全违法行为、责令改正的情况。

（2）公安派出所发现被检查单位的建筑物未依法通过消防验收，或者进行竣工验收消防备案，擅自投入使用的；公众聚集场所未依法通过使用、营业前的消防安全检查，擅自使用、营业的，应当在检查之日起5个工作日内书面移交消防救援机构处理。

（3）公安派出所在日常消防监督检查中，发现存在严重威胁公共安全的火灾隐患，应当在责令改正的同时书面报告乡镇人民政府或者街道办事处和消防救援机构。

问298： 单位消防安全检查有哪些组织形式？

消防安全检查不是一项临时性措施，不能一劳永逸，它是一项长期的、经常性的工作，因此，单位在组织形式上应采取经常性检查和季节性检查相结合、群众性检查和专门机关检查相结合、重点检查和普遍检查相结合的方法。根据消防安全检查的组织情况，通常有以下几种形式。

（1）单位本身的自查。单位本身的自查，是在各单位消防安全责任人的领导之下，由单位安全保卫部门牵头，有单位生产、技术以及专、兼职防火干部以及志愿消防队员和有关职工参加的检查。单位本身的自查，是单位组织群众开展经常性防火安全检查的最基本的形式，它对火灾的预防起着非常重要的作用，应当坚持厂（公司）月查、车间（工段）周查、班（组）日查的三级检查制度。基层单位的自查按检查实施的时间和内容，可分为下列几种。

① 一般检查。这种检查也叫日常检查，是根据岗位防火安全责任制的要求，以班组长、安全员以及消防员为主，对所在的车间（工段）库房、货场等处防火安全情况所进行的检查。这种检查一般以班前、班后和交接班时为检查的重点。这种检查能够及时发现火险因素，及时消除火灾隐患，应很好落实。

② 防火巡查。防火巡查是消防安全重点单位常用的一种形式，是为预防火灾发生采取的有效措施。根据《消防法》第 16 条的规定，消防安全重点单位应当进行每日防火巡查，并且建立巡查记录。公共聚集场所在营业期间的防火巡查应当至少 2h 一次；营业结束时应对营业现场进行安全检查，消除遗留火种。医院、养老院、寄宿制的学校、托儿所、幼儿园应当加强夜间的防火巡查，每晚巡逻不应少于 2 次。其他消防安全重点单位应当结合单位的实际情况进行夜间防火巡查。防火巡查主要依靠单位的保安（警卫），单位的领导或值班的干部和专职、兼职防火员要注意检查巡查情况。检查的重点是电源、火源，并注意其他异常情况，及时堵塞漏洞，消除事故隐患。

③ 定期检查。这种检查也称季节性检查，按照季节的不同特点，并与有关的安全活动结合起来或在元旦、春节、劳动节、国庆节等重大节日进行，一般由单位领导组织并参加。定期检查除了对所有部位进行检查外，还应对重点要害部位进行重点检查。通过检查，解决平时检查很难解决的重大问题。

④ 专项检查。专项检查是根据单位的实际情况及当前的主要任务，针对单位消防安全的薄弱环节进行的检查。常见的有电气防火检查、用火检查、消防设施设备检查、安全疏散检查、危险品储存与使用检查、防雷设施检查等。专项检查应有专业技术人员参加，也可以与设备的检修结合进行。对生产工艺设备、压力容器、电气设施设备、消防设施设备、危险品生产储存设施以及用火动火设施等，为了检查其功能状况和安全性能等，应当有专业技术人员，使用专门仪器设备进行检查，以检查细微之处的事故隐患，真正做到防患于未然。

（2）单位上级主管部门的检查。这种检查由单位的上级主管部门或者母公司组织实施，它对推动和帮助基层单位或子公司落实防火安全措施、消除火灾隐患，具有十分重要的作用。此种检查通常有互查、抽查以及重点查三种形式。此种检查，单位主管部门应每季度对所属重点单位进行一次检查，并应当向当地消防救援机构报告检查情况。

（3）单位消防安全管理部门的检查。这种检查是单位授权的消防安全管理部门，为督促查看消防工作情况和查寻验看消防工作中存在的问题而对不具有隶属关系的所辖单位进行的检查。这是单位的消防安全管理活动，也是单位实施消防安全管理的一条重要措施。

问299：工业企业单位消防安全检查的主要内容是什么?

（1）明确生产的火灾危险性类别。

（2）"四至"的防火间距是否足够。

（3）建筑物的耐火等级、防火间距是否足够。

（4）车间、库房所存物质是否构成重大危险源。

（5）车间、库房的疏散通道、安全门是否符合规范要求。

（6）消防设施、器材的设置是否符合规范要求。

（7）电气线路敷设、防爆电气标识、工艺设备安全附件情况是否良好。

（8）用火用电管理有何漏洞等。

问300：大型仓库消防安全检查的主要内容是什么?

（1）明确储存物资的火灾危险性类别。

（2）库房所存物质是否构成重大危险源。

（3）"四至"的防火间距是否足够。

（4）库房建筑物的耐火等级、防火间距是否足够。

（5）物资储存、养护是否符合《仓库防火规则》的要求。

（6）库房的疏散通道、安全门是否符合规范要求。

（7）防、灭火设施，灭火器材的设置是否符合规范要求。

（8）用火用电管理有何漏洞等。

问301：商业大厦消防安全检查的主要内容是什么?

（1）明确本大厦的保护级别，属于高层建筑的何类别。

（2）消防通道及防火间距是否足够。

（3）所售商品库房所存物质是否构成重大危险源。

（4）安全疏散通道、安全门是否符合规范要求。

（5）防火分区、防烟排烟是否符合规范要求。

（6）用火用电管理有何漏洞等。

（7）防、灭火设施，灭火器材的设置是否符合规范要求。

（8）有无消防水源，或虽有，是否符合国家现行规范规定。

问302：公共娱乐场所消防安全检查的内容是什么？

（1）明确本场所的保护级别，属于高层建筑的何类别。

（2）消防通道及防火间距是否足够。

（3）防火分区、防烟排烟是否符合规范要求。

（4）安全疏散通道、安全门是否符合规范要求。

（5）用火用电管理有无漏洞等。

（6）消防设施、器材的设置是否符合规范要求。

（7）有无消防水源，或虽有，是否符合国家现行规范规定。

（8）有无紧急疏散预案，是否每年都进行实际演练。

问303：建筑施工的消防安全检查的主要内容是什么？

（1）检查该工程是否履行了消防审批手续。

（2）检查消防设施的安装与调试单位是否具备相应的资格。

（3）消防设施安装施工是否履行了消防审批手续，是否符合施工验收规范要求。

（4）选用的消防设施、防火材料等是否符合消防要求，是否选用经国家产品质量认证、国家核发生产许可证或者消防产品质量检测中心检测合格的产品。

（5）检查施工单位是否按照批准的消防设计图纸进行施工安装，有没有擅自改动现象。

（6）检查有无其他违反消防法规的行为。

6.2　消防安全重点单位的确定及管理

问304：什么是消防安全重点单位？

消防安全重点单位是指发生火灾可能性较大，且火灾发生可能造成重大人员伤亡或财产损失的单位，包括机关、团体、企业和事业单位。

机关指的是国家权力机关、行政机关和司法机关。企业是指直接从事生产、运输、经营和其他服务活动，实行独立经济核算的经济组织。这既包括国内的企业，也包括在我国境内的外资企业和中外合资企业。事业单位是指为国家创造和改善生产条件，促进社会福利，满足人民文化、卫生等需求，其经费实行国家预算拨款制度的组织。团体是指为实现会员共同意愿，按照章程开展活动的非营利性社会组织。

对单位进行重点管理，将其划分为重点单位和一般单位，并采取相应的管理措施，从实践来看，对于控制重特大火灾的发生起到了积极的作用。这种管理方法被证明是一种有效的管理方式。

问305：消防安全重点单位的界定标准是什么？

为了贯彻落实公安部 61 号令，科学、准确地界定消防安全重点单位，《公安部关于实施〈机关、团体、企业、事业单位消防安全管理规定〉有关问题的通知》（公通字［2001］97 号）等相关文件进一步提出了消防安全重点单位的界定标准。

（1）商场（市场）、宾馆（饭店）、体育场（馆）、会堂、公共娱乐场所等公众聚集场所。

① 建筑面积在 $1000m^2$（含 $1000m^2$）以上并且经营可燃商品的商场（商店、市场）。

② 公共的体育场（馆）、会堂。

③ 客房数＞50 间的宾馆（旅馆、饭店）。

④ 建筑面积＞200m² 的公共娱乐场所。

上述所称公共娱乐场所是指向公众开放的以下室内场所。

a. 影剧院、录像厅、礼堂等演出以及放映场所。

b. 舞厅、卡拉 OK 等歌舞娱乐场所。

c. 具有娱乐功能的夜总会、音乐茶座以及餐饮场所。

d. 游艺、游乐场所。

e. 保龄球馆、旱冰场、桑拿浴室等营业性健身以及休闲场所。

（2）医院、养老院和寄宿制的学校、托儿所、幼儿园。

① 住院床位＞50 张的医院。

② 老人住宿床位＞50 张的养老院。

③ 学生住宿床位＞100 张的学校。

④ 幼儿住宿床位＞50 张的托儿所、幼儿园。

（3）国家机关。

① 县级以上的党委、人大、政府以及政协。

② 县级以上的监察委、人民检察院以及人民法院。

③ 中央和国务院各部委。

④ 共青团中央、全国总工会以及全国妇联等的办事机关。

（4）广播电台、电视台和邮政、通信枢纽。

① 广播电台、电视台。

② 城镇的邮政和通信枢纽单位。

（5）客运车站、码头、民用机场。

① 候车厅、候船厅的建筑面积＞500m² 的客运车站及客运码头。

② 民用机场。

（6）公共图书馆、展览馆、博物馆、档案馆以及具有火灾危险性的文物保护单位。

① 建筑面积＞2000m² 的公共图书馆、展览馆。

② 公共博物馆、档案馆。

③ 具有火灾危险性的县级以上文物保护单位。

（7）发电厂（站）和电网经营企业。

（8）易燃易爆危险品的生产、充装、储存、供应、销售单位。

① 生产易燃易爆危险品的工厂。

② 易燃易爆危险品的专业运输单位。

③ 储存易燃易爆危险品的专用仓库（堆场、储罐场所）。

④ 易燃易爆气体和液体的灌装站及调压站。

⑤ 营业性汽车加油站及加气站，液化石油气供应站（换瓶站）。

⑥ 经营易燃易爆危险品的化工商店（其界定标准，以及经营其他需要界定的易燃易爆危险品性质的单位及其标准，由省级消防救援机构依据实际情况确定）。

（9）劳动密集型生产、加工企业。生产车间员工＞100人的服装、鞋帽、玩具等劳动密集型企业。

（10）重要的科研单位。界定标准由省级消防救援机构根据实际情况确定。

（11）高层公共建筑、地下铁道、地下观光隧道，粮、棉、木材以及百货等物资集中的大型仓库和堆场，重点工程的施工现场。

① 高层公共建筑的办公楼（写字楼）及公寓楼等。

② 城市地下铁道、地下观光隧道等地下公共建筑和城市重要的交通隧道。

③ 国家储备粮库、总储备量＞10000t的其他粮库。

④ 总储量＞500t的棉库。

⑤ 总储量＞10000m^{3}的木材堆场。

⑥ 总储存价值＞1000万元的可燃物品仓库、堆场。

⑦ 国家及省级等重点工程的施工现场。

（12）其他发生火灾可能性较大以及一旦发生火灾可能造成人身重大伤亡或者财产重大损失的单位界定标准由省级消防救援机构根据实际情况确定。

问306： 消防安全重点单位的界定程序有哪些步骤？

消防安全重点单位的界定程序有申报、核定、告知以及公告等步骤。首先，单位向所在地消防救援机构申报；然后，经过消防救援机构核定及告知；最后，消防救援机构将确定的消防安全重点单位向全社会公告。

（1）申请。符合消防安全重点单位的定义标准的单位需要向所在地的消防救援机构申请备案。在申请时，单位需填写《消防安全重点单位申报登记表》，并提交本单位确定的消防安全责任人、消防安全管理人等人员名单和相关资料。如果单位规模有变化或者人员发生变动，需要及时向消防救援机构报告。对于符合消防安全重点单位的定义标准但未申请备案的单位，消防救援机构有权依法确定其为消防安全重点单位。在申请备案时，需要注意以下要求。

① 如果个体工商户符合企业登记标准且经营规模符合消防安全重点单位的定义标准，需要向当地的消防救援机构备案。

② 对于重点工程的施工现场，如果符合消防安全重点单位的定义标准，施工单位负责申请备案。在工程竣工后，按照"谁使用，谁负责"的原则进行备案申请。

③ 对于同一栋建筑物中各自独立的产权单位或使用单位，如果符合消防安全重点单位的定义标准，需要各自独立进行备案申请。如果建筑物本身符合消防安全重点单位的定义标准，建筑物的产权单位也需要独立进行备案申请。

④ 如果多个单位符合消防安全重点单位的定义标准，且这些单位不在同一县级行政区域并具有隶属关系，法人单位需要向所在地的消防救援机构申请备案。如果这些单位在同一县级行政区域内并具有隶属关系，下属单位具备法人资格的，各单位都需要向所在地的消防救援机构申请备案。

（2）核准。消防救援机构在接到备案申请后，会对申请单位的情况进行核实审定，并按照分级管理的原则对确认为消防安全重点单位的进行登记和记录。

（3）通知。对于已确认的消防安全重点单位，消防救援机构会以《消防安全重点单位通知书》的形式通知他们履行本单位的消防安全主体责任。消防安全责任人、消防安全管理人以及消防安全管理归口部门都要切实履行消防安全工作职责，确保本单位的消防安全管理工作得到有效落实。

（4）公告。每年的第一季度，消防救援机构会对本辖区的消防安全重点单位进行核查和调整。紧接着，应急管理部门会将结果上报给本级人民政府，并通过报纸、电视、互联网等媒体向社会公告本地区的消防安全重点单位名单。

问307：消防安全重点单位如何确定消防安全责任人、管理人和归口管理部门？

消防工作实行消防安全责任制，每个单位的每个岗位都应明确自身的消防安全职责，确保每个岗位的消防安全责任得到落实。

单位的主要负责人是本单位的消防安全责任人，对本单位的消防安全负责。对于重点单位的消防工作来说，鉴于其重要性和复杂性，还应确定消防安全管理人，对单位的消防安全责任人负责，并建立相应的归口管理部门，确定专职或兼职的消防管理人员，在消防安全责任人或消防安全管理人的领导下开展消防安全管理工作。

消防安全责任人的职责包括：①贯彻执行消防法规，确保单位的消防安全符合规定，掌握本单位的消防安全情况；②将消防工作与单位的生产、科研、经营、管理等活动统筹安排，批准实施年度的消防工作计划；③提供必要的经费和组织保障，保障本单位的消防安全；④确定逐级的消防安全责任，批准实施消防安全制度和保障消防安全的操作规程；⑤组织防火检查，督促整改火灾隐患，及时处理涉及消防安全的重大问题；⑥根据消防法规的规定，建立专职消防队和志愿消防队；⑦组织制定符合本单位实际的灭火和应急疏散预案，并实施演练。

消防安全管理人的职责包括：①拟订年度消防工作计划，组织日常的消防安全管理工作；②组织制定消防安全管理制度和操作规程，并检查督促其落实；③制定消防安全工作的资金投入和组织保障方案；④组织进行防火检查和处理火灾隐患的整改工作；⑤组织对本单位的消防设施、灭火器材和消防安全标志进行维护保养，确保其完好有效，保证疏散通道和安全出口畅通；⑥管理专职消防队和志愿消防队；⑦在员工中组织宣传教育和培训，提高消防知识和技能，组织灭火和应急疏散预案的实施和演练；⑧完成单位消防安全责任人委托的其他消防安全管理工作。消防安全管理人应定期向消防安全责任人报告消防安全情况，并及时报告涉及消防安全的重大问题。

问308： 消防安全重点单位的消防档案应包括哪些内容？

（1）消防安全基本情况。

① 单位基本概况，包括单位名称、地址、电话号码、邮政编码、消防安全责任人，保卫、消防或安全技术部门的人员情况，上级主管机关、经济性质、固定资产、生产和储存的火灾危险性类别及数量，总平面图，消防设备和器材情况，水源情况等信息。

② 消防安全重点部位情况，包括火灾危险性类别，占地和建筑面积，主要建筑的耐火等级，重点要害部位的平面图等信息。

③ 消防行政许可情况，包括建筑物或场所施工、使用或开业前的消防设计审核、消防验收以及消防安全检查的文件和资料。

④ 消防安全管理组织机构及其人员情况。

⑤ 消防安全制度情况，包括火源管理制度、动火审批制度、特殊工种防火等制度的建立和落实情况。

⑥ 消防设施和灭火器材情况。

⑦ 专职消防队和志愿消防队人员及其消防装备配备情况。

⑧ 与消防安全相关的重点工种人员情况。

⑨ 新增消防产品和防火材料的合格证明材料。

⑩ 灭火和应急疏散预案等信息。

（2）消防安全管理情况。

① 消防救援机构填发的各种法律文件。

② 消防设施定期检查记录、自动消防设施全面检查测试的报

告及维修保养的记录。

③ 历次防火检查、巡查记录，如检查的人员、时间、部位、内容，发现的火灾隐患（特别是重大火灾隐患情况）以及处理措施等。

④ 消防安全培训记录，应记明培训的时间、参加人员、内容等。

⑤ 关于燃气、电气设备检测，如防雷及防静电等记录资料。

⑥ 灭火和应急疏散预案的演练记录，应记明演练的时间、地点、内容、参加部门以及人员等。

⑦ 火灾情况记录，包括历次发生火灾的损失、原因及处理情况等。

⑧ 消防奖惩情况记录等。

问309：消防安全重点单位进行宣传教育和培训的要求是什么？

消防安全重点单位进行宣传教育和培训的要求如下。

（1）公众聚集场所对员工的消防安全培训应至少每半年进行一次，并包括组织、引导在场群众疏散的知识和技能。

（2）单位应组织新上岗和进入新岗位的员工进行上岗前的消防安全培训。

（3）公众聚集场所在营业、活动期间应通过张贴图画、广播、闭路电视等方式向公众宣传防火、灭火、疏散逃生等常识。

（4）学校、幼儿园应通过寓教于乐等多种形式对学生和幼儿进行消防安全常识教育。

（5）消防安全重点岗位的人员应接受消防安全专门培训。具体需要接受培训的人员包括：

① 单位的消防安全责任人、消防安全管理人；

② 专（兼）职消防安全管理人员；

③ 消防控制室的值班、操作人员；

④ 其他根据规定需要接受消防安全专门培训的人员。

消防控制室的值班、操作人员还需要持证上岗。

6.3 消防安全重点部位的确定及管理

问310： 什么是消防安全重点部位？

消防安全重点部位指的是容易发生火灾，一旦发生火灾可能严重危及人身和财产安全，以及对消防安全有重大影响和关系到单位全局安全的部位。

问311： 如何确定消防安全重点部位？

单位可以根据以下几个方面来确定消防安全重点部位。

（1）火灾危险性大的部位。结合储存、使用的物质的火灾危险性类别、数量，以及用火用电情况等进行综合判断，确定火灾危险性较大的场所或部位作为重点部位。例如化工生产单位的车间、宾馆和饭店的厨房、影剧院的放映室和舞台等。

（2）影响整个单位正常运转的部位和机要部位。确定会影响整个单位正常运转的部位和机要部位，如发电站、变（配）电所、通信设备机房、生产总控制室、电子计算机房、档案室、图书资料室等。

（3）物资集中、造成财产损失大的部位。确定物资集中且发生火灾可能造成财产损失大的部位，如物资仓库、原材料库、成品库、实验室、车间等。

（4）人员集中、造成伤亡大的部位。确定人员集中且发生火灾可能造成伤亡大的部位，如礼堂、俱乐部、食堂、托儿所、集体宿舍、医院病房等。

问312： 对消防安全重点部位的管理要求有哪些？

（1）确定重点部位并设置明显标志。根据单位的实际情况，科学地确定消防安全重点部位，根据火灾危险程度和危害性进行适当的分级，并指定相应的管理人员。重点部位应设置明显的标志，并在指定位置悬挂特定的牌子，上面标明重点部位或场所的名称及消防安全责任人。此外，消防安全重点单位应将重点部位情况纳入消防档案，进行专项管理。

（2）建立相关制度。为重点部位建立岗位消防责任制和消防管理制度，制定灭火方案，确保定点、定人、定任务。制度内容涵盖消防安全教育、培训；防火巡查、检查；火灾隐患整改；用火、用电安全管理；易燃易爆危险物品管理和防火防爆；燃气和电气设备的检查及管理（包括防雷、防静电）；消防安全工作考评和奖惩等必要的消防安全制度。

（3）建立火灾应急预案。根据实际情况，建立针对重点部位的火灾应急预案。预案内容包括应急准备和响应的负责人与组织机构及其通信联络方式、志愿消防队的组织管理、安全疏散引导、消防值班、应急预案的演练等。通过制定预案，能够在火灾发生时迅速、有序地进行应急处置。

（4）配备消防设施和器材。单位应当根据消防安全重点部位的不同性质、规模配备相应的消防安全设施及消防器材，并做好维护和保养。

（5）严格人员管理。单位的消防安全管理部门应定期对消防安全重点部位的工作人员进行经常性的消防安全教育。对新上岗人员，必须经过相关的教育培训，并通过考试合格后方可上岗。培训考核的内容包括以下方面：消防法规、消防安全制度和操作规程；火灾危险性和防火措施；消防设施和灭火器材的使用；报火警、扑救初起火灾和自救逃生。

（6）做好防火检查、巡查。防火检查和巡查应当规定检查形式、内容、项目、周期和检查人。对消防安全重点部位的日常巡查和定期检查的内容应包括：岗位防火责任制度的建立和落实情况；安全疏散通道、疏散指示标志、应急照明和安全出口情况；消防设施、器材是否完好、有效；用火、用电消防安全管理制度的落实情况；易燃易爆危险物品和防火防爆措施的落实情况；消防值班情况；员工岗位安全及消防安全知识的掌握情况等。

（7）实行动态管理。单位内部的消防安全重点部位，要对其进行动态管理，单位应当根据实际情况适时对消防安全重点部位进行调整，防止失控漏管的现象。

问313：消防安全重点工种的火灾危险性是什么？

消防安全重点工种的火灾危险性主要有以下几点。

（1）原料或生产对象具有很大的火灾或爆炸危险性。例如乙炔、氢气生产，硝酸的氧化制取，乙烯、氯乙烯、丙烯的聚合等。这些生产岗位火灾危险性大，安全技术复杂，操作规程要求严格，一旦发生事故，后果将不堪设想。

（2）工作岗位分散、人员少、灵活性大。某些工种由于工作岗位分散、人员少且灵活性大，工作环境和条件一般都比较复杂，不利于迅速扑灭初起火灾。例如电工、焊工、切割工、木工等，以及仓库保管员的取货时间不固定，这些岗位都属于火灾发生概率较大的工种。

（3）与消防安全密切相关的岗位。某些岗位虽然自身的行为不会直接导致火灾发生，但如果不认真履行职责会导致火灾的损失扩大。例如单位内部自动消防系统的操作人员，他们负责监控和操作消防设备，如果操作不当或疏忽，可能影响火灾的扑灭效果。

问314：消防控制室值班、操作人员的消防安全职责有哪些？

消防控制室值班、操作人员属于自动消防系统的操作人员，《消防法》和《单位消防安全管理规定》都对其做了严格的管理规定，在日常的管理中应予以高度重视。

（1）每天24h值班制度。消防控制室必须实行每天24h的专人值班制度，每班不得少于2人。

（2）操作人员的要求。消防控制室的操作人员应熟知本单位火灾自动报警和联动灭火系统的工作原理，了解各主要部件、设备的性能、参数以及各种控制设备的组成和功能。还应熟悉各种报警信号的作用，掌握各主要设备的位置，并能够熟练操作消防控制设备。在火灾发生时，应能正确处置火灾自动报警和灭火联动系统。

（3）交接班制度的执行。操作人员应认真执行交接班制度。每次接班时，应对各系统进行巡检，查看是否存在故障或问题，并及时排除。在交班时，应认真向接班人员交代存在的问题，并及时处理。如果遇到难以处理的问题，应及时报告领导解决。在值班期间，必须坚守岗位，不得擅离职守，不准饮酒，不准睡觉。

（4）系统工作状态的确保。操作人员应确保火灾自动报警系统和灭火系统处于正常工作状态。应协调配合本单位的消防设施维保人员加强巡视维护，确保消防储水设施的水量充足，消防管道上的阀门常开，消防用电设备的配电柜开关处于自动（接通）位置。

（5）火灾报警后的应对措施。一旦接到火灾警报，操作人员必须立即以最快的方式确认。确认火灾后，相关负责人要立即将火灾报警联动控制开关转入自动状态，并立即拨打"119"火警电话报警。同时，应立即启动单位内部的灭火和应急疏散预案，并向单位负责人报告。

6.4　火灾隐患整改

问315： 何为火灾隐患？

火灾隐患应当有广义和狭义之分：广义讲，指的是在生产和生活活动中可能直接造成火灾危害的各种不安全因素；狭义讲，指的是违反消防安全法规或者不符合消防安全技术标准，增加了发生火灾的危险性，或发生火灾时会增加对人的生命和财产的危害，或在发生火灾时严重影响灭火救援行动的一切行为和情况。据此分析，火灾隐患通常包含以下三层含义。

（1）增加了发生火灾的危险性。例如违反规定生产、储存、运输、销售、使用以及销毁易燃易爆危险品；违反规定用火、用电以及用气，明火作业等。

（2）如果发生火灾，会增加对人身、财产的危害。如建筑防火分隔、建筑结构防火以及防烟排烟设施等随意改变，失去应有的作用；建筑物内部装修及装饰违反规定，使用易燃材料等；建筑物的安全出口及疏散通道堵塞，不能畅通无阻；消防设施、器材不完好、有效等。

（3）一旦导致火灾会严重影响灭火救援行动。如缺少消防水源，消防车通道堵塞，消火栓、水泵结合器以及消防电梯等不能使用或者不能正常运行等。

问316：火灾隐患如何分类？

火灾隐患根据其火灾危险性的大小及危害程度，按国家消防监督管理的行政措施可分为下列三类。

（1）特大火灾隐患。特大火灾隐患指的是违反国家消防安全法律、法规的有关规定，不能立即整改，可能造成火灾发生或使火灾危害增大，并可能造成特大人员伤亡或特大经济损失的严重后果及特大社会影响的重大火灾隐患。特大火灾隐患一般是指需要政府挂牌督导整改的重大火灾隐患。

（2）重大火灾隐患。重大火灾隐患指的是违反消防法律、法规，可能导致火灾发生或火灾危害增大，并由此可能导致特大火灾事故后果和严重影响社会的各类潜在不安全因素。

（3）一般火灾隐患。指除特大、重大火灾隐患之外的隐患。因为在我国消防行政执法中只有重大火灾隐患与一般火灾隐患之分，还未将特大火灾隐患确定为具体管理对象，所以，人们常说的重大火灾隐患也包括特大火灾隐患。

问317：火灾隐患如何确认？

对于影响人员安全疏散或灭火救援行动，不能立即改正的；消防设施不完好、有效，影响防火灭火功能的；擅自改变防火分区，容易造成火势蔓延、扩大的；在人员密集场所违反消防安全规定，使用、储存易燃易爆危险品，不能立即改正的；不满足城市消防安全布局要求，影响公共安全的情况等，通常应当确定为火灾隐患。

根据公安部《消防监督检查规定》（公安部令107号），以下情形可以直接确定为火灾隐患。

（1）影响人员安全疏散或者灭火救援行动，不能立即改正的。

（2）消防设施未保持完好有效，影响防火灭火功能的。

（3）擅自改变防火分区，容易导致火势蔓延、扩大的。

（4）在人员密集场所违反消防安全规定，使用、储存易燃易爆危险品，不能立即改正的。

（5）不符合城市消防安全布局要求，影响公共安全的。

（6）其他可能增加火灾实质危险性或者危害性的情形。

问318： 火灾隐患的整改有几种方法？如何定义？

火灾隐患的整改，根据隐患的危险、危害程度和整改的难易程度，可以分为立即改正和限期整改两种方法。

（1）立即改正。立即改正是对不立即改正随时就有发生火灾的危险，或对整改起来比较简单，不需要花费较多的时间、人力、物力以及财力，对生产经营活动不产生较大影响的隐患等，存在隐患的单位、部位当场进行整改的方法。消防安全检查人员在安全检查时，应责令立即改正，并在《消防安全检查记录》上记载。

（2）限期整改。限期整改是对整改过程比较复杂，涉及面广，影响生产比较大，又要花费较多的时间、人力、物力以及财力才能整改的隐患，而采取的一种限制在一定期限内进行整改的方法。限期整改通常情况下应由隐患存在单位负责，成立专门组织，各类人员参加研究，并根据消防救援机构的《重大火灾隐患整改通知书》或者《停产停业整改通知书》的要求，结合本单位的实际情况制定出一套切实可行并限定在一定时间或者期限内整改完毕的方案，并将方案报请上级主管部门和当地消防救援机构批准。火灾隐患整改完毕之后，应申请复查验收。

问319： 重大火灾隐患的判定原则和程序是什么？

重大火灾隐患的判定必须坚持科学严谨、实事求是、客观公正的原则，并按照以下程序进行判定。

（1）进行现场检查。组织对现场进行检查，核实火灾隐患的具体情况，并收集相关的影像和文字资料。

（2）进行集体讨论。组织对火灾隐患进行集体讨论，得出结论性判定意见。参与讨论的人员数量不得少于3人。在集体讨论或技术论证过程中，可以听取业主、管理单位和使用单位等利害关系人的意见。

（3）进行专家技术论证。对于涉及复杂或有争议的技术问题，对判定重大火灾隐患有困难的情况，由当地政府有关行业主管部门、监督管理部门和相关消防技术专家组成专家技术论证组，进行技术论证，并形成结论性判定意见。专家组的人数不得少于7人，结论性判定意见至少应有2/3以上的专家一致同意。

问320： 重大火灾隐患的构成要件有哪些？

根据隐患的火灾危险程度和一旦导致火灾的危害程度，以及火灾自救、逃生、扑救的难度，重大火灾隐患的构成要件一般包括以下几点。

（1）场所或者设备内的物品属于易燃易爆危险品（包括甲、乙类物品和棉花、秫秸、麦秸等丙类易燃固体），并且其量达到了重大危险源的标准。

（2）场所建筑物属于二类以上保护建筑物。

（3）建筑物属于高层民用建筑。

这三个要件的任一要件为构成重大火灾隐患的最基本要件，不具备任意一个要件都不构成重大火灾隐患。影响火灾隐患的任一因素，只能是一般火灾隐患。

问321： 影响火灾隐患的要素有哪些？

（1）违反规定进行生产、储存以及装修等，增加了原有火灾危险性和危害性的要素。

① 场所或设备改变了原有的性质，增加了其火灾危险性及危害性的（如温度、压力、浓度超过规定，丙类液体、气体储罐改处甲类液体及气体等）；违反安全操作规程操作，增加了可燃性气体、液体的泄漏及散发。

② 生产或储存设备、设施违反规定未设置或者缺少必要的安全阀、压力表、温度计、爆破片、安全连锁控制装置、紧急切断装置、阻火器、放空管、水封以及火炬等安全设施，或虽有但不符合要求或存在故障不能安全使用的。

③ 设备及工艺管道违反规定安装造成火灾危险性增加的（如加油站储罐呼气管的直径小于 50mm 而导致卸油时憋气、不安装阻火器等）；场所或者设备超量储存、运输、营销、处置的。

④ 违反规定使用可燃材料装修的（如建筑内疏散走道、疏散楼梯间以及前室室内的装修材料燃烧性能低于 B_1 级的）。

⑤ 原普通建筑物改为人员密集场所，或场所超员使用的。

（2）违反规定从事用火、用电以及产生明火等能够形成着火源而导致火灾的要素

① 违反规定进行电焊、气焊等明火作业的，或者存在其他足以导致火灾的引火源的。

② 违反规定使用能够产生火星的工具和进行开槽及凿墙眼等能够产生火星作业的。

③ 违反规定使用电气设备、敷设电气线路（如违反规定，在可燃材料或者可燃构件上直接敷设电气线路或安装电气设备）的。

④ 违反规定在易燃易爆场所使用非防爆电气设备或者防爆等级低于场所气体、蒸气的危险性的。

⑤ 未按规定设置防雷、防静电设施（含接地及管道法兰静电搭接线），或者虽设置但不符合要求的。

（3）建筑物的防火间距、防火分隔以及建筑结构，防火、防烟排烟、安全疏散违反国家消防规范标准，如果发生火灾，会增加对人身、财产危害的要素。

① 建筑物的防火间距（包括建筑物之间、建筑物与火源；或者重要公共建筑物与重大危险源之间的间距等）不能符合国家消防

规范标准的；或建筑之间的已有防火间距被占用的。

② 建筑物的防火分区不能符合国家消防规范、标准，或擅自改变原有防火分区，造成防火分区面积超过规定的。

③ 厂房或库房内有着火、爆炸危险的部位未采取防火防爆措施，或者这些措施不能满足防止火灾蔓延要求的。

④ 擅自改变建筑内的避难走道、避难间、避难层和其他区域的防火分隔设施，或者避难走道、避难间、避难层被占用、堵塞而无法正常使用的。

⑤ 建筑物的安全疏散通道、疏散楼梯、安全出口、安全门以及消防电梯或防烟排烟设施等安全设施应设置但未设置，或者虽已设置但不能满足国家消防规范、标准的；未按规定设置疏散指示标志、应急照明，或者虽已设置但不符合要求的。

如按规定安全出口应独立设置而未独立，或数量、宽度不满足规定或被封堵的；安全出口、楼梯间的设置形式不符合规定的；疏散走道、楼梯间以及疏散门或安全出口设置栅栏、卷帘门，或者未按规定设置防烟排烟设施，或已设置但不能正常使用或运行的等。

（4）违反国家消防规范、标准，消防设施、器材不完好、有效，一旦引起火灾会严重影响灭火救援行动的要素。

① 根据国家现行消防规范、标准应当设置消防车通道但未设置，或者虽设置但不能满足国家消防规范、标准的，以及消防车道被堵塞、占用不可正常通行的。

② 根据国家消防规范、标准应当设置消防水源、室（内）外消防给水设施，相关灭火器材但未设置或虽设置但不符合国家消防规范、标准的；或者已设置但不能正常使用的。

③ 根据国家消防规范、标准应设置火灾自动报警系统、自动灭火系统但未设置，或虽设置但不满足国家消防规范、标准的；或系统处于故障状态不能正常使用、不能恢复正常运行，或者不能正常联动控制的。

④ 消防用电设备未按规定采用专用的供电回路、设备末端自动切换装置，或者虽设置但不能正常工作的；消防电梯无法正常运

行的。

⑤ 举高消防车作业场地被占用，影响消防扑救作业的；建筑既有外窗被封堵或者被广告牌等遮挡，影响灭火救援的。

问322： 可直接判定为重大火灾隐患的情形有哪些？

（1）以下情形均可直接判定为重大火灾隐患。

① 生产、储存和装卸易燃易爆危险物品的工厂、仓库和专用车站、码头、储罐区，未设置在城市的边缘或相对独立的安全地带的。

② 甲、乙类厂房设置在建筑的地下、半地下室的。

③ 甲、乙类厂房与人员密集场所或住宅、宿舍混合设置在同一建筑内的。

④ 公共娱乐场所、商店、地下人员密集场所的安全出口、楼梯间的设置形式及数量不符合规定的。

⑤ 旅馆、公共娱乐场所、商店、地下人员密集场所未按规定设置自动喷水灭火系统或火灾自动报警系统的。

⑥ 可燃性液体、气体储罐（区）未按规定设置固定灭火和冷却设施的。

（2）重大火灾隐患要件、要素综合判定法。为了便于在实际工作中使用，可按表 6-1 进行判定。

问323： 重大火灾隐患的整改程序是什么？

（1）发现。消防监督检查人员在进行消防监督检查或核查群众举报、投诉时，发现被检查单位存在可能构成重大火灾隐患的情形，应在《消防安全检查记录》中详细记明，并收集建筑情况、使用情况等能够证明火灾危险性、危害性的资料，并在 2 个工作日内书面报告本级公安消防部门有关负责人。

（2）论证。消防救援机构负责人对消防监督人员报告的可能构成重大火灾隐患的不安全因素，应当及时组织集体讨论；涉及复杂或疑难技术问题的应当由支队以上（含支队）地方消防救援机构组

表6-1 重大火灾隐患要件、要素综合判定法

重大火灾隐患的构成要件	影响重大火灾隐患的要素	重大火灾隐患的判定方法
（1）场所或设备存放的物品属于易燃易爆危险品，且其量达到了重大危险源的标准 （2）场所以上保护建筑物属于高层民用建筑 （3）建筑物属于高层民用建筑 注：这三个要件是构成重大火灾隐患的最基本要件，不具备任意一个要件都不构成重大火灾隐患。影响火灾隐患的任意一个要素，只能是一般火灾隐患	违反规定进行生产、储存，增加装修等，增加了原有的危险性和危害性的要素 （1）场所或设备改变了原有的性质，增加了其火灾危险性和危害性的（如温度、压力、浓度超过规定、丙类液体、气体处在甲类液体、气体）；违反安全操作规程操作，增加了可燃性气体、液体的泄漏和散发 （2）生产或储存设备、设施违反规定未设计或缺少必要的安全阀、安全连锁控制装置、爆破片、阻火器、放空管、水封、火炬等安全设施，或虽有但不符合要求或存在故障不能安全使用的 （3）设备及工艺管道违反规定安装导致火灾危险性增加的（如加油站储罐呼气管的直径小于50mm而导致油蒸气、不安全装置火器等）；场所或设备超温储存、运输、营销、处置的 （4）违反规定使用可燃材料装修的（如建筑内疏散走道、疏散楼梯间、前室等场所的装修材料燃烧性能低于B1级的） （5）原普通建筑物改为人员密集场所使用的	（1）根据以上要件同时具备的，如果任一要件同时具备的，则应当违反规定达到一定的量时才能确定为重大火灾隐患。但下列隐患违反规定一定的量才能确定为重大火灾隐患： ①场所或设备可燃物品（含易燃易爆危险品）的储存量超过原规定储存量的25%的 ②人员密集场所（商店营业厅）内的疏散距离超过30%的，其他建筑未按规定距离，或规定原规定使用面达25%的 ③高层建筑和地下工程未按规定设置疏散照明，或应急照明，应急照明、或损坏率超过50%的 ④设有人员密集场所的封闭楼梯间、防烟楼梯间门的损坏率超过20%的，其他建筑物超过50%的 ⑤建筑物的或防火分区不能满足国家消防规范标准，或擅自改变原有防火分区，造成防火分区面积超标规定的50%的，或防火卷帘等防火分区防火分隔设施的数量超过规定数量的50%的 （2）根据以上要件同时具备，如果有2个以上因素与任一要素同时具备的，则确定为省政府挂牌督办的重大火灾隐患（特大火灾隐患） （3）其他的任一要素只要具备了其中1个要素，则可以认定为一般火灾隐患

续表

重大火灾隐患的构成要件	影响重大火灾隐患的要素	重大火灾隐患的判定方法
(1)场所或设备存放的物品属于易燃易爆危险品，且其重量达到了重大危险源的标准 (2)场所建筑物属于一类以上保护建筑，不属于高层民用建筑 (3)建筑物属于高层民用建筑 注：这三个要件的任一要件是构成重大火灾隐患的最基本要件，不具备任意一个要件都不影响火灾隐患的重大火灾隐患因素，只可能是一般火灾隐患	违反规定从事用火、用电和明火等产生火灾成着火能够形成着火源而导致火灾的要素	(1)违反规定进行电焊、气焊等明火作业的，或存在其他足以导致火灾的引火源的 (2)违反规定使用能够产生火星的工具和进行开槽、凿端眼等能够产生火星作业的 (3)违反规定使用电器设备、敷设电气线路（如进行直接敷设或安装电气设件上直接敷设或安装电气设备）的 (4)违反规定在易燃易爆场所使用非防爆电器设备或防爆等级低于场所气体、蒸气的危险性的 (5)未按规定设置防雷、防静电设施（含接地、管道法兰静电搭接线），或虽设置但不符合要求的	(1)根据以上要件，如果任一要件只有1个要素与任一要件同时具备的，则应当确定为重大火灾隐患；但任一隐患违反规定达到一定的量时才能确定为重大火灾隐患 ①场所或设备规定储存量可燃物品（含易燃危险品）的储存量超过原规定储存量的25%的 ②人员密集场所（商店营业厅）内的疏散距离超过规定距离，或超原规定使用面达25%的 ③高层建筑和地下建筑未按规定设置疏散指示标志，应急照明，或损坏率超过30%的；其他建筑未按规定设置疏散指示标志，应急照明，或损坏率超过50%的 ④设有人员密集场所的高层建筑的封闭楼梯间、防烟楼梯间门的损坏率超过20%的；其他建筑封闭楼梯间、防烟楼梯间门的损坏率超过50%的 ⑤建筑物的或防火分区不符合国家消防规范标准，或建筑自改变原有防火分区，造成该防火分区面积超过规定的50%的；或防火卷帘等防火分隔设施的数量或损坏率超过该防火分区防火分隔设施数量的50%的 (2)根据以上要件，如果任一要件同时具备2个以上因素与任一要件只要具备的，则应当确定为重大火灾隐患（特大火灾隐患） (3)其他的任一要件只要具备了其中1个要素的，则可以认定为一般火灾隐患

重大火灾隐患的构成要件	影响重大火灾隐患的要素	重大火灾隐患的判定方法
（1）场所或设备存放的物品属于易燃易爆危险品，且其重量达到了重大危险源的标准 （2）场所或保护对象属于二类以上保护对象的建筑物 （3）建筑物属于高层民用建筑 注：这三个构成要件是重大火灾隐患的基本要件，一旦发生重大火灾，会增加对人身、财产危险的要素。不具备任意一个基本要件，不具备重大火灾隐患的任意一个构成要素，只能是一般火灾隐患	建筑物的防火间距、建筑结构、防火、防烟、排烟、安全设施等违反国家消防规范标准，防止火灾蔓延的要素 （1）建筑物的防火间距（包括建筑物之间、建筑物与火源或重要公共建筑物与重大危险源之间的间距等）不能满足国家现行消防规范标准的，或建筑物之间的既有防火间距被占用的 （2）建筑物的防火分区不能满足现行国家消防规范标准，或通过改变原有防火分区，造成防火分区面积超过规定的 （3）遇有库房内有着火、爆炸危险的部位未采取防火防爆措施，或这些措施不能满足防止火灾蔓延的要求 （4）遇自改变建筑内的其他区域的防火分隔设施，或避难间、避难走道、避难层被占用、堵塞而无法正常使用的 （5）安全疏散通道、安全门、消防电梯或避难层等安全设施应设置未设置，或排烟设施等安全设施应设置未设置，未按规定设置国家现行消防规范标准的，或设置但不符合要求的 如未按规定设置独立的安全出口和疏散楼梯而未设置，或建筑物安全出口数量不符合规定，或数目堵塞，宽度不符合规定，疏散走道、楼梯间（前室）或安全出口设置栅栏、卷帘门的，未按规定设置防烟排烟设施，或已设置但不能正常运行的等	（1）根据以上要件，如果任一要素只要有1个要素与任一要件同时具备的，则应当确定为重大火灾隐患。但下列隐患违反规范行消防规范的且一定的量才能确定为重大火灾隐患： ①场所或设备可燃物品（含易燃易爆危险品）的储存量超过规定储存储存量的25%的 ②人员密集场所（商店营业厅）内的疏散距离，或超过商业厅内的疏散距离25%的 ③高层建筑和地下建筑未按规定设置疏散指示标志，应急照明，或损坏率超过30%的；其他建筑未按规定设置疏散指示标志，或应急照明，或损坏率超过50%的 ④设有人员密集场所的高层建筑的封闭楼梯间、防烟楼梯间门的损坏率超过20%的；其他建筑的封闭楼梯间、防烟楼梯间门的损坏率超过50%的 ⑤建筑物的或改变自原有防火分区，造成防火分区面积超过规定的50%，或改变自原有防火门，或防火卷帘等防火分区防火分隔设施的数量超过该防火分区防火分隔设施的数量超过规定的50%的 （2）根据以上要件，如果任一要素同时具备有2个以上因素与任小的重大火灾隐患，则应当确定为省政府挂牌督办的重大火灾隐患（特大火灾隐患） （3）其他可以认定为一般火灾隐患的

续表

重大火灾隐患的构成要件	影响重大火灾隐患的要素	重大火灾隐患的判定方法
(1)场所或设备存放的物品属于易燃易爆危险品,且其重量达到了重大危险源的标准 (2)场所或建筑物属于一、二类保护建筑，器材不完好、有效，一旦导致火灾会严重影响灭火救援行动的要素 (3)建筑物属于高层民用建筑 注:这三个要件中的任一要件是构成重大火灾隐患的最基本要素，不具备任意一个要件都不构成重大火灾隐患。影响重大火灾隐患的任意因素，只能是一般火灾隐患	违反国家消防规范标准，消防设施、器材不完好、有效，一旦导致火灾会严重影响灭火救援行动的要素 (1)根据国家消防规范标准应当设置消防车通道而未设，或虽设有但不能满足国家消防规范标准，占用不能正常通行的 (2)根据国家消防规范标准应当设置消防水源、室内外消防给水设施而未设，或虽设有但相关灭火器材但未设，或虽设置但不符合国家消防规范标准，不能正常使用或运行的 (3)根据国家消防规范，自动火灾报警系统、自动灭火系统、防烟排烟系统或配置但不符合国家消防规范标准，处于故障状态不能正常使用或运行的，或系统运行中不能恢复正常工作的，消防电梯无法正常运动控制的 (5)举高消防车作业场所未按规定采用专用供电回路，或设备末端自动切换装置，或虽设置但不符合国家消防规范标准，建筑既有外窗被封堵或做广告牌等遮挡，影响灭火救援的	(1)据以上要件，如果有一个要素与任一要素同时具备的，则应当确定为重大火灾隐患。但下列隐患违反规定达到一定量时才能确定为重大火灾隐患 ①场所或设备可燃物品(含易燃易爆危险品)的储存量超过规定储存量的25%的 ②人员密集场所(商店营业厅)内的疏散距离超过规定距离，或超员使用达25% ③高层建筑或地下建筑的应急照明，或损坏率超过30%的，其他建筑未按规定设置的应急照明，或损坏率超过30%的疏散指示标志，应急照明，或其他建筑超过50%的 ④设有人员密集场所的高层建筑的封闭楼梯间、防烟楼梯间、防烟楼梯间的封闭楼梯间、防烟楼梯间的损坏率超过20%的损坏率超过50%的 ⑤建筑物自改变原有防火分区，或防火分区面积超过规定的50%的，或防火门，防火卷帘等防火分隔设施数量的50%，或防火分区防火分隔设施损坏率超过50%的 (2)根据以上要素只要有一个要素具备的，则应当确定为重大火灾隐患(特大火灾隐患) (其他任一要素只要具备了其中1个要素的)则可以认定为一般火灾隐患

注：1. 消防设施，是指火灾自动报警系统、自动灭火系统、消火栓系统、防烟排烟系统以及应急广播和应急照明、安全疏散设施等。
2. 重要场所，是指发生火灾可能造成重大社会经济损失的场所。如：国家机关、重要科研单位、重要档案及关键建筑设施、城市地铁、广播、电视、邮政、电信楼、发电厂(站)、省级以上博物馆、储存、储罐、仓库、专用车站和码头、易燃易爆危险品场所、销售易燃易爆危险品场所、储存、加油加气站和封存、供应站、调压站、充装站等。
3. 可燃气体储气站、充装站、供应站、调压站、加油加气站和码头、专用车站和码头、储存、棉花、黄麻、稻草、秸秆、干草等属于易燃固体的易燃材料堆场。

织专家论证。专家论证应根据需要邀请当地政府有关行业主管部门、监管部门和相关技术专家参加。

经集体讨论、专家论证，存在《重大火灾隐患判定标准》可能造成严重后果的，应当提出判定为重大火灾隐患的意见，并且提出合理的整改措施和整改期限。集体讨论、专家论证应当形成会议记录或纪要。

论证会议记录或者纪要的主要内容应当包括：会议主持人及参加会议人员的姓名、单位、职务、技术职称；拟判定为重大火灾隐患的事实及依据；讨论或论证的具体事项、参会人员的意见；具体判定意见、整改措施以及整改期限；集体讨论的主持人签名，参加专家论证的人员签名。

（3）立案并跟踪督导。构成重大火灾隐患的，报本级消防救援机构负责人批准之后，应及时立案并制作《重大火灾隐患限期整改通知书》，消防救援机构应当自检查之日起3个工作日内，将《重大火灾隐患限期整改通知书》送达重大火灾隐患单位。若系组织专家论证的，送达时限可以延长至10个工作日。同时，应当抄送当地人民检察院、法院、有关行业主管部门、监管部门和上一级地方消防救援机构。

消防救援机构应当督促重大火灾隐患单位落实整改责任、整改方案以及整改期间的安全防范措施，并根据单位的需要提供技术指导。

（4）报告政府，提请政府督办。消防救援机构应定期公布和向当地人民政府报告本地区重大火灾隐患情况。对于医院、养老院、学校、托儿所、幼儿园、车站、码头以及地铁站等人员密集场所；生产、储存及装卸易燃易爆化学物品的工厂、仓库和专用车站、码头、储罐区、堆场，易燃气体和液体的充装站、供应站以及调压站等易燃易爆单位或者场所；不符合消防安全布局要求，必须拆迁的单位或场所；其他影响公共安全的单位和场所。若存在重大火灾隐患自身确无能力解决，但是又严重影响公共安全的，消防救援机构应当及时提请当地人民政府列入督办事项或者予以挂牌督办，协调解决。对经当地人民政府挂牌督办逾期仍未整改的重大火灾隐患，消防救援机构还应提请当地人民政府报告上级人民政府协调解决。

（5）复查与延期审批。消防救援机构应当自重大火灾隐患整改期限届满之日起 3 个工作日内进行复查，自复查之日起 3 个工作日内制作并送达《复查意见书》。

对确有正当理由不能在限期内整改完毕，单位在整改期限届满前提出书面延期申请的，消防救援机构应当对申请进行审查并做出是否同意延期的决定，自受理申请之日起 3 个工作日内制作、送达《同意/不同意延期整改通知书》。

（6）处罚。对于存在的重大火灾隐患，经复查，逾期未整改的，应依法进行处罚。其中对经济和社会生活影响较大的重大火灾隐患，消防救援机构应报请当地人民政府批准，给予责令单位停产停业的处罚。对存在重大火灾隐患的单位和其责任人逾期不履行消防行政处罚决定的，消防救援机构可依法采取措施、申请当地人民法院强制执行。

（7）舆论监督。消防救援机构对发现影响公共安全的火灾隐患，可向社会公告，以提示公众注意消防安全。如定期公布本地区的重大火灾隐患及整改情况，并视情况组织报刊、广播、电视以及互联网等新闻媒体对重大火灾隐患进行公示曝光和跟踪报道等。

（8）销案。重大火灾隐患经消防救援机构检查确认整改消除，或经专家论证认为已经消除的，报消防救援机构负责人批准之后予以销案。

政府挂牌督办的重大火灾隐患销案之后，消防救援机构应当及时报告当地人民政府予以摘牌。

（9）建立档案。消防救援机构应建立重大火灾隐患专卷。专卷的内容应当包括：卷内目录；《消防监督检查记录》；重大火灾隐患集体讨论、专家论证的会议记录、纪要；《重大火灾隐患限期整改通知书》；《同意/不同意延期整改通知书》；《复查意见书》或者其他法律文书；政府挂牌督办的有关资料；行政处罚情况登记；相关的影像、文件等其他材料。

6.5 火灾报警与处警

问324：如何报告火情？

如何报告火情

要想在易于控制和扑救阶段扑灭火灾，关键问题在于早发现、早报警以及早扑救。发现起火后，首先应该保持冷静，依据火警情形向单位职能部门、主管部门或者公安消防指挥中心报告火情。拨通电话后，应简练准确地讲清下列两个方面内容。

（1）火灾概况。火灾概况主要包括：火灾的性质；发生的时间；火灾的类型；发生的地点；伤亡情况；危害程度：火场态势；涉事人员。

（2）报警人情况。报警人情况主要包括：基本身份（姓名、性别、年龄、住址、单位或者部门）；联系电话或者寻呼号码；所报火警获取的途径。

当报警人将火警情况迅速简明做出报告之后，还要耐心回答接警人员的询问，单位主管职能部门的负责人确定火警之后应将火情向公安消防指挥中心报告。

问325：火警如何受理？

火警受理是指单位消防安全管理机构或主管部门借助各种信息渠道，接收和处理火灾情况报告的过程。准确地受理火警，及时以及合理地启用灭火和应急疏散预案，调度灭火和组织人员疏散力量，关系到灭火、应急疏散的成败，同时也是灭火应急疏散的重要环节。

（1）火警受理的方式。火警受理通常也称接警。按接警区域的划分方法分为分散接警、集中接警以及集中与分散结合接警。

① 分散接警。分散接警是指在消防安全管辖区域内按一定的

规则区分为若干个接警区域，对应设置若干个防火值班室或者控制室点，分别独立受理火警报告。当各接警区域发生火灾时，各防火值班室或者控制室只接报处本管辖区的火警，其他单位监听了解火情。对于安全分散接警，因为各消防安全管理值班室或控制室直接受理火警，启动消防预案、组织灭火以及人员疏散的响应时间短，所以差错率低。

② 集中接警。集中接警是在单位消防安全管理范围之内，只设置一处火警受理点，在其管辖区域内发生的火警均由此集中受理。集中接警方式适合防火重点单位及易出现火灾蔓延、扩大危险的部门。具有准确率高、处理火警程序化、易于统一指挥的特点，能迅速及时启动单位消防预案，组织起整修单位的人力、物力进行灭火以及应急疏散。

③ 集中与分散结合接警。集中与分散结合接警是依据单位消防安全管理辖区的情况和特点，具体在人员密集的区域实施集中接警，在人员疏散的区域内实施分散接警。

无论采取哪种接警形式，均应依据本单位的特点，结构、类型以及电话网的现实结构而确定。

（2）受理火警的方法。单位消防安全管理部门受理火警的主要任务是要掌握发生单位的火灾确切地点，了解火灾的性质、规模，为启动灭火和急疏散预案调集灭火力量提供信息。所以受理火警时要准确掌握如下几种情况。

① 火灾发生的地点：问清街区、道路、门牌或者楼牌号码及单位及部门的名称。

② 火灾的性质和规模：了解火灾的性质、种类、燃烧物以及现实规模。

③ 火场周围的基本情况：了解火场周围有无易燃易爆物品、种类以及数量。

④ 报案人的基本情况：记录报案人的基本情况及联系电话号码。

在接受火警的报告后，要根据经验综合分析判识真伪，先行向"119"报警，并把情况报告上级领导或按照规定程序处置。

6.6 安全疏散与自救逃生

问326： 普通场所如何安全疏散人员？

普通场所如何
安全疏散人员

（1）稳定情绪，维护现场秩序。火灾时，在场人员有烟气中毒、窒息以及被热辐射、热气流烧伤的危险。所以发生火灾后，首先要了解火场有无被困人员及被困地点和抢救的通道，以便于安全疏散。当遇有居民住宅、集体宿舍以及人员密集的公共场所起火，人员安全受到威胁时，或由于发生爆炸着火，在建筑物倒塌的现场上或者浓烟、充满毒气的房屋里，人员受伤、被困时，必须采取稳妥可靠的措施，积极进行抢救和疏散。有时人们虽然未受到火灾的直接威胁，但是处于惊慌失措的紧张状态（如影剧院、医院等公共场所发生火灾），有导致伤亡事故的危险，在喊话宣传稳定情绪的同时，也要尽快地组织疏散，撤离火灾现场。通常情况下，绝大多数的火灾现场被困人员可以安全疏散或自救，脱离险境。所以，必须坚定自救意识，不惊慌失措，冷静观察，采取可行的措施进行疏散自救。

（2）能见度差，鱼贯地撤离。疏散时，比如人员较多或能见度很差时，应在熟悉疏散通道的人员带领下，鱼贯地撤离起火点。带领人可用绳子牵领，以"跟着我"的喊话或者前后扯着衣襟的方法将人员撤至室外或者安全地点。

（3）烟雾较浓，做好防护，低姿撤离。如果在撤离火场途中被浓烟所围困，由于烟雾一般是向上流动，地面上的烟雾相对来说比较稀薄，所以可采取低姿势行走或匍匐穿过浓烟区的方法，若有条件，可用湿毛巾等捂住嘴、鼻，或用短呼吸法，用鼻子呼吸，以便于迅速撤出浓烟区。

（4）楼房着火，利用有利条件，不盲目跳楼。楼房的下层着火时，楼上的人不要惊慌失措，应依据现场的不同情况采取正确的自救措施。若楼梯间只是充满烟雾，则可采取低姿势手扶栏杆迅速而下；若楼梯已被烟火堵住但未坍塌，还有可能冲得出去时，则可向头部、上身淋些水，用浸湿的棉被、毯子等物披围在身上从烟火中冲过去；若楼梯已被烧断、通道已被堵死，可利用屋顶上的老虎窗、阳台以及落水管等处逃生，或者在固定的物体（如窗框、水管）上，将被单、窗帘撕成条连接起来，然后手拉绳缓缓而下；如果上述措施均行不通，则应退回室内，将通往着火区的门窗关闭，还可向门窗上浇水，延缓火势蔓延，并向窗外伸出衣物或者抛出小物件发出求救信号或呼喊引起楼外人员注意，设法求救。在火势猛烈时间来不及的情况下，若被困在二楼要跳楼时，可先往楼外地面上抛掷棉被等物，或者由地面人员在地上垫席梦思等软垫，以增加缓冲，然后手拉着窗台或阳台往下滑，这样既可使双脚先着地，又可以缩小高度。如果被困于三楼以上，则不能盲目跳楼，可转移到其他较安全地点，耐心等待救援。

（5）自身着火，快速扑打，不能奔跑。一旦衣帽着火，应尽快地脱掉衣帽，如来不及，可把衣服撕碎扔掉，切记不能奔跑，那样会使身上的火越烧越旺，还会将火种带到其他场所，引发新的火点。身上着火，着火人也可就地倒下打滚，压灭身上的火焰；在场的其他人员也可以用湿麻袋、毯子等物把着火人包裹起来以窒息火焰；或向着火人身上浇水，帮助受害者将烧着的衣服撕下；或跳入附近池塘、小河中熄掉身上的火。

（6）保护疏散人员的安全，避免再入"火口"。火场上脱离险境的人员，往往因某种心理原因的驱使，不顾一切，想重新回到原处进行抢救或施救。如自己的亲人还被围困在房间里，急于救出亲人；怕珍贵的财物被烧，急切地想抢救出来等。这样不仅会使这些人员重新陷入危险境地，而且给火场扑救工作带来困难。因此，火场指挥人员应组织人员安排好这些脱险人员，做好安慰工作，以确保他们的安全。

问327：人员密集场所发生火灾时如何安全疏散人员？

体育馆、影剧院、礼堂、医院、学校以及商店等人员密集场所，一旦起火，如果疏散不力，就会造成重大伤亡事故。所以，人员疏散是头等任务。这些场所的安全出口数量，走道、楼梯和门的宽度以及到达疏散出口的距离等，均必须符合防火设计要求。同时，还应做好各种情况下的安全疏散准备工作，以满足火灾时安全疏散的需要。

（1）制订安全疏散计划。根据人员的分布情况，制定在火灾等紧急情况下的安全疏散路线，并绘制平面图，利用醒目的箭头标示出出入口和疏散路线。路线要尽量简捷，安全出口的利用率要平均。对工作人员要明确分工，平时要进行训练，以便火灾时按照疏散计划组织人流有秩序地进行疏散。

（2）在经营时间里，工作人员要坚守岗位，并确保安全走道、楼梯和出口畅通无阻、安全出口不得锁闭，通道不得堆放物资。组织疏散时应进行宣传，稳定情绪，使大家能够积极配合，按照指定路线尽快将在场人员疏散出去。

（3）安全疏散时要维持好秩序，注意不要相互拥挤，要扶老携幼，要帮助残疾人和患病、行动不便的人一道撤离火场。

（4）人员密集场所应配置应急疏散器材箱：消防安全重点单位每 $1000m^2$ 至少配置 1 个器材箱，而总数不少于 2 个；非消防安全重点单位 $1000m^2$ 以下至少配置 1 个器材箱，$1000m^2$ 以上至少配置 2 个器材箱。在每个器材箱内应配备不少于 1 根疏散荧光棒、1个电源型移动疏散指示标志、4 个口哨、1 个手持扩音器、2 件反光背心、2 个防烟面具、2 个手电筒、20 条毛巾、10 瓶瓶装矿泉水等器材。应急疏散器材箱应均匀分布在场所显眼位置，方便取用，并不得影响疏散。

问328：地下建筑发生火灾时如何安全疏散人员？

地下建筑包括地下旅馆、游艺场、商店、物资仓库等，这些场所发生火灾时，烟气流对人的危害很大，所以需要在更短的时间内将人员疏散出去。地下建筑由于空间较小，疏散设施有限，起火时烟气很快充满空间，能见度极差，空间温度高，人们在惊慌中又易迷失方向等，人员疏散只能通过出入口。安全疏散的难度要比地面建筑大得多，因此，这种场所的安全疏散工作更需要加强。

（1）应制订区间（两个出入口之间的区域）疏散计划。计划应明确指出区间人员疏散路线及每条路线上的负责人。计划要通过平面图展示出来。

（2）服务管理人员都必须熟悉计划，特别是要明确疏散路线，一旦发生紧急情况，能够沉着地引导人流撤离起火场所。

（3）地下建筑内的走道两侧附设的招牌、广告以及装饰物均不得突出于走道内。

（4）地下建筑失火时，如果发生断电事故，营业单位应立即启用平时备好的事故照明设施或者使用手电筒及电池灯等照明器具，以引导疏散。

（5）单位负责安全的管理人员在人员撤离后应清理现场，避免有人在慌乱中躲藏起来而引发中毒或被烧死的事故。

问329： 高层建筑发生火灾时如何安全疏散人员？

（1）要冷静地观察从哪里可以疏散逃生，并要呼叫他人，提醒他人及时进行疏散。疏散时应按安全出口的指示标志，尽快地从安全通道及室外消防楼梯安全撤出。

（2）切勿盲目乱窜或奔向电梯，那样反而贻误逃生的时机或被困在电梯间而致死。这是由于火灾时常常切断电梯的电源，同时电梯井烟囱效应很强，烟火极易向此处蔓延。如果情况危急，急欲逃生，可利用阳台之间的空隙、落水管或者自救绳等滑行到没有起火的楼层或地面上，但千万不要跳楼。

（3）如果确实无力或者没有条件用上述方法进行自救，可紧闭房门，减少烟气、火焰侵入，躲在窗户下或者到阳台避烟，单元式住宅楼也可沿通道到屋顶的楼梯进入楼顶，等待到达火场的消防人员解救。总之，在任何情况之下，都不要放弃求生的希望。

（4）高层建筑内人员密集场所要确定疏散引导员，引导人员进行疏散，火灾时，要通过音响设备通报和指导按一定程序疏散，避免拥挤，影响疏散或导致踩伤事故。当烟雾弥漫到走道或楼梯间时，要及时排烟，并尽可能地引导人员由远离着火区的疏散楼梯疏散。

问330： 火场逃生自救的方法有哪些？

在火场上一定要强制自己保持头脑冷静，按照周围环境和各种自然条件，行动之前一定要事先做好判断和选择。逃生自救时常用的方法如下。

（1）迅速撤至安全地点。撤离时将房间里的门窗关闭，这样可以控制火势发展，延长逃生的时间。逃离时所经过的通道已经有了烟雾时，要用毛巾（最好是湿毛巾）捂住口及鼻子，低身匍匐前进。烟是导致人窒息的重要原因，国外某研究机构曾对393起建筑火灾中死亡的1464人做过统计分析，其中，由于吸入烟雾缺氧窒息死亡的有1062人，占死亡总数的70%左右。所以在逃离火场时，一定要避开浓烟的威胁。

（2）利用现有救生器材逃生。一般大型商场或高级宾馆大多安装有救生袋及缓降器等自救器材，在处于火灾的情况下，可以利用它们逃生。

（3）利用建筑物本身及附近的自然条件逃生。高层建筑发生火灾时，可以通过建筑物的阳台、窗口、落水管、楼顶、避雷线以及晾衣竹竿逃生。当然，这些不是所有的人都能够做到的。逃生时，除了充分利用这些自然条件外，更重要的是还要依据各人自身的能力，在对本身能力没有一定把握的情况下，千万不要贸然行事。

（4）因地制宜，就地取材，创造条件逃生。衣裤是逃生时最为方便利用的物品。火场上如果楼梯已开始着火燃烧，但尚未烧断，在火势并不非常猛烈时，可以将衣裤用水浸湿，披在身上，从楼上快速冲下。

绳子和床单能够为逃生创造条件。多层建筑发生火灾时，被大火围困的人员如果无其他自救方法时，可用绳子或床单连接起来，一端紧拴在牢固的门窗框架或者其他承重物上，再顺着绳子或床单滑下。比如 1985 年 4 月 15 日哈尔滨某饭店发生火灾，有两名旅客系好 3 条床单作为自救绳，从发生火灾的第 11 层楼窗口下滑至第 10 层而脱险。

棉被和地毯等也是火场能够利用的逃生物品。多层建筑火灾中，如无条件采取其他任何自救方法，在烟火威胁、时间紧迫的情况下，可先向地面抛下棉被、地毯以及席梦思床垫等物品，然后手扶窗台往下滑，以使跳落高度缩小，并保持双脚首先落在抛下的棉被、地毯或席梦思床垫上。需要说明的是，在楼层大于三层以上时要慎重使用这个办法逃生，不到万不得已最好不要使用。

问331：火场互救的方法有哪些？

火场互救指的是在火灾事故中表现出舍己救人，以帮助他人为目的的救助行为，如一家发生火灾时，周围的邻居来帮助灭火，在火场上帮助救人等。当一人（家）有难时，旁人伸出援助之手去帮助，这是中华民族几千年以来的传统美德。火场互救分为自发性互救及有组织的互救。

自发性互救指的是在火灾现场，在无组织、无领导的情况下，群众所采取的一种自觉自愿的救助行为，如当火灾发生时高喊"着火了"或者敲门向左邻右舍报警。当周围的邻居听到着火的消息后，一些年轻力壮和有行为能力的人会来救火，并帮助年老体弱者、妇女以及儿童逃离火场。

有组织的互救是指在火灾初期，消防人员尚未到达火场之前，由起火单位的干部及职工组织起来的互救行为。表现为火灾发生时利用喊话、广播通知，引导被火围困的人员撤离险境。当疏散通道被烟火封锁时，协助架设梯子、抛绳子以及递竹竿等帮助被困人员逃生。有时候还能在楼下拉起救生网、放置软体物质，救助从楼上跳下的人员。在配置有一般消防器材的建筑物火灾中，群众还可以通过建筑物内的水带及水枪等为被困人员开辟通道，帮助他们迅速逃离火场。

问332：火场等待救援的注意事项有哪些？

等待救援是在自救和互救均不能使自己逃离火场时，采用的一种被动逃生方法。这里重点介绍被困人员应该采取哪些方法才能够保全自己，等待援救。

（1）树立信心，保持镇静。信心就是战胜困难的保证，当自己的生命受到威胁时，千万不能产生畏怯情绪，要树立起战胜"火魔"的信心与决心，保持镇静，这样才能使自己头脑清晰，思维敏捷，判断准确。信心和镇静是火场逃生时必不可少的先决条件。

（2）严密防护，待机营救。如何变被动为主动，延缓时间，保护自己，等待营救，不能一概而论，要根据情况而定。在建筑物火灾中，在疏散通道被大火封死的情况下，要选择安全的房间（如洗手间、卫生间、厨房以及阳台）把门窗关好，堵塞门窗空隙，不间断地用水将门窗浇湿，避免烟火窜入，以延长保护的时间。同时要向火场周围发出呼救，可以敲击金属物品，大声呼喊，在夜间时，还要用手电筒的亮光向窗外发出信号，以引起救援人员的注意，及时发现和实施营救工作。

问333：火场逃生的注意事项有哪些？

每次火灾均有各自不同的特点，下面介绍遇到一般火灾事故逃生时的注意事项。

（1）火场逃生要迅速，动作越快越好，切不要为穿衣或者寻找贵重物品而延误时间，要树立时间就是生命、逃生第一的思想。

（2）逃生时要注意随手将通道上的门窗关闭，以阻止和延缓烟雾向逃离的通道流窜。通过浓烟区时，要尽可能以最低姿势或匍匐姿势快速前进，并且用湿毛巾捂住口鼻。不要向狭窄的角落退避，如床下、墙角、桌子底下以及大衣柜里等。

（3）若身上衣服着火，应迅速脱下衣服，如果来不及脱掉可就地翻滚，将火压灭，不要身穿着火衣服跑动，如附近有水池、河塘等，要迅速跳入水中。如果人体已被烧伤，应注意尽量不要跳入污水中，以防感染。

（4）火场上不要轻易乘坐普通电梯。其一，发生火灾后，往往容易断电而造成电梯"卡壳"，给逃生及救援工作增加难度；其二，电梯口直通大楼各层，火场上烟气涌入电梯并极易形成"烟囱效应"，人在电梯里随时就会被浓烟毒气熏呛而窒息。

（5）火灾刚刚发生时，应迅速拨打"119"报警，同时积极参加初起火灾的扑救。

问334： 火灾现场如何防止烟雾入侵？

烟的危害如此之大，因此在火灾现场，人被烈火包围时，要想尽办法防止烟雾入侵。通常可以采取以下几种办法。

（1）阻止烟气进入房间。火灾发生时，烟气的流动速度比火势蔓延的速度快。烟的水平流动速度在1m/s左右，而垂直流动速度可达5m/s以外。因此，一幢建筑物内虽然燃烧范围不大，但能使整幢房子都充满浓烟。所以，如果发现临近处已着火，周围通路又被截断而难以逃生时，应当立即关闭与燃烧处相通的门窗，但不要上锁。有条件的话，再用浸水的衣服等堵住门窗的隙缝，这样能阻止或者减少烟气侵入。

（2）用湿毛巾捂住口鼻，以减少吸入浓烟。从事灭火的消防队员及救护人员大都配备有防毒面具等，能够抵御烟气的袭击，一般居民可以采用最简便的手帕捂住口鼻的方法防烟，若用折叠起来的湿毛巾捂鼻，更具有一定的过滤作用，防烟效果会更好。

火灾发生后，大多数人会大喊大叫，殊不知大喊大叫中会有更多的烟雾吸入呼吸道。如某市南京路的一场大火中，一户居民惊慌失措，大喊大叫被呛死，其实在人乱嘈杂的火灾现场仅凭声嘶力竭地喊叫是起不了什么作用的，因而吸入了更多烟雾窒息而亡；另一户居民较为镇静机智，没有大声喊叫，而是用不断向窗外抛掷小物件及打灯光等办法，代替呼救信号，最后全家得救。

（3）寻找适当位置暂时避烟。烟气中的大多数气体比空气重，但在高温情况下烟雾仍向上浮动，所以室内的烟雾越是高处浓度越高。据试验，在火灾发生之后 11～13min 内房间顶部的二氧化碳含量约为 9%，中部约为 5%，地面约为 2%。一氧化碳要轻于二氧化碳，大部分集中在房间中部，相当于人呼吸的部位，顶部含量约为 0.8%，中间约为 1%，地面约为 0.4%。因此，在烟雾弥漫的房间里蹲下或匍匐的位置所吸入的一氧化碳和二氧化碳都比较少。但这只不过是权宜之计，仍以及早争取逃离火场至达安全地带为上策。

问335： 高层建筑发生火灾时如何逃生？

随着我国改革开放的不断深化及社会主义现代化建设步伐的加快，各大中城市里的高层建筑如雨后春笋般地耸立起来，其发展速度之快、数量之多都是非常惊人的。高层建筑有其自身的特殊性，发生火灾时人员的逃生与疏散比普通建筑难度更大。按照《建筑设计防火规范》（GB 50016—2014）（2018 版）的规定，高层建筑指的是 10 层或 10 层以上的住宅建筑及高度超过 24m 的公共建筑。建筑高度超过 100m 的为超高层建筑。建筑高度超过 24m 的两层及两层以上的厂房和库房为高层工业建筑。城市的高层建筑一般用作宾馆、宿舍、饭店、办公楼、商店等，也有一些综合性的大厦。一旦发生火灾，火势蔓延迅速，疏散难度大，往往会导致人员伤亡。所以，了解高层建筑火灾特点，掌握火灾时逃生的方法，对减少火灾人员伤亡尤为重要。

（1）基本特点。

① 主体建筑高，层数多。这是高层建筑的最重要的特点。

② 建筑形式多样。高层建筑的形式有四方形、塔形、凹形、阶梯形、人字形等。

③ 竖井、管道多。高层建筑因其功能需要，设有各种竖井及管道。常见的竖井有电梯井、电缆井、楼梯井、管道井等，这些竖井使楼层上下相通。水平位置的管道有排风管、水管以及电线管道等，这些管道通向各个房间，使整个楼层相互贯穿。

④ 用电设备多。高层建筑内用电设备多，除了各种照明灯具、

电视机、电冰箱、电梯以外，许多高层建筑内还设有自控空调及自动窗帘等智能电器设备。

⑤ 功能复杂、人员密集。有些高层建筑，同一幢大楼有多种功能，有办公室、会议室、卧室、文娱室、图书室、变（配）电室、厨房、机房、餐厅、仓库等。有的高层建筑既住旅客，又办公、营业，成为综合性大楼，人员复杂而且密集，火灾时更容易造成人员伤亡。

⑥ 可燃物多，火灾荷载大。在高层建筑内部有大量的可燃装饰材料，比如可燃材料吊顶、塑料墙布、墙纸以及窗帘等。有些管道、电缆的隔热材料和缠料也是用的可燃材料。这些材料多数为高分子材料，在燃烧过程中能够析出大量的热和可燃气体以及带有毒性的烟气，生成的这些物质能加快燃烧速度，又容易发生爆炸，严重地威胁人员的生命安全。

（2）火灾特点。

① 热气流升腾快。由于起火房间可燃物多，在密闭型的建筑内温度升高很快，烟气、高温热气流利用各种途径扩散，首先是向上升腾。

② 内外蔓延，容易形成立体火灾。房间起火之后，烟火首先冲向房顶，然后向水平方向扩散，烟雾越来越多时开始下沉，向起火楼层的四周蔓延。

③ 容易造成人员伤亡。一旦房间起火，有毒烟气迅速充满走廊，人们很快会受到烟气的袭击，加之高层建筑疏散的距离远，竖向疏散难度大，疏散所需要的时间长，在人员疏散时，容易出现拥挤甚至出现阻塞，造成人员疏散速度减慢。所以，高层建筑起火时，人员中毒、窒息死亡或者被火烧死的事件屡屡发生。

（3）逃生技术。在火灾中，被困人员应有良好的心理素质，保持镇静，并且不惊慌、不盲目地行动，从而选择正确的逃生方法。必须注意的是，火灾现场温度非常高，而且烟雾会挡住人的视线，加上火灾现场能见度又非常低，甚至在自己长期居住的房间里也弄不清窗户及门的位置。在这种情况下，更需要保持镇静，不能惊慌，利用一切可以利用的有利条件，选择正确的逃生方法。

以下列举几种常见的逃生方法。

① 尽量利用建筑物内设施逃生。通过建筑物内已有的设施进行逃生，是争取逃生时间、提高逃生率的重要方法，详见表6-2。

表6-2　利用建筑物内设施逃生的方法

序号	逃生方法
1	利用消防电梯进行疏散逃生,但是火灾时千万不能乘坐普通电梯
2	利用室内防烟楼梯、普通楼梯、封闭楼梯进行逃生
3	利用建筑物的阳台、通廊、避难层及室内设置的缓降器、救生袋、安全绳等进行逃生
4	利用观光楼梯避难逃生
5	利用墙边落水管进行逃生
6	利用房间床单等物连接起来进行逃生

② 不同部位，不同条件下人员逃生方法，见表6-3。

表6-3　不同部位，不同条件下人员逃生方法

部位及条件	逃生方法
高楼层某部位起火	当高楼层某部位起火,且火势已经开始发展时,应注意听广播通知,广播会告知着火的楼层,以及安全疏散的路线、方法等,不要一听有火灾就惊慌失措地行动
房间内起火	当房间内起火,门被火封死,人员不能顺利疏散时,可另寻其他通道,如通过阳台或走廊转移到相邻未起火的房间,再利用这个房间的通道疏散
晚上听到报警	如果是晚上听到报警,首先应该用手背去接触房门,试一试房门是否已变热,如果是热的,门不能打开,否则烟和火就会冲进卧室。如果房门不热,火势可能还不大,通过正常的途径逃离房间是可能的,离开房间以后,一定要随手关好身后的房门,以防止空气对流造成火势蔓延。如在楼梯间或过道上遇到浓烟时要马上停下来,千万不要试图从烟火里冲出,也不要躲藏到顶楼或壁橱等地方,应选择别人易发现的地方,向消防队员求救
某一防火分区着火时	当某一防火分区着火时,如楼房中的某一单元着火,楼层的大火已将楼梯间封住,致使着火层以上楼层的人员无法从楼梯间向下疏散时,被困人员可先疏散到屋顶,再从相邻未着火楼房的楼梯间往地面疏散

续表

部位及条件	逃生方法
着火层的走廊、楼梯被烟火封锁时	当着火层的走廊、楼梯被烟火封锁时,被困人员要尽量靠近当街窗口或阳台等容易被人看到的地方,向救援人员发出求救信号,如呼唤、向楼下抛掷一些小物品、用手电筒往下照等,以便让救援人员及时发现,采取救援措施
充满烟雾的房间和走廊内	在充满烟雾的房间和走廊内时,由于烟和热气上升的规律,在离地面近的地方,烟雾相对少一点,呼吸时可少吸些烟,逃离时最好弯腰使头部尽量接近地板,必要时应匍匐前进
处于楼层较低(三层以下)的被困位置	如果处于楼层较低(三层以下)的被困位置,当火势危及生命又无其他方法可自救时,可将室内床垫、被子等软物从窗口抛到楼底,人从窗口跳至软物上逃生

③ 自救、互救逃生。

a. 利用各楼层的消防器材,如干粉及泡沫灭火器或水枪扑灭初起火灾是积极的逃生。

b. 互相帮助,共同逃生。对老、弱、病、孕妇、儿童及不熟悉环境的人需要引导疏散,帮助逃生。

c. 自救逃生。发生火灾时,要积极行动,不能坐以待毙,要充分借助身边的各种利于逃生的东西,如把床单、窗帘以及地毯等接成绳,进行滑绳自救,或将洗手间的水淋湿墙壁和门,阻止火势蔓延等。

④ 注意事项,见表6-4。

表6-4　自救、互救逃生的注意事项

序号	注意事项
1	不能因为惊慌而忘记报警。进入高层后应注意通道、警铃、灭火器的位置,一旦发生火灾,要立即按警铃或打电话,延误报警是很危险的
2	不能一见起火就往下跑,低楼层发生火灾后,如果上层的人都往下跑,反而会给救援增加困难,且易被烟气侵害,正确的做法应是向上跑
3	不能因清理行李和贵重物品而延误时间。起火后,如果发现通道被阻,则应关好房间门,打开窗户,设法逃生

序号	注意事项
4	不能盲目从窗口往下跳。当被大火困在房内无法脱身时,要用湿毛巾捂住鼻子,阻挡烟气侵袭,耐心等待救援,并想方设法报警呼救
5	不能乘普通电梯逃生。高楼起火后容易断电,这时候乘普通电梯就有"卡壳"的可能,使疏散逃生失败
6	不能在浓烟弥漫时直立行走。大火伴着浓烟腾起后,应在地上爬行,以避免呛烟和中毒

问336：地下建筑发生火灾时如何逃生？

地下建筑是指建筑在岩石或者土层中的军事、工业、交通和民用建筑物。尤其是现在，有许多人防工程被开发利用，成为商场、旅店以及车库等，远远超出了它原有的设计使用范围。因为地下建筑结构复杂，人员高度集中，以致发生火灾时，常常不知所措。所以，必须掌握地下建筑的基本结构及其火灾规律，以利于紧急情况下顺利逃生。

（1）地下建筑的布置特点和结构形式，见表6-5。

（2）火灾特点。地下建筑外部由岩石及土层包围，它只有内部空间、出入口等，地下建筑火灾同其他建筑物火灾相比，有其自己的特殊性。地下建筑的火灾特点见表6-6。

表6-5　地下建筑的布置特点和结构形式

项目	内容
布置特点	地下建筑主要由出入口、通道和洞室三部分组成。出入口有主要出入口、安全出入口、连通口、特殊用途出入口和垂直式出入口。通道由主干道、连接道和迂回通道组成。洞室的平面形式是根据使用要求,结合地质等客观条件而确定的,可归纳为贯通式、梯式、环式、棋盘式和厅式五种类型
结构形式	拱形结构:分为锚喷结构、半衬砌、厚拱薄墙、曲墙拱、落地拱等 圆管结构:软土中的地下铁道或穿越江河底部的交通隧道,通常采用圆管结构 框架结构:软土中明挖施工的地下铁道大都采用框架结构,也叫箱形结构 薄壳结构:岩石中地下油库或油罐室的顶盖多采用穹顶,软土中地下厂房圆形沉井结构的其他顶盖也采用穹顶

表6-6　地下建筑的火灾特点

特点	具体内容
火场温度高，烟雾大，且不易散出	由于地下建筑绝大多数无窗，只有少量与建筑外部相连的通道，发生火灾后，在封闭空间内，烟气集聚，散热困难，温度升高快。火灾时产生的大量高温烟气不易散出，烟的浓度不断增大，能见度降低
毒气重	许多地下建筑物内装修时使用了大量高分子材料，塑料制品多，尤其是地下商场，存放大量的商品，这些可燃物质燃烧时会产生大量毒气。火灾时，由于缺氧严重，致使可燃物燃烧不完全而产生大量一氧化碳，更增加了烟气的毒性
疏散困难	地下建筑难以采取天然采光措施，火灾时往往断电，地下照明无保障，火场内烟的浓度大，人员高度集中，在火灾状态中惊慌失措，互相拥挤，使逃离火场难度加大，即使地下通道有疏散指示标志，也难以被人们发现
火灾扑救困难	地下建筑发生火灾时灭火进攻路线少，从地面进入地下需要较长的准备时间(佩戴防毒面具等)，能见度低，难于找到或接近着火点，出入口少，通道狭窄，拐弯多，灭火手段难以施展，加上高温、浓烟和毒气比一般火场严重，更增加了扑救火灾的难度

（3）火灾中人们的心理及行为特点。地下建筑因为通道少而狭窄、周围密封、空气对流差、浓烟和高温不易散失以及火灾扑救困难等原因，一旦发生火灾，人们往往会比在其他地方发生火灾更为紧张，逃生心情更为急迫，更需要得到别人的帮助，这是特殊的环境所导致的。这时熟悉环境和平时训练有素的人要控制人群的慌乱气氛，有秩序地引导及帮助在场人员迅速脱离险境。

地下建筑中通常都标有明显的疏散出口、标语牌或指示灯等，只要稍加留心就会发现。但受到高温或浓烟影响时，往往失去平常的冷静，以致不知消防通道或者安全出口的位置，疏散时辨不清方向，不择路线，不顾后果。

（4）逃生方法。

① 首先要有逃生意识。凡进入地下建筑的人员，一定要对其内部设施及结构布局进行观察，熟记疏散通道及安全出口的位置。

② 地下建筑一旦发生火灾，要立即将空调系统关闭停止送风，避免火势扩大。同时，应立即开启排烟设备，迅速排出地下室内烟

雾，降低火场温度及提高火场能见度。

③ 迅速撤离险区，采取自救或者互救手段疏散到地面、避难间、防烟室及其他安全地区。

④ 灭火与逃生相结合。严格按防火分区或防烟分区，关闭防火门，避免火势蔓延或封闭窒息火灾。把初起之火控制在最小范围内，并且采取一切可行的措施将其扑灭。

⑤ 在火灾初起时，地下建筑内有关工作人员应及时引导疏散群众，并且在转弯及出口处安排人员指示方向，在疏散过程中要注意检查，防止有人未撤出。逃生人员要坚决服从工作人员的疏导，绝不能盲目乱窜，已逃离地下建筑的人员不得再返回至地下。

⑥ 逃生时，尽量低姿势前进，不要做深呼吸，可能的情况下用湿衣服或者毛巾捂住口和鼻子，防止烟雾进入呼吸道。

⑦ 万一疏散通道被大火阻断，应尽量想尽办法延长生存时间，等待消防人员前来救援。

问337： 商场（集贸市场）发生火灾时如何逃生？

商场（集贸市场）是指向社会供应生产及生活所需的各类商品的交易场所，主要是室内百货商场（店）、商业大楼、购物中心、贸易中心、商城及大型集贸批发市场。为满足消费者的心理，吸引成千上万的顾客，经营决策者十分注重形象，商场装饰豪华（易燃材料多），商品高档（种类繁杂），顾客络绎不绝（密度大），一旦发生火灾，就会导致混乱，造成人员伤亡。

（1）建筑基本特点。商场及其他建筑物相比有其自己的特点。

① 建筑形式多样，结构复杂。通常有一字形、拐角形、丁字形、竖井形、带状以及大片商业建筑群等，其结构多为混合结构与框架结构，有的还设有地下营业厅，营业厅面积有的达数千平方米，并且无防火分隔。耐火等级分为一、二级。厅内承重梁柱多，通道弯曲狭小。疏散通道一般有内楼梯、螺旋敞开式楼梯、电梯、自动扶梯以及疏散楼梯等。

② 内部装饰豪华。绝大多数商场都进行过装修，装饰材料大多采用木材和高分子可燃物，安装了大量照明设备，有的还设有中央空调，工作时间大多在 12h 左右，耗电量大。

③ 功能复杂。现代商场都朝着高、大、全的方向发展，室内除设有售货柜台之外，还设有餐饮、影院、酒吧、游乐场以及顾客休息室等，有的办公室、旅店和居民住宅在同一幢建筑内。

④ 人员密集。商场（集贸市场）内人员流动性大、密度高，这一点在节假日表现得非常突出，高峰时可达 $5\sim6$ 人$/m^2$。人员成分中，妇女和儿童所占比重大，大约在 60% 以上。

⑤ 摊位拥挤。这是新时期商场（集贸市场）的一个比较明显的特点，绝大多数单位，往往是一个摊位连一个摊位，一个柜台挨一个柜台，有的甚至占用安全通道，遮掩了消火栓。而且所经营的商品种类复杂，易燃物品多。

（2）火灾特点。商场（集贸市场）的火灾危险性大，一旦失火不仅会烧毁大批货物，建筑物遭到损坏，也可能导致人员伤亡。其火灾特点见表 6-7。

（3）逃生方法。商场（集贸市场）的火灾与其他火灾不同，其逃生方法也有其自身特点。

① 利用疏散通道逃生。每个商场都按规定设有室内楼梯和室外楼梯，有的还设有自动扶梯、消防电梯等，发生火灾后，特别是在火灾初起阶段，这些都是逃生的良好通道。在下楼梯时应抓住扶手，以免跌倒或被人群撞倒。不要乘坐普通电梯逃生，因为发生火灾时很有可能停电，无法保证电梯正常运行。

② 自制器材逃生。商场（集贸市场）是物资高度集中的场所，商品种类繁多，发生火灾之后，可利用逃生的物资是比较多的，如把毛巾、口罩浸湿后捂住口、鼻子，可制成防烟工具；利用绳索、布匹、床单、地毯以及窗帘来开辟逃生通道。如果商场（集贸市场）还经营五金商品，则可以利用各种机用皮带、消防水带以及电缆线来开辟逃生通道，穿戴商场（集贸市场）经营的各种劳动保护用品，如安全帽、摩托车头盔以及工作服等，以避免烧伤和坠落物资砸伤。

表6-7 商场（集贸市场）的火灾特点

特点	具体内容
火势迅猛，蔓延迅速，易形成立体燃烧	①起火楼层易燃烧。楼层起火后，火向水平方向迅速蔓延，由于货物沿柜台和货架立体堆积或陈列，再加上各种横幅、吊挂商品、吊顶等形成了立体组合，火势会迅速扩大形成立体燃烧，并上下波及，高处着火物落下后又形成新的火点 ②垂直蔓延迅速。起火楼层烟火会沿楼梯口、自动扶梯、电梯竖井等垂直通道向上蔓延，将上层商品引燃，形成立体火场。起火层的火势沿楼梯间为装修可燃材料或堆积物品逐渐烧向上层。起火楼层燃烧物碎片从楼梯开口处落入下层后引燃下层可燃物
烟雾浓，毒气重	①由于建筑物比较封闭，起火后产生大量烟雾能迅速充满楼层空间，并顺着通道瞬间笼罩整个建筑物，使建筑物内能见度降低 ②商品品种繁多，大量可燃物（如棉、毛、化纤织物及橡胶制品、塑料制品等）及高分子装修材料等起火后，不仅产生大量烟雾，而且释放出有毒气体，会使在场人员中毒、窒息，抢救不及时还会有生命危险
易向毗邻建筑蔓延	商场（集贸市场）多分布在商业街道或居民区，建筑物密度大，起火后火势蔓延迅速，加上建筑毗连，易形成火烧连营之势，形成大面积火灾
疏散困难	商场（集贸市场）若在营业时间起火，初起火灾一旦失控，密集的人员来自四面八方，互不相识，妇孺又多，在火灾发生时，人们惊慌混乱，加上出入口少，通道狭窄，容易出现拥挤造成踩踏事故

③ 利用建筑物设施逃生。发生火灾时，如以上两种方法都无法逃生，可利用落水管、房屋内外的突出部位、各种门以及建筑物的避雷网（线）进行逃生或者转移到安全区域再寻找机会逃生。这种逃生方法在利用时既要大胆又要细心，尤其是老、弱、病、残，妇、幼等人员，切不可盲目行事，否则容易出现意外。

④ 寻找避难处所逃生。在无路可逃的情况下，应积极寻找避难处所，比如到室外阳台、楼层屋顶等待救援；选择火势、烟雾难以蔓延的房间，将门窗关好，堵塞间隙，房间如有水源，要立刻将门、窗和各种可燃物浇湿，以阻止或减缓火势和烟雾的蔓延时间。无论白天或者夜晚被困者都应大声呼救，不断发出各种呼救信号，引起救援人员的注意，以帮助自己脱离困境。

问338: 影剧院发生火灾时如何逃生？

影剧院（包括礼堂、文化宫、俱乐部以及录像厅等）是供人们开展文化娱乐活动和进行大型集会的场所。其建筑高、空间大、电气设备多、结构复杂以及有相当数量的可燃物，常常处于人员高度集中的状态。发生火灾后，火势猛烈，蔓延迅速，容易导致人员伤亡。

（1）建筑特点。影剧院的主体建筑通常由舞台、观众厅、放映厅三大部分组成，其形状一般为长方形，也有圆形、扇形以及星形的。其建筑特点大致有以下几点。

① 建筑高，跨距大。舞台是影剧院的最高部位，通常高 11～20m，有的高达 27m，宽 22～30m。观众厅低于舞台，但空间高大，通常高 9～14m，宽 22～29m，长 25～36m。

② 可燃物质多。在影剧院内，许多物质都是可燃的。尤其是舞台和观众厅里的可燃物质多，如吊顶、吊杆、舞台台面以及门窗等；轻型隔声吊顶所用的纤维板、胶合板、刨花板和钙塑板等；观众厅的座席，舞台的棚顶、绳缆、吊杆、工作渡桥、幕布、布景以及服装、道具等。

③ 电气设备和线路多。影剧院电气设备主要有各种灯光、空调、音响、放映以及发电、变电等设备。一般中小型剧场的灯光线路近百条，大型剧场多达 200 余条，各种电气线路非常复杂。

④ 各部分相互连通。舞台和观众厅除舞台口与两侧的侧门连通外，闷顶也是相互连通的。观众厅与放映厅主要是放映口、观察口与门窗、楼梯连通。

⑤ 在演出和集会时，人员高度集中。

（2）火灾特点。影剧院最容易发生火灾的部位是舞台，其次是观众厅，最后为放映厅。因为影剧院有大量可燃构件及可燃设备，有的处于垂直和悬吊状态，加之空间巨大，空气流通，各部位相连，起火时，火势发展速度相当快，燃烧十分猛烈。当屋面或吊顶烧穿后，会很快形成上下燃烧的立体火灾，屋架（特别是钢屋架）的机械强度受到严重破坏，在比较短时间内发生倒塌。带有闷顶的木质屋面房屋，在屋面吊顶被烧穿之后，20～30min 内即可能坍塌。影剧院的火灾特点见表 6-8。

表 6-8　影剧院的火灾特点

特点	具体内容
舞台着火	火势首先沿着幕布、布景绳缆垂直向棚顶或吊顶，接着火势向四周房间主要是向观众厅发展。当舞台塌落时，强大的烟火和热气流，会通过舞台口扑向观众厅
观众厅着火	观众厅起火大多发生在上部闷顶内，其他部位着火的概率较小。着火时火势发展的主要方向是舞台，蔓延的途径是连通的闷顶和舞台口。观众厅着火的另一发展方向是放映室，蔓延途径主要是连通的闷顶，也有可能沿放映口和观察口蔓延
放映厅着火	放映厅着火时，火势通过连通的闷顶向观众厅发展，产生的高温烟气直接威胁前厅。多数放映厅是不燃建筑，着火后，对其他部位威胁较小
扑救困难	影剧院建筑高大，环境复杂，可供灭火的有利途径少，灭火行动受到客观条件的限制，特别是观众厅轻型吊顶与保温层之间的火势蔓延很难阻止
容易出现人员伤亡	当火灾发生在影剧院人员集中的时候，因人们没有精神准备，加上受影剧院疏散通道少客观条件的限制，人们在求生的心理作用下，会显得惊慌失措，行动不能自控，从而发生互相拥挤和践踏，造成人员伤亡。火场断电后，一片漆黑，加重人们的恐惧心理，更加造成人员行为失当，影响疏散而造成更大伤亡

（3）逃生方法。影剧院着火时，人多，疏散通道少，这就给人员逃生带来了非常大的困难。影剧院的逃生方法见表 6-9。

表 6-9　影剧院的逃生方法

项目	逃生方法
选择安全出口逃生	影剧院里都设有消防疏散通道，并装有门灯、壁灯、脚灯等应急照明设备，标有"太平门""出口处"或"安全出口""紧急出口"等指示标志。发生火灾后，观众应按照这些应急照明指示设施所指引的方向迅速选择人流量较小的疏散通道撤离 　　①当舞台发生火灾时，火灾蔓延的主要方向是观众厅，厅内不能及时疏散的人员，要尽量靠近放映厅的一端掌握时机进行逃生 　　②当观众厅发生火灾时，火灾蔓延的主要方向是舞台，其次是放映厅。逃生人员可利用舞台、放映厅和观众厅的各个出口迅速疏散 　　③当放映厅发生火灾时，由于火势对观众厅的威胁不大，逃生人员可以利用舞台和观众厅的各个出入口进行疏散 　　④发生火灾时，楼上的观众可从疏散门由楼梯向外疏散。楼梯如果被烟雾阻隔，在火势不大时，可以从火中冲出去，虽然人可能会受伤，但可避免生命危险。此外，还可就地取材，利用窗帘等自制救生器材，开辟疏散通道

续表

项目	逃生方法
注意事项	①疏散人员要听从影剧院工作人员的指挥,切忌互相拥挤、乱跑乱窜,堵塞疏散通道,影响疏散速度 ②疏散时,人员要尽量靠近承重墙或承重构件部位行走,以防被坠物砸伤。特别是在观众厅发生火灾时,人员不要在剧场中央停留 ③若烟气较大,宜弯腰行走或匍匐前进,因为靠近地面的空气较为清洁

问339: 歌舞厅发生火灾时如何逃生?

歌舞厅是人们集中娱乐活动的公共场所,主要由舞池、乐池、观众厅以及休息大厅等组成。随着人们物质文化生活水平的提高,娱乐活动形式也越来越多样化。唱歌和跳舞已成为一种大众化的娱乐方式,歌舞厅也就成为人们进行娱乐活动十分重要的公共场所,但这些地方也是极易引起火灾导致人员伤亡的场所。

(1) 建筑特点。

① 一般附属于其他建筑内。有的设置在建筑物的顶部,有的设置在建筑物的中间层,有的则设置在地下,离地面都有一定的距离。

② 内部空间大,安全出口少。歌舞厅由使用性质所决定,必须提供比较大的场地供人们进行唱歌、跳舞等娱乐活动,所以内部空间大,闷顶内空间也大,而安全出口相对较少。

③ 可燃物多。歌舞厅大多装饰豪华,并且采用易燃物品作装饰材料,发生火灾时,会迅速达到猛烈燃烧的程度。

④ 电气、音响设备多。歌舞厅的主要电气设备是灯具、音响装置以及配电线路,布线错综复杂。如管理不善因导线年久失修或超负荷工作,都可能导致电线短路而发生火灾。

(2) 火灾特点。

① 燃烧猛烈,蔓延迅速。着火后,由于可燃物多空间大,火灾在初起阶段燃烧就十分猛烈,火势蔓延发展迅速。

② 建筑物易倒塌。由于歌舞厅通常采用钢屋架,跨度大,发生火灾时,在火焰和热辐射作用下,可燃构件很快被烧毁,使很难

着火或者不会燃烧的构件受到破坏，从而失去承载能力而倒塌。

③ 烟雾浓。歌舞厅发生火灾，大量的可燃构件在燃烧时会产生很浓的烟雾，在蔓延时随气流很快充满整个舞厅。

④ 容易造成人员伤亡。因为歌舞厅内可能聚集着大量人员，火灾发生时，人们惊慌混乱，争相逃难，拥挤践踏，导致人员伤亡。

（3）逃生方法。

① 逃生时必须冷静。因为进出歌舞厅的顾客随意性大，密度很高，且一般都在晚上营业，加上灯光暗淡，失火时容易造成人员拥挤，在混乱中发生挤伤踩伤事故。所以，只有保持清醒的头脑，明辨安全出口方向和采取一些紧急避难措施，才能够掌握主动，减少人员伤亡。

② 积极寻找多种途径逃生。在发生火灾时，首先应该想到利用安全出口迅速逃生。特别要提醒的是：由于歌舞厅等场所大多人员密集，一旦人们蜂拥而出，极易导致安全出口堵塞，使人员无法顺利撤离而滞留火场，这时就要克服盲目从众心理，果断放弃从安全出口逃生的想法，选择破窗而出的逃生措施。对设在楼层底层的歌舞厅可以直接从窗口跳出，对于设在二至三层的歌舞厅，可从高往下滑，以尽量缩小高度，并且让双脚着地。设在多层楼房的歌舞厅发生火灾时，首先应选择疏散通道和疏散楼梯、屋顶以及阳台逃生。一旦上述逃生之路被火焰和浓烟封住，应该选择落水管道和窗户进行逃生。利用窗户逃生时，需用窗帘或地毯等卷成长条，制成安全绳、滑绳自救，绝对不能急于跳楼，防止发生不必要的伤亡。

③ 在高层场所逃生。设在高层建筑中的歌舞厅发生火灾，并且逃生通道被大火和浓烟堵截，又一时找不到辅助救生设施时，被困人员只有暂时逃向火势比较轻的地方，向窗外发出求援信号，等待消防人员营救。具体可以参考高层建筑火灾的逃生方法。

④ 在地下场所逃生。地下歌舞厅发生火灾时，可以参考地下建筑火灾的逃生方法。

⑤ 互相救助逃生。在歌舞厅进行娱乐活动的年轻人较多，身体素质好，可以互相救助脱离火场，特别应帮助年长者逃生。

⑥ 在逃生过程中要防止中毒。因为歌舞厅四壁和顶部有大量的塑料、纤维等装饰物，一旦发生火灾，将会产生有毒气体。所以在逃生过程中，应尽量避免大声呼喊，防止烟气进入口腔和呼吸道；用水打湿衣服捂住口腔和鼻孔，一时找不到水时，可用饮料来打湿衣服代替，并且采用低姿行走或匍匐爬行，以减少烟气对人体的危害。

问340：单元式居民住宅发生火灾时如何逃生？

单元式居民住宅是人们稳定生活及安逸休息的重要场所。单元式居民住宅主要由客厅、卧室、卫生间、厨房以及阳台等部分组成，按楼层分平房式单元居民住宅和楼层式单元居民住宅。其中楼层式单元居民住宅按高度分为高层单元式居民住宅与一般居民住宅。其建筑多数为钢筋混凝土结构的二级防火建筑，也有少数砖混结构的三级防火建筑。建筑内人员居住集中，电器密集，易燃、可燃物质多，疏散通道狭窄，火灾负荷大，发生火灾的可能性大，且发生火灾后，人员逃生较为困难。

（1）建筑结构概况。这里主要就单元式居民住宅的疏散通道、门窗以及阳台做介绍。

① 疏散通道。一些10层以上的单元式居民住宅均设有疏散通道，疏散通道由安全出口、疏散走道、楼梯及消防电梯组成。建筑中每个防火分区均必须有两个安全出口，安全出口的净宽不可小于1.3m。

② 门。目前，我国单元式居民住宅中大多使用木质门与金属门两种。

③ 窗。目前，我国单元式住宅以金属及塑钢窗为主，其材料大多与门相配套，开启方式多为平开式，也有固定式与百叶式的。

（2）建筑特点。

① 墙体耐火能力低。楼层式单元居民住宅中竖井及管道多。墙有黏土砖墙和煤渣砖墙，房间内间隔墙有胶合板、塑料板、木竹以及玻璃墙等，耐火能力较低。一些楼层式单元居民住宅楼中，由于功能的需要，设有各种竖井和管道，使楼层上下相通，左右贯穿。比较常见的竖井有电梯井、电线井、楼梯井以及垃圾井等。常

见的管道有水管、电线管。

② 用电设备多。随着现代居民生活水平的提高，单元式居民住宅用电设备不断增多，除各种照明灯具外，许多家庭计算机、电视机、音响设备、电冰箱、洗衣机、微波炉、烤箱以及空调等一应俱全。用电设备多，耗电量大，使用时间长。

③ 可燃物质多，火灾荷载大。许多居民住户室内装修时使用了大量的可燃材料，而这类材料多数为高分子合成材料，在燃烧过程中可放出大量的热、可燃气体以及带有毒气的烟。室内陈设及生活用品，如床、沙发、衣柜、桌椅、衣物以及挂画等，都为可燃物，按上述陈设估算：一般住宅着火后，火灾温度上升快，火灾荷载密度是 $36\sim60\text{kg/m}^2$。

（3）火灾特点。

① 火灾温度高，空气压力大。局部空间内火势猛烈，蔓延快。在单元式居民住宅中，因房间内可燃物多、荷载大，建筑又是自成系统、自为一组的密闭型，因此燃烧热极难扩散，易使火灾温度急剧升高，同时使燃烧单位系统内的压力增大。烟气高温和热气流利用门窗等各种途径向外扩散，形成一种抽拔力，使火势蔓延加快。在一定条件之下（如风等），促使火势沿窗口、门口及各种管道向上、向下或左右蔓延，形成大面积立体火灾。

② 受困人员复杂，疏散速度慢，自救能力弱。单元式居民住宅以家庭为单位，遭受火灾后受困人员成分复杂。在被困者中有妇、老、病、残、幼及智障者或者精神失常者，他们在受困后群体性强，极易发生群体性伤亡事故。同时，因为他们受生理或身体条件限制，自救力弱。一般来说，住宅中某一层发生火灾时，烟会扩散至本单元内的疏散通道，人需要从起火层通过疏散通道往下跑，这样势必给疏散速度带来影响；同时因为单元式居民住宅中的受困物品为私有财产，一些居民拼死保护而不愿离开受困区，即使离开受困区也可能会携带一些贵重物品，而且由于单元式居民住宅的通道不宽，仅有 1.3～1.4m，疏散楼梯宽度只有 1.0m，这样就给疏散带来一些人为的障碍，使疏散速度减慢或者无法疏散。

（4）火场中受困人员的心理特点。单元式居民住宅中的人员是以家庭为单位组合起来的，在居民中大多是直系亲属关系，在火场受困时通常都不会单个逃离，而是彼此相互关照，或者跟随某一个逃生群体；同时，由于火灾所威胁和侵吞的是个人多年来的劳动所得，他们在火场中受困时的心理过程通常都要经过紧张、恐惧以及急切三个阶段。

① 紧张阶段。通常都处于火灾的初起或发展阶段。在这个阶段中，小孩和妇女大多惊慌失措，一段时间之后才进行灭火自救。而成年男人在此阶段中一般比较镇静，直接进入紧张阶段，他们可能一边扑救火灾，一边责骂或者埋怨旁人及火灾肇事者。大多数居民住宅火灾在这个阶段被扑灭。

② 恐惧阶段。通常处于火灾的发展阶段。在此阶段中，除与火灾起因有直接或间接关系者在奋力扑救外，其他人员认为已经无能为力或者精疲力竭而进入恐惧阶段，他们除极力劝止与火灾起因有关系者之外，主要尽力携带贵重物品或老、弱、病、残者逃生。

③ 急切阶段。通常处于火灾的发展或猛烈阶段。在此阶段，人员大多会丧失理智，具体表现为急声呼救或盲目逃生，严重者会产生跳楼或者冲入火海等不当行为，给救人灭火带来阻碍。

（5）逃生方法。具体逃生方法和注意事项见表 6-10。

表 6-10　单元式住宅火灾的逃生方法及注意事项

项目	具体内容
逃生方法	①利用门窗逃生。在火场受困时,大多数人采用这个方法。利用门窗逃生的前提条件是火势不大,还没有蔓延到整个单元住宅,同时,是在受困者较熟悉燃烧区内通道情况下进行的。具体做法是:把被子、毛毯或褥子用水淋湿裹住身体,低身冲出受困区。或者将绳索一端系于窗户横框(或室内其他固定构件上,无绳索可用床单或窗帘撕成布条代替),另一端系于小孩或老人的两腋和腹部,将其沿窗放至地面或下层的窗口,然后破窗出室从通道疏散,其他人可沿绳索滑下 ②利用阳台逃生。在火场中由于火势较大,无法利用门窗逃生时可利用阳台逃生。高层单元住宅建筑从第 10 层开始每层相邻单元是连通阳台或凹廊的,在此类楼层中受困,可破拆阳台间的分隔物,从阳台进入另一单元,再进入疏散通道逃生。建筑中无连通阳台但阳台相距较近时,可将室内的床板或门板置于阳台之间,搭桥通过。如果楼道走廊已被浓烟充满无法通过时,可紧闭与阳台相通的门窗,站在阳台上避难

续表

项目	具体内容
逃生方法	③利用空间逃生。在室内空间较大而火灾荷载不大时可利用这个方法，其具体做法是:将室内(卫生间、厨房都可以,室内有水源最佳)的可燃物清除干净,同时清除与此室相连室内的可燃物,消除明火对门窗的威胁,然后紧闭与燃烧区相通的门窗,防止烟和有毒气体的进入,等待火势熄灭或消防人员的救援 ④利用时间差逃生。在火势封闭了通道时,可利用时间差逃生。由于一般单元式住宅楼为一、二级防火建筑,只要不是建筑整体受火势的威胁,局部火势一般很难致使住房倒塌。利用时间差逃生的具体方法是:人员先疏散至离火势最远的房间内,在室内准备被子、毛毯等,将其淋湿,采取利用门窗逃生的方法,逃出起火房间 ⑤管道逃生。房间外墙壁上有落水或供水管道时,有能力的人可以利用管道逃生,这种方法一般不适用于妇女、老人和小孩
注意事项	①在火场中或有烟的室内行走,尽量低身弯腰,以降低高度,防止窒息 ②在逃生途中尽量减少所携带物品的体积和重量 ③正确估计火势发展和蔓延态势,不得盲目采取行动 ④防止产生侥幸心理,先要考虑安全及可行性后方可采取行动 ⑤逃生、报警、呼救要结合进行,防止只顾逃生而不顾报警与呼救

问341: 棚户区发生火灾时如何逃生?

棚户区也称为简易建筑区，是指用草、木竹、油毡等易燃材料搭建的简易房屋群。这类建筑区通常建筑密集，往往一户接着一户，连成一片，区内道路狭窄，障碍物多，水源缺乏，且布局极不合理。尤其是旧有的棚户区布局，有的将工厂、仓库、居民住宅混在一起。这类地区一旦发生火灾，燃烧十分猛烈，火势蔓延很快。极易产生飞火形成多个火点，在很短时间内，就会达到相当大的燃烧面积。对群众的生命及财产造成极大威胁。

（1）火灾特点。

① 容易起火，燃烧猛烈。这类房屋不但建筑材料容易起火，而且一旦失火，燃烧发展迅速，火焰很快就窜出屋顶，由室内火灾发展至室外露天火灾。它的发展过程是：火灾初起时，由窗缝、板壁缝、瓦缝首先冒出白烟，继而是浓浓的黑烟，在黑色烟雾逐渐减少之后窜出的，就是火焰。当室内承重墙或房柱等烧毁后，顷刻间

房屋就会倒塌。因为简易房屋矮小，火焰很容易烧向屋外。根据试验，木板房内起火成灾一般只需 20～60s，发展到外部通常为 30～150s。

② 火势蔓延快，燃烧面积大。这类房屋从起火发展至外部燃烧后，火焰外露，在热辐射及风力的影响下极易向毗邻的简易房屋蔓延，若不能及时控制火势，扑灭火灾，就很容易形成"火烧连营"式大面积燃烧。有的地区，简易建筑为四合院型，火灾发生时，因为风力的影响，易出现飞火引燃相邻的建筑物，形成第二、第三燃烧区，导致火势蔓延扩大。

③ 风助火势发展。火因风向变化，风的作用不仅能助长燃烧，导致火势蔓延，而且助火势蔓延的方向和速度在很大程度上取决于风向和风速。风力越大，火势蔓延的速度就越快，如某地发生的一起恶性火灾，当时风速为 18m/s（八级风），起火之后不到 3h，火灾蔓延距离达到 6km，后由于风向的转变，火势随风向蔓延，最后燃烧面积竟达到 $4.5 \times 10^4 m^2$。实践表明，火场上的风向时常变化，这是由于燃烧区四周因温度出现差异，引起气压的变化，致使气流的改变而出现反方向的强风，形成火的漩涡，甚至出现火焰沿地面飞奔的火流。通常来说，火势逆风发展的速度略慢于顺风。因为辐射不受气流的影响，火能逆风方向蔓延引起上风方向的易燃建筑物燃烧，但蔓延的速度要慢于顺风的蔓延速度。

（2）人的行为特点。棚户区大多是一些私人住宅，家庭财物几乎均放在里面。当发生火灾时，人们往往最先想到的是抢救财物，包括一些笨重的物品，这势必花费相当的时间，所以会失去逃生机会。如火灾发生在夜间，浓烈的烟雾影响了视线，加之人们的惊慌、恐惧以及强烈的求生本能，产生焦急的心理，致使行为的失当，辨不清门窗的方向，不知道逃生的出路。当看到四周是烟，到处是火，更是不知所措。一些年老体弱的人会就近寻找可隐蔽的地方，如床下，一些小孩则可能躲到房角或柜内。

对于处在比较大面积火场中的人，逃生时不能分辨火场边缘的最近距离，盲目朝一个方向奔跑，如果这个方向和风向一致，即正是火势蔓延的方向，则可能来不及逃出火场便已被火烧死或被毒烟窒息而死。

棚户区是人员比较集中的地方，发生火灾时，有的人看到自己的财产被烧光而万分悲痛，不听劝阻，不愿离开火场；有的人甚至冲入火场抢救亲人及财物，加上一些老人、小孩以及病人极易影响火场上的疏散秩序，导致疏散困难，贻误逃生的时机。

（3）逃生方法。由于棚户区建筑较矮，火焰烟雾在风及热气流的影响下，向四周扩散迅速，在离地面一定高度内烟雾较少，烧穿了屋顶的房间内烟雾较少，但这并不意味着没有被烟威胁的危险。因为室内一些化纤品、橡胶以及塑料制品在燃烧过程中会产生有毒气体，人只要吸入几口这些有毒气体就会感到头昏。所以火场上应采取一些必要的防烟措施，如用湿毛巾、湿布等捂住口鼻，以减少有毒气体的侵害，便于逃生行动。在火焰离地面比较近时，辐射热较大，很容易灼伤或烧伤人。处于火势包围的人可以将被子及麻布浸湿后裹在身上，迅速冲出火场。

通常来说，棚户区房间面积小，发生火灾后要果断地抓住时机逃离房间，退到较为安全的地区，切不可因抢救物品而延误时机。当火势窜出屋顶及房屋出现倒塌迹象时，最好沿承重墙逃出房间。住在阁楼上的人在逃生时，应采取前脚虚、后脚实的方法行走，避免由于阁楼烧坏，脚踏空而坠楼摔伤。

当身上着火时，切不可带火奔跑，应设法脱掉衣服。如果一时脱不掉，可卧倒在地上打滚，把身上的火苗压灭或者淋湿衣服或就近跳入水池。

对于大面积燃烧火场，虽然逃出了房间，但是仍处在火势的包围之中，这时千万不能惊慌，应退到较为安全的空地，迅速观察周围的情况，观察风向，选择逃生路线。通常来说，风向就是火势蔓延的方向。在上风方向火势蔓延慢一些，则应向上风方向逃跑。在奔跑的过程中，应尽量减少呼吸，由于呼吸时烟雾和热气会进入呼吸道，造成烟呛和灼伤呼吸器官，同时应防止周围房屋倒塌砸伤自己。

棚户区发生火灾，蔓延十分迅猛，逃生的机会稍纵即逝，因此，火场逃生时必须冷静、果断，以先保全生命为原则，在保全生命的前提之下抢救财物。

问342：旅客列车上发生火灾时如何逃生？

旅客列车是地上运送中长途旅客的重要交通工具。随着科学技术的进步和经济建设的发展，旅客列车逐渐向全封闭、超豪华、高速的空调列车方向发展。旅客列车一旦发生火灾，扑救较为困难，极易造成人员伤亡。1988 年 1 月 7 日 23 时 25 分，京广线上行驶的某次直快列车途经湖南省永兴县境内时，第六节车厢发生火灾，导致 34 人死亡、30 人烧伤的惨痛后果。所以，掌握旅客列车火灾的基本特点和火场中被困人员的行为特点对选择火场基本逃生方法是有很大帮助的。

（1）火灾特点。

① 易造成人员伤亡。旅客列车车厢内有大量旅客，发生火灾之后，燃烧产生的烟雾和热辐射在风的影响下会在车厢内迅速蔓延。因为车厢内通道狭窄，车门少，再加上列车在行驶途中不易发现失火，无法及时停车，旅客难能疏散，极易导致人员伤亡。

② 易形成一条火龙。高速行驶的旅客列车一旦发生火灾，因为列车行驶过程中通过窗户等途径造成正压通风使处于正压通风前端的火势迅速向后端蔓延，瞬间整个车厢就会燃烧起来。有时由于空气压力的作用，火势还会以跳跃状的蔓延方式燃烧至与着火车厢相连的后端车厢形成一条火龙。

③ 易造成前后左右迅速蔓延。夜间行驶的列车，由于车厢门窗紧闭，不受外界风流影响，火灾初起时，火势并不是向某一方向发展，而是向前后左右迅速蔓延。

④ 易产生有毒气体。旅客列车的车厢除厢体和座位的支架为非燃烧物或者难燃烧物外，其他附件均为可燃烧物体旅客列车如果是在夜间行驶时发生火灾，因为车厢的窗户时常紧闭，氧气供应不足，不能充分燃烧，以致燃烧时释放出大量的一氧化碳及一些有毒气体。

（2）火灾中被困人员的行为特点。旅客列车一旦失火，被困人员受到烟气、高温及火势威胁后时常会表现出下列行为特点。

① 惊慌失措。尤其是夜间行驶的旅客列车发生火灾，当火灾初起之际，酣睡的旅客毫无觉察，待火势瞬间扩大后，突然被惊醒，当发现自己受到火势威胁时，青壮年旅客常常争先恐后朝车厢的两头逃生，而老、弱、病、残者就会显得惊慌，有的甚至会待在原地。

② 失去理智，争相逃命。被火势围困的人员急于撤离火灾现场，会纷纷向前后车厢门涌去。慌乱中年老和病残者往往易被拥挤人群推倒，就会出现踩在倒下的人身上逃命的现象。

③ 急于破窗逃生。一般的旅客列车每节车厢的两边分别设有10余个车窗，被火势围困的旅客，往往会用坚硬的物体把车窗玻璃砸破后逃生。

④ 急于寻找亲人。乘坐火车的旅客中有些是和亲人一起旅行，或是与同事结伴出差。火灾发生时，大多数的人在逃生前会呼喊自己的亲人或同行的伙伴，以致造成车厢内秩序混乱。

（3）逃生方法。旅客列车的车厢常处于密封状态，车厢内的可燃物在不完全燃烧时产生的一氧化碳等有毒气体，容易使人中毒窒息。被困旅客的惊慌失措，互相拥挤会造成疏散通道的堵塞。所以，选择正确的逃生方法是减少旅客列车火灾人员伤亡的重要保证。旅客列车火灾的逃生方法见表6-11。

（4）注意事项。

① 当起火车厢内的火势不大时，列车乘务人员应告诉旅客不要将车厢门窗开启，以免大量的新鲜空气进入后，加速火势的扩大蔓延。同时，组织旅客借助列车上灭火器材扑救火灾，还要有秩序地引导被困人员从车厢的前后门疏散至相邻的车厢。

② 当车厢内浓烟弥漫时，要告诉被困人员采取低姿行走的方式逃离至车厢外或相邻的车厢。

③ 当车厢内火势比较大时，应尽量破窗逃生。

④ 采用摘挂钩的方法疏散车厢时，应选在平坦的路段进行。对有可能发生溜车的路段，可用硬物塞垫车轮，避免溜车。

表 6-11　旅客列车火灾的逃生方法

项目	逃生方法
尽可能利用旅客列车内的设施逃生	①利用车厢前后门逃生。旅客列车每节车厢内都有一条长约 20m、宽约 80cm 的人行通道,车厢两头有通往相邻车厢的手动门或自动门,当某一节车厢内发生火灾时,这些通道是被困人员利用的主要逃生通道。火灾时,被困人员应尽快利用车厢两头的通道,有秩序地逃离火灾现场 ②利用车厢窗户逃生。旅客列车车厢内的窗户一般为 70cm×60cm,装有双层玻璃。在发生火灾情况下,被困人员可用坚硬的物品将窗户的玻璃砸破,通过窗户逃离现场
不同情况下逃生技术	①疏散人员。运行中的旅客列车发生火灾,列车乘务人员在引导被困人员通过各车厢相互连通的走道逃离火场的同时,还应迅速扳下紧急制动闸,使列车停下来,并组织人力迅速将车门和车窗全部打开,帮助未逃离着火车厢的被困人员向外疏散 ②疏散车厢。旅客列车在行驶途中或停车时发生火灾,威胁相邻车厢时,应采取摘钩的方法疏散未起火的车厢。具体方法如下。前部或中部车厢起火时,先停车摘掉起火车厢后部与未起火车厢之间的连接挂钩,机车牵引向前行驶一段距离后再停下,摘掉起火车厢与前面车厢之间的挂钩,再将其余车厢牵引到安全地带。尾部车厢起火时,停车后先将起火车厢与未起火车厢之间连接的挂钩摘掉,然后用机车将未起火的车厢牵引到安全地带

问343：客船上发生火灾时如何逃生？

客船指的是水上用于运载旅客的船舶,是水面漂浮建筑,具有吨位高、载客量大、续航时间长等特点。由于客船机舱内电力及动力设备集中,储油柜及输油管内存有大量油料,客房内装修和船员们日常生活用具多采用木材、化纤以及塑料等可燃、易燃材料,使客船上潜伏着较大的火灾危险性。客船在航行、停泊以及检修等作业中,稍有不慎,极易发生火灾,造成人员伤亡。

（1）基本特点。客船的基本特点见表 6-12。

（2）火灾的特点。

① 蔓延速度快,潜伏着爆炸危险。火灾一旦发生在机舱,火势会沿着机器设备、电缆线以及油管线向四周和上部蔓延。通常在起火 10min 内就能延烧到整个机舱,舱内的储油柜由于受到火焰的烘烤容易发生爆炸。

表6-12　客舱的基本特点

特点	具体内容
结构特点	客船结构高大，造型美观大方。客船上有较多的甲板层，中型客船5～6层，大型客船多达8～10层。内河客船在主甲板上设舷伸甲板，超越了主体两舷的宽度，载客量较海洋客船大，一般可载800～1000人。客船在结构和装饰材料上，大多选用不燃和难燃材料，但在客舱和船员工作室内，其舱壁、衬板、天花板等，仍在采用胶合板、聚氯乙烯板、聚氨酯泡沫塑料、化学纤维等可燃物作装饰材料。室内的床铺、家具、地毯、窗帘等也都是可燃物品。船体的主体结构虽用钢板制造，但是，钢板的热导性能很好，起火后5min，温度就能上升到500～900℃，能使紧挨着船体的可燃物着火燃烧
舱室布置特点	客船的舱室按使用性质分为起居处所、服务处所、公共处所、装货处所、机器处所和控制处所六大类。各类处所包含有不同舱室，这些舱室的布置特点如下 ①客船的机舱大都设在船体中部，只有小型客舱的机舱设置在船体尾部 ②小卖部、理发室、厕所、浴室、储藏室等设在各层中部机舱口周围 ③船员工作、居住的舱室设置在客首主甲板或驾驶甲板上 ④乘客居住室多设置在主甲板以上、驾驶甲板以下各层。货舱的船员室一般设置在主甲板下，开口设在主甲板上 ⑤各类燃油舱或载水舱多布置在机舱下面的底舱内
通道布置特点	①通道（又称走廊）。客船上凡有旅客或人员活动的一切场所均设有通道。根据《国际海上人员安全公约》的规定，凡通道长度超过3m，必须有一端可以通行。露天甲板两舷通道的宽度，海洋客船为1～1.2m，长江上客船为0.7～1.0m。客舱通往露天甲板的通道，海洋客船和长江上客船均为1m，少于50人的客舱内通道，均为0.8m ②梯道。客船的梯道分为内梯道、外梯道和舷梯道。内梯道一般布置在客舱中部各层甲板上机舱围壁处两端，有的是直梯，有的呈人字形。主梯道宽，分梯道窄。梯道上设有围壁或扶手，梯道斜度与地板夹角一般在40°～45°，梯步高约0.20～0.25m。内梯道的宽度和扶梯具数根据每层甲板的乘客人数而定，200人以上的内梯道宽度大于1.5m，扶梯3具以上。梯道一般设在上层建筑道尾两端，由起点可直达救生艇甲板。客船的两舷各设有一副舷梯，梯步上设有防滑装置，两侧围设有栏杆，空档处有绳网保护 ③出入口。客船上的舱室，额定载客量超过12人时，设有两个出口，通向露天甲板的出入口有的设在上层建筑的内通道外，也有的设置在船首直接通向露天甲板。客船出入口门的宽度在0.6m以上，公共场所的门的宽度在0.8m以上。有的门上还设有应急出口，大小为350mm×450mm左右，紧急时可用脚踢开。通常情况下，客船围壁处所的门向外开，也有些双向开门的，而通往露天甲板的门均向外开。船上所有公共走廊、梯道和出入口处通往救生甲板的方向均设有明显的指示标志，夜间有灯光显示
客船上的消防设施	为防止客船起火，客船上都配置有自动报警和灭火设施，如温感报警装置、卤代烷、二氧化碳、1121灭火系统及干粉灭火器等；还备有消防水泵、消火栓、消防水带、铁斧等灭火工具 客船的消防泵一般设于机舱，消火栓设在左右舷上，机舱底部主机后面有一个通往尾舷的疏散口，尾舱直接通向甲板

② 易形成立体火灾。因为可燃物较多，舱内顶板、底板以及侧板都可燃烧。梯道由底向上贯通，通风管道上下连接，火势能得以较快的发展，并利用各相连处的空间蔓延及整个船，造成多层、多舱室火灾。

③ 易产生有毒气体。客舱内部装饰材料多为木材及泡沫塑料，此类材料均为可燃性物质，燃烧时会产生大量的热和多种有害气体，如一氧化碳、二氧化碳以及氯化氢等，危及在场人员的生命安全。

④ 旅客难以疏散。客船一旦起火，旅客受惊争相逃命，容易导致楼梯和通道阻塞，来不及疏散的人被火势和烟雾围困在危险区域内，随时可能造成伤亡。

（3）逃生方法。客船发生火灾时，盲目地跟着已失去控制的人乱跑乱撞是不行的，而一味等待他人救援也会贻误逃生时间，积极的办法是尽快自救或者互救逃生。客船的逃生方法见表 6-13。

表 6-13　客船的逃生方法

项目	逃生方法
利用客船内部设施逃生	①利用内梯道、外梯道和舷梯逃生 ②利用逃生孔逃生 ③利用救生艇和其他救生器材逃生 ④利用缆绳逃生
不同部位，不同情况下人员逃生	①当客船在航行时机舱起火，轮机人员可利用尾舱逃向上甲板的出入孔逃生。船上工作人员应引导船上乘客向客船的前部、尾部和露天甲板疏散，必要时可利用救生绳、救生梯向水中或来救援的船只上逃生，也可穿上救生衣跳进水中逃生。如果火势蔓延，封住走道时，来不及逃生者可关闭房门，不让烟气、火焰侵入。情况紧急时，也可跳入水中 ②当客船前部某一楼层着火，还未延烧到机舱时，应采取紧急靠岸或自行搁浅措施，让船体处于相对稳定状态。被火围困人员应迅速往主甲板、露天甲板疏散，然后借助救生器材向水中和来救援的船只上与岸上逃生 ③当客船上某一客舱着火时，舱内人员在逃出后应随手将舱门关上，以防火势蔓延，并提醒相邻客舱内的旅客赶快疏散。若火势已窜出房间封住内走道时，相邻房间的旅客应关闭靠内走道房门，从通向左右船舷的舱门逃生 ④当船上大火将直通露天的梯道封锁致使着火层以上楼层的人员无法向下疏散时，被困人员可以疏散到顶层，然后向下施放缆绳，沿缆绳向下逃生

总而言之，客船火灾中的逃生不同于陆地火场上逃生，具体的逃生方法应根据当时客观条件而定，这样才能避免及减少不必要的伤亡。

问344：公共汽车上发生火灾时如何逃生？

公共汽车是我国城市里应用十分广泛的交通运输工具，常见的公共汽车通常分为小型、中型以及大型三种。

公共汽车在驾驶员违章驾驶、修理工违章操作、旅客违章携带危险物品上车的情况下，或者发生撞车、翻车事故时，如果是使用燃料的公共汽车，油箱里的油溢流出来，一旦遇到火星，瞬间即能酿成火灾，导致人员伤亡。

（1）基本特点。

① 易燃液体多。每辆汽车燃油箱的容量是 $50\sim200L$。燃油箱用铁皮制造，被火烧烤后很容易发生破裂和爆炸，导致燃料油遍地流淌，造成火势蔓延。

② 车门数量少。大型铰接式公共汽车、普通大客车，其车门数通常为 $2\sim4$ 个，中、小型客车的车门数一般为 $1\sim2$ 个。大多数汽车的车门，由驾驶员与售票员控制操纵。

③ 载客数量大。大型铰接式公共汽车可以装载乘客80余人；普通公共汽车可装载乘客40余人。车内超员时人数成倍增加，这时就会显得十分拥挤。

（2）火灾特点。

① 火势蔓延迅猛。车上的火灾荷载大，如车内装饰材料、轮胎、木质车厢板以及座椅等，燃烧后产生的温度较高，很容易导致车上的燃油箱破裂或者爆炸，使液体油遍地流淌，烈焰升腾。

② 人员疏散困难。当发生火灾后，往往会由于火势猛烈，车内人员心慌意乱，争相逃生造成混乱，使汽车门窗阻塞，甚至打不开，车内人员很难撤出车外，从而导致惨重伤亡。

（3）逃生技术。公共汽车着火应灭火和逃生疏散并重。公共汽车火灾的逃生方法见表6-14。

表 6-14　公共汽车火灾的逃生方法

火灾部位及条件	逃生方法
当发动机着火后	当发动机着火后,驾驶员应开启车门,令乘客从车门下车,组织乘务员用随车灭火器扑灭火焰
如果着火部位在汽车中间	如果着火部位在汽车中间,驾驶员应打开车门,让乘客从两头车门有秩序地下车。在扑救火灾时,有重点地保护驾驶室和油箱部位
如果火焰一旦封住了车门	如果火焰一旦封住了车门,乘客们可用衣物蒙住头部,从车冲下
如果车门线路被火烧坏	如果车门线路被火烧坏,开启不了,乘客应砸开就近的车窗翻下车
开展自救、互救方法逃生	在火灾中,如果乘车人员的衣服被火烧着了,不要惊慌,应沉着冷静地采取以下措施 ①如果来得及脱下衣服,可以迅速脱下衣服,用脚将火踩灭 ②如果来不及脱下衣服,可以就地打滚,将火滚灭 ③如果发现他人身上的衣服着火时,可以脱下自己的衣服或其他布物,将他人身上的火捂灭,切忌让着火人乱跑,或用灭火器向着火人身上喷射

　　火场的情况是千变万化的,逃生也要根据实际情况而行,了解了以上的方法,也不能说明你在任何情况下都能保住自己的生命,但是有一点是千万不能忘记的,那就是要时刻注意防火,身边不发生火灾才是最安全的。

问345：编制应急预案的目的是什么?

　　编制应急预案的目的是针对设定的火灾事故的不同类型、规模及社会单位情况,合理调动分配单位内部员工组成的灭火救援力量,正确采用各种技术及手段,成功地实施灭火救援行动,最大限度地减少人员伤亡及财产损失。

问346：编制应急预案的意义是什么?

　　(1) 制定应急预案有利于掌握科学施救的主动权。

　　① 通过制定应急预案,可以帮助单位员工熟悉本单位的内部

情况，了解可能发生的火灾特点和规律。

② 通过制定应急预案，可以提升单位内部快速处置火灾的能力。一旦发生火情，可以按照计划实施组织指挥，赢取时间，控制火势，疏散人群，减少损失。

（2）制定应急预案有利于促进内部人员对情况的熟悉。在制定应急预案的过程中，相关人员经常深入单位内部，了解各方面的情况。这不仅使应急预案的制定人员和单位内部员工掌握第一手资料，还有助于相关人员熟悉单位周边和单位内部的交通道路、消防水源情况，了解单位内部建筑物的数量、分布或楼层使用情况，掌握建筑物重点部位情况，了解建筑物内部消防设施的情况，了解单位内部主要火灾事故的类型、处置对策、基本程序，以及单位内部的消防组织和灭火救援任务分工情况等。

（3）有利于增强演练的针对性。在依据应急预案进行演练时，单位内部员工会在情况熟悉的过程中发现新的情况和问题。为了确保安全并提高单位内部的灭火救援能力，员工需要对这些新情况和问题进行深入研究，根据它们的危险特性制定科学的处置对策。这个过程不仅提高了应急预案的实用性，还通过实战演练促进了训练与实践的结合，提升了单位对火灾事故的快速处置能力，加强了理论与实际工作之间的联系，提高了灭火救援准备工作的质量，有助于增强应急预案演练的针对性。

问347： 应急预案的编制范围是什么？

应急预案的编制范围主要包括消防安全重点单位、在建重点工程以及其他需要制定应急预案的单位或场所。

问348： 应急预案的编制依据有哪些？

应急预案的编制依据主要包括以下三类。

（1）法规制度依据：消防法律、法规、规章，涉及消防安全的相关法律规定及本单位消防安全制度。

（2）客观依据：单位的基本情况、消防安全重点部位情况等。

（3）主观依据：员工的文化程度、消防安全素质以及防火灭火技能等。

问349： 什么是分类编制应急预案？应急预案分几类？

分类编制应急预案是指根据火灾事故的不同性质和类别，预案制定单位制作相应的应急预案。其目的在于有针对性地研究各类火灾事故发生和发展的规律及特点，全面加强灭火应急救援的准备工作。分类编制应急预案的意义在于加强对各类火灾事故情况的熟悉和掌握程度，以及加强内部灭火救援器材的配置和建设，从而更有效地实施各类应急处置行动。

根据火灾类型，应急预案可以大致分为以下六类。

（1）多层建筑类。针对具有一定规模的多层建筑物，针对可能发生的火灾、爆炸等灾害事故情况制定的应急预案。

（2）高层建筑类。针对具有一定规模的高层建筑物，针对可能发生的火灾、爆炸等灾害事故情况制定的应急预案。

（3）地下建筑类。针对具有一定规模的地下建筑物，针对可能发生的火灾、爆炸等灾害事故情况制定的应急预案。

（4）一般的工矿企业类。针对具有一定规模的工矿企业建筑物，针对可能发生的火灾、爆炸等灾害事故情况制定的应急预案。

（5）化工类。针对生产与储存具有一定爆炸危险性的化工产品单位，针对可能发生的爆炸、燃烧、有毒、其他泄漏等灾害事故情况制定的应急预案。

（6）其他类。针对以上五类以外的单位，在可能发生各种火灾事故的情况下，根据其规律与特点制定的应急预案。

问350： 制定应急预案的程序是怎样的？

制定应急预案的程序是指其制定的方法和步骤。一般来说，按照以下程序进行。

（1）明确范围，明确重点部位。单位根据实际情况确定范围，明确重点保护对象或部位。

（2）调查研究，收集资料。制定应急预案是一项复杂的工作。为确保预案符合实际情况，需要进行详细的调查研究，准确分析和预测单位内部可能发生的火灾情况和险情，制定相应的灭火和应急救援对策。

（3）科学计算，确定人员力量和器材装备。通过计算，确定现场灭火和疏散所需的人员力量、器材装备和物资等，为执行灭火救援应急任务提供基本依据。

（4）确定灭火救援应急行动意图。根据灾情，对灭火救援行动的目标、任务、手段、措施等进行总体规划和构思。包括作战行动的目标与任务、战术与技术措施、人员部署与力量安排等。

（5）严格审查，不断充实完善。应急预案需要逐级审查。单位安保部门制定的预案必须经单位主要领导审查批准后方可使用。审查重点应放在情况设定、处置对策、人员安排部署、战术措施、技术方法、后勤保障等内容上。必要时还应组织专业技术人员进行论证和通过演练验证，不断完善和充实预案内容。

问351： 应急预案中单位基本情况包括什么？

单位基本情况包括单位基本概况以及消防安全重点部位情况，消防设施和灭火器材情况，以及消防组织、志愿消防队员和装备的配备情况。消防安全重点单位应当将容易发生火灾或一旦发生火灾可能危及人身和财产安全，并对消防安全产生重大影响的部位确定为消防安全重点部位。通过明确重点部位并分析其火灾风险，可以指导应急预案的制定和演练。

问352： 应急预案中初起火灾的处置程序和措施是什么？

在应急预案中，需要明确火灾发生后的扑救初期火灾处置和人员疏散的基本程序和要求。

（1）火场指挥部、行动小组和志愿消防队应迅速集结，根据分工进入相应的位置展开灭火救援行动。

（2）当发现火灾时，起火部位的现场员工应在1min内组成灭火的第一战斗力量，并采取以下措施：利用现场的灭火器材、设施进行灭火；附近的员工打电话报警或按下火灾报警按钮，向消防控制室或单位值班人员报告情况；附近的员工负责引导人员疏散到安全出口或通道附近。如果火势扩大，单位应在3min内形成灭火的第二战斗力量，并采取以下措施：通信联络人员按照预案要求通知相关员工赶往火场，向火场指挥员报告火灾情况，并将指令下达给相关员工；灭火行动组利用单位内的消防器材、设施扑灭火灾；疏散引导组组织现场人员疏散；安全防护救护组协助抢救和护送受伤人员；火灾现场警戒组阻止无关人员进入火场，维持火场秩序。

（3）相关部门的人员负责关闭空调系统和煤气总阀门，并及时疏散易燃易爆危险品和其他重要物品。

问353： 应急预案中应急组织机构包括哪些？

应急预案中，应急组织机构的设置应当结合本单位的实际情况，遵循归口管理、统一指挥、讲究效率、权责对等以及灵活机动的原则。

（1）火场指挥部。火场指挥部确定总指挥和副总指挥，并承担以下职责：根据方便现场指挥、保证通信联络畅通和自身安全的原则，可以将火场指挥部设置在起火部位附近、消防控制室或电话总机室；指挥协调各职能小组和志愿消防队的工作；根据火情决定是否通知人员疏散并组织实施；及时控制和扑灭火灾；消防救援队到达后，向指挥员报告火场内的相关情况，并协调配合消防救援队开展灭火救援行动。

（2）灭火行动组。灭火行动组由单位的志愿消防队员组成，可以进一步细化为灭火器材小组、水枪灭火小组、防火卷帘控制小组、物资疏散小组、抢险堵漏小组等。灭火行动组负责现场灭火、抢救被困人员以及操作消防设施。

（3）疏散引导组。疏散引导组负责引导人员疏散自救，确保人员能够安全快速地疏散。

（4）安全防护救护组。安全防护救护组负责对受伤人员进行紧急救护，并根据情况将其转送至医疗机构。

（5）火灾现场警戒组。火灾现场警戒组负责控制各个出口，只允许无关人员离开，不允许他们进入，同时保护火灾扑灭后的现场。

（6）后勤保障组。后勤保障组负责通信联络、车辆调配、道路畅通、供电控制和水源保障等工作。

（7）机动组。机动组根据火场指挥部的指挥，负责增援行动。

问354： 应急预案中报警和接警处置程序是怎样的？

在编制应急预案时，必须明确单位的报警方式、内容以及单位内部接警后的处置程序。

（1）报警。根据快捷方便的原则，确定发现火灾后的报警方式，例如口头报警、有线报警、无线报警等。报警的对象可以是119火警台（在"三台合一"的地区，即将110、122、119合并指挥调度的地区，为110指挥中心）、单位值班领导、消防控制中心等。报警时需要说明以下情况：着火单位、着火部位、着火物质及是否有人员被困、单位具体位置、报警电话号码、报警人姓名。同时，还需要通知本单位值班领导和有关部门。

（2）接警。当单位领导接到报警后，应启动应急预案，按照预案确定内部报警方式和疏散范围，组织指挥初期的火灾扑救和人员疏散工作，安排力量进行警戒。对于设有消防控制室的场所，当值班员接到火情消息后，应立即通知相关人员前往核实火情。确认火情后，要立即报告消防救援机构和值班负责人，并通知灭火行动组成员前往着火地点。

问355： 应急预案中的火情预想包括什么？

火情预想是对单位可能发生的火灾进行有根据、符合实际的设想，是制定应急预案的重要依据。具体包括以下内容。

（1）重点部位和主要起火点。可以设想同一重点部位可能发生多个起火点。

（2）起火物品及蔓延条件，包括燃烧面积（范围）和主要蔓延的方向。

（3）可能造成的危害和影响，例如可燃液体的燃烧、压力容器的爆炸、结构的倒塌、人员伤亡、被困情况等。还需要考虑火情发展的变化趋势。

（4）需要区分白天和夜间、营业期间和非营业期间的不同情况。

问356： 应急预案中安全防护救护和通信联络的程序及措施是什么？

（1）建筑外围的安全防护。清除路障，疏导车辆和围观群众，确保消防通道畅通。维护现场秩序，严防趁火打劫。引导消防车，协助消防车取水和灭火。

（2）建筑首层出入口的安全防护。禁止无关人员进入起火建筑。对火场中疏散的物品进行整理并严加看管。指引消防救援人员进入起火部位。

（3）起火部位的安全防护。引导疏散人流，维护疏散秩序。阻止无关人员进入起火部位。保护好现场的消防器材和装备。

（4）在安全区及时对受伤人员进行救治，将危重病人及时送往医院救治。

（5）利用电话、对讲机等建立有线和无线通信网络，确保火场信息传递畅通。

（6）火场指挥部、各行动组和各消防安全重点部位必须确定专人负责信息传递，保证火场指令得到及时传递和落实。

（7）安排专人在主要路口处接应消防车。

问357： 应急预案中应急疏散的组织程序和措施是什么？

（1）疏散通报。火场指挥部根据火灾的发展情况决定发布疏散通报。通报的次序是：首先是着火层及以上各层，然后是有可能蔓延的着火层以下的楼层。

疏散通报可以通过以下方式进行。一是语音通报。可以利用消防广播播放预先录制好的消防紧急广播录音，或由值班人员直接播报火情、介绍疏散路线及注意事项。语音通报应使用普通话和常用外语（如英语、日语、韩语等），并注意稳定人员的情绪。二是警铃通报。可以通过警铃发出紧急通知和疏散指令。

（2）疏散引导

① 首先是划定安全区。根据建筑特点和周围情况，事先划定供疏散人员集结的安全区域。

② 其次是明确责任人。在疏散通道上分段安排人员，指明疏散方向，检查是否有人员滞留在应急疏散区域内，统计人员数量，稳定人员的情绪。

③ 再次是及时变更和修正。由于公众聚集场所的现场工作人员可能有一定的流动性，在预案中负责灭火和疏散救援行动的人员变动后，需要及时进行调整和补充。

④ 最后是突出重点。应将疏散引导作为应急预案制定和演练的重点，加强疏散引导组的人员配备。

问358： 应急预案编制的注意事项有哪些？

（1）参加演练的人员应使用必要的个人防护设备，确保安全。

（2）灭火疏散阵地的设置应安全可靠，能够灵活进退，同时具备攻击和防御的能力。

（3）指挥员应密切关注火场上各种复杂情况和险情的变化，及时采取果断措施，以避免人员伤亡。

（4）灭火救援应急行动结束后，应做好现场的清理工作，保持整洁。

（5）还有其他需要特别注意的事项。

问359： 应急预案中绘制的灭火和应急疏散计划图包括哪些内容？

计划图对火场指挥部在救援过程中对各小组的指挥和对事故的控制起着重要作用，因此应力求详细准确，图文并茂，标注明确，直观明了。为此，应根据假设的火灾部位绘制灭火进攻和疏散路线的平面图。平面图的比例应正确，设备、物品、疏散通道、安全出口、灭火设施和器材的分布位置应标注准确，假设部位及周围场所的名称应与实际相符。灭火进攻的方向、灭火装备的停放位置、消防水源、物资和人员的疏散路线、物资的放置、人员的停留地点以及指挥员的位置，都应在图中标识明确。

问360： 应急预案演练有哪些原则？

应急预案演练原则包括下列四个方面。

（1）结合实际，合理定位。紧密结合应急管理工作实际，明确演练目的，并根据资源条件确定合适的演练方式和规模。

（2）着眼实战，注重实效。以提高应急救援指挥人员的指挥协调能力和应急队伍的实战能力为重点。重视对演练效果和组织工作的评估及考核，总结和推广好的经验，并及时整改存在的问题。

（3）精心组织，确保安全。围绕演练目的，精心策划演练内容，科学设计演练方案，周密组织演练活动，并制定和严格遵守相关的安全措施，确保演练参与人员和演练装备设施的安全。

（4）统筹规划，节约成本。统筹规划演练活动，适度开展综合性演练，充分利用现有资源，努力提高演练效率。

问361： 应急预案演练的目的是什么？

应急预案演练的目的包括下列几个方面。

（1）检验预案。通过进行应急预案演练，检查现有预案中存在的问题，进而完善预案，提高其实用性和可操作性。

（2）完善准备。通过应急预案演练，检查突发火灾事故所需的应急队伍、物资、装备和技术等准备情况，及时发现不足并进行调整和补充，做好应急准备工作。

（3）锻炼队伍。通过应急预案演练，增强组织单位、参与单位和人员对预案的熟悉程度，提高应急处置能力。

（4）磨合机制。通过应急预案演练，进一步明确相关单位和人员的职责任务，优化工作关系，完善应急机制。

（5）科普宣教。通过应急预案演练，普及应急知识，提高公众对风险防范和自救互救等灾害应对能力的认知。

问362： 应急预案按演练内容如何分类？

根据演练内容，应急预案演练可分为单项演练与综合演练。

（1）单项演练。单项演练是指针对应急预案中特定应急响应功能或现场处置方案中特定应急响应功能进行的演练活动。其主要目的是检验和评估参与单位（岗位）在特定环节和功能上的应急能力。

（2）综合演练。综合演练是指涉及应急预案中多项或全部应急响应功能的演练活动。它的重点是对多个环节和功能进行综合检验，特别是对不同单位（部门）之间应急机制和联合应对能力的检验。

问363： 应急预案按组织形式如何分类？

根据组织形式，应急预案演练可分为桌面演练与实战演练。

（1）桌面演练。桌面演练是指参与人员利用地图、沙盘、流程图、计算机模拟、视频会议等辅助工具，在室内环境下针对预设的演练情景进行讨论和推演，以便熟悉应急预案中规定的职责和程序，提高指挥决策和协同配合能力。

（2）实战演练。实战演练是指参与人员利用实际的应急处置设备和物资，在特定场所针对预设的突发火灾事故情景及其后续发展情况，通过实际决策、行动和操作来进行真实的应急响应。这样可以检验和提高参与人员在临场组织指挥、队伍调动、应急处置技能和后勤保障等方面的应急能力。

问364：应急预案演练要如何规划？

演练组织单位应根据实际情况，并依据相关法律、法规和应急预案的规定，制定年度应急演练规划。根据"先单项后综合、先桌面后实战、循序渐进、时空有序"的原则，合理规划应急演练的频次、规模、形式、时间、地点等。根据相关法律、法规的要求，消防安全重点单位应每半年开展一次灭火和应急疏散预案的演练，其他单位应每年开展一次灭火和应急疏散预案的演练。

演练应在相关预案确定的应急领导机构或指挥机构领导下组织开展。演练组织单位应成立由相关单位领导组成的演练领导小组，通常包括策划部、保障部以及评估组。对于不同类型和规模的演练活动，可以适当调整组织机构和职能。根据需要，可以成立现场指挥部。

（1）演练领导小组。演练领导小组负责应急演练活动的组织领导，审批决定演练的重大事项。通常由演练组织单位或其上级单位的负责人担任组长，演练组织单位或主要协办单位的负责人担任副组长。其他成员由各演练参与单位的相关负责人担任。在演练实施阶段，组长通常担任演练总指挥，副组长担任副总指挥。

（2）策划部。策划部负责应急演练的策划、演练方案设计、演练实施的组织协调以及演练评估总结等工作。设总策划和副总策划，下设文案组、协调组、控制组、宣传组等。

（3）保障部。保障部负责调集演练所需的物资装备，购置和制作演练模型、道具、场景，准备演练场地，维持演练现场秩序，保障运输车辆，以及保障人员的生活和安全保卫等。其成员通常是演练组织单位及参与单位后勤、财务、行政等部门的人员，常被称为后勤保障人员。

（4）评估组。评估组负责设计演练评估方案和编写演练评估报告，对演练准备、组织、实施以及安全事项等进行全过程、全方位的评估，并及时向演练领导小组、策划部和保障部提出意见和建议。评估组的成员通常是应急管理专家和具有一定演练评估经验以及突发火灾事故应急处置经验的专业人员，常被称为演练评估人员。评估组可以由上级或专业部门组织，也可以由演练组织单位自行组织。

（5）参演人员。参演人员包括应急预案规定的有关应急管理部门（单位）的工作人员、各类专兼职应急救援队以及志愿者队伍等。

参演人员承担具体的演练任务，根据模拟的火灾事故场景做出应急响应行动。有时候也会使用模拟人员来代替未能到现场参加演练的单位人员，或者模拟事故的发生过程，例如释放烟雾、扮演顾客等。

问365： 应急预案演练按演练目的与作用分为哪几种？

根据演练目的与作用划分，应急预案演练可分为检验性演练、示范性演练以及研究性演练。

（1）检验性演练。检验性演练是为了检验应急预案的可行性、应急准备的充分性、应急机制的协调性以及相关人员的应急处置能力而组织的演练活动。

（2）示范性演练。示范性演练是为了向观摩人员展示应急能力或提供示范教学而严格按照应急预案规定开展的表演性演练。

（3）研究性演练。研究性演练是为了研究和解决突发火灾事故应急处置的重点、难点问题，试验新方案、新技术、新装备而组织的演练活动。

问366： 应急预案演练前应做哪些准备？

单位在开展应急预案演练之前，应做好四项准备工作：制定演练计划、设计演练方案、演练动员与培训以及应急预案演练保障。

问367：应急预案演练准备中应如何设计演练方案？

演练方案由文案组编写，通过评审后由演练领导小组批准，在必要时还需报有关主管单位同意并备案。主要内容如下。

（1）确定演练目标。演练目标是需要完成的主要演练任务及其达到的效果，通常要说明"由谁在什么条件下完成什么任务，依据什么标准，取得什么效果"。演练目标应该简明、具体、可量化以及可实现。每次演练通常有多个演练目标，每个目标都应在演练方案中有相应的事件和演练活动来实现，并在演练评估中有相应的评估项目来判断该目标的实现情况。

（2）设计演练情景与实施步骤。演练情景需要为演练活动提供初始条件，并通过一系列情景事件引导演练活动的进行，直至演练完成。演练情景包括演练场景概述和演练场景清单。

① 演练场景概述。对每个演练场景都进行概要说明，主要包括火灾事故的类别、发生的时间和地点、发展的速度、强度和危险性、受影响范围、人员和物资的分布、可能造成的损失、后续发展的预测、气象和其他环境条件等。

② 演练场景清单。明确演练过程中各个场景的时间顺序和空间分布情况。演练场景之间的逻辑关联依赖于火灾事故的发展规律、控制消息以及演练人员收到控制消息后应采取的行动。

（3）设计演练评估标准与方法。演练评估是通过观察、体验和记录演练活动，对比演练实际效果与目标之间的差异，总结演练的成效和不足。演练评估应以演练目标为基础。针对每个演练目标，应设计合理的评估项目和方法，并制定相应的评估标准。根据不同的演练目标，可以使用选择项（例如：是/否判断，多项选择）、主观评分（例如：1—差、3—合格、5—优秀）、定量测量（例如：响应时间、被困人数、获救人数）等方法进行评估。

为便于进行演练评估，通常事先设计评估表格，包括演练目标、评估方法、评价标准和相关记录项等内容。如果条件允许，还可以使用专业评估软件等工具辅助进行评估。

（4）编写演练方案文件。演练方案文件是用于指导演练实施的详细工作文件。根据演练的类型和规模的不同，演练方案可以编写为一个或多个文件。当分为多个文件时，可以包括演练人员手册、演练控制指南、演练评估指南、演练宣传方案、演练脚本等，并分发给相关人员。对于涉密应急预案的演练或不宜公开的演练内容，还需要制定保密措施。

① 演练人员手册。内容主要包括演练的概述、组织机构、时间、地点、参演单位、演练目的、演练情景概述、演练现场标识、演练后勤保障、演练规则、安全注意事项、通信联系方式等，但不包括演练的具体细节。演练人员手册可向所有参与演练的人员发放。

② 演练控制指南。内容主要包括演练情景概述、演练事件清单、演练场景说明、参演人员及其位置、演练控制规则、控制人员组织结构与职责、通信联系方式等。演练控制指南主要供演练控制人员使用。

③ 演练评估指南。内容主要包括演练情况概述、演练事件清单、演练目标、演练场景说明、参演人员及其位置、评估人员组织结构与职责、评估人员位置、评估表格及相关工具、通信联系方式等。演练评估指南主要供演练评估人员使用。

④ 演练宣传方案。内容主要包括宣传目标、宣传方式、传播途径、主要任务及分工、技术支持、通信联系方式等。

⑤ 演练脚本。对于重大综合性示范演练，演练组织单位需要编写演练脚本，描述演练事件场景、处置行动、执行人员、指令与对话、视频背景与字幕、解说词等。

（5）演练方案评审。对于综合性较强、风险较大的应急演练，评估组要对文案组制定的演练方案进行评审，确保演练方案科学可行，以保证应急演练工作的顺利进行。

问368： 应急预案演练准备中，制订的演练计划包括哪些内容？

文案组编制演练计划，通过策划部审查后报演练领导小组批准。主要内容如下。

（1）确定演练目的，明确举办应急演练的原因、解决的问题以及期望达到的效果等。

（2）分析演练需求，在对预先设定的火灾事故风险和应急预案进行认真分析的基础上，确定需要调整的演练人员、需要培训的技能、需要检查的设备、需要完善的应急处置流程以及需要进一步明确的职责等。

（3）确定演练范围，根据演练需求、经费、资源和时间等条件的限制，确定演练事件的类型、等级、地域、参演机构和人数、演练方式等。演练需求和演练范围往往相互影响。

（4）安排演练准备与实施的日程计划。包括各种演练文件编写与审定的期限、物资装备准备的期限、演练实施的日期等。

（5）编制演练经费预算，明确演练经费筹措的渠道。

问369：应急预案演练准备中，应如何进行演练动员与培训?

在演练开始之前，需要进行演练动员与培训，以确保所有参与演练的人员都掌握演练规则、演练情景以及各自在演练中的任务。

所有参与演练的人员都应接受培训，包括应急基本知识、演练基本概念以及演练现场规则等方面的培训。

对于控制人员，需要进行岗位职责、演练过程的控制和管理等方面的培训；对于评估人员，需要进行岗位职责、演练评估方法以及工具使用等方面的培训；对于参演人员，需要进行应急预案、应急技能以及个体防护装备使用等方面的培训。

问370：应急预案演练应如何执行?

（1）演练指挥与行动。

① 演练总指挥负责指挥和控制演练实施的全过程。如果演练总指挥不同时兼任总策划的职务，一般会授权总策划对演练过程进

行控制。

② 根据演练方案的要求，应急指挥机构指挥各参演队伍和人员，展开对模拟演练事件的应急处置行动，完成各项演练活动。

③ 控制组人员应充分了解演练方案，并按照总策划的要求，熟练地发布控制信息，协调参演人员完成各项演练任务。

④ 参演人员根据控制信息和指令，按照演练方案规定的程序展开应急处置行动，完成各项演练活动。

⑤ 模拟人员根据演练方案的要求，模拟未参与演练的单位或人员的行动，并提供信息反馈。

（2）演练过程控制。总策划负责按演练方案控制演练过程。

① 在桌面演练的过程控制中，演练活动主要是围绕所提出的问题进行讨论。总策划通过口头或书面形式，布置一个或多个问题，并根据应急预案和相关规定，参演人员进行讨论，确定采取的行动。

在角色扮演或推演式的桌面演练中，总策划根据演练方案发出控制消息，参演人员接收到事件信息后，通过角色扮演或模拟操作，完成应急处置活动。

② 在实战演练的过程控制中，需要通过传递控制消息来控制演练进程。总策划按照演练方案发出控制消息，控制人员将控制消息传递给参演人员和模拟人员。参演人员和模拟人员根据接收到的信息，按照真实事件发生时的应急处置程序或应急行动方案，采取相应的应急处置行动。

控制消息可以通过人工传递，也可以使用对讲机、电话、手机、传真机、网络等方式传送，或者通过特定的声音、标志、视频等形式呈现。在演练过程中，控制人员应随时了解演练进展情况，并向总策划报告演练中出现的各种问题。

（3）演练解说。在演练实施过程中，演练组织单位可安排专人对演练过程进行解说。解说内容通常包括演练的背景描述、进程讲解、案例介绍以及环境渲染等。对于有演练脚本的大型综合性示范演练，可按照脚本中的解说词进行讲解。

（4）演练记录。在演练实施过程中，一般会安排专门的人员，通过文字、照片和音像等方式记录演练过程。文字记录主要由评估人员完成，包括演练实际开始和结束的时间、演练过程的控制情况、参演人员在各项演练活动中的表现、意外情况及其处理等内容。特别要详细记录可能发生的人员伤亡（如未按规定佩戴安全防护装备、未能及时疏散等）和财产损失等情况。

照片和音像记录可以安排专业人员和宣传人员在不同现场、不同角度进行拍摄，尽可能全面地反映演练的实施过程。

（5）演练宣传报道。演练宣传组要按照演练宣传方案做好演练宣传报道工作。认真收集信息、组织媒体、现场采编和播报广播电视节目等工作，以扩大演练的宣传教育效果。对于涉密应急演练，要做好相关的保密工作。

问371： 应急预案演练准备中，应急预案演练保障包括哪些内容？

（1）人员保障。演练参与人员的组成包括演练领导小组、总策划、文案组人员、控制组人员、评估组人员、保障部人员、参演人员、模拟人员等，有时还会有观摩人员等其他人员。在演练准备过程中，演练组织单位和参与单位应合理安排工作，确保相关人员能够参与演练活动，并通过组织观摩学习和培训，提高演练人员的素质和技能。

（2）经费保障。演练组织单位每年根据应急演练规划编制应急演练经费预算，并纳入年度财政预算中，确保及时拨付经费以满足演练需要。同时，要对经费使用情况进行监督检查，确保演练经费专款专用、节约高效。

（3）场地保障。根据演练方式和内容，在现场勘察后选择合适的演练场地。桌面演练一般可以选择会议室或应急指挥中心等场所；实战演练应选择与实际情况相似的地点，并根据需要设置指挥部、集结点、接待站、供应站、救护站、停车场等设施。演练场地应具备足够的空间，良好的交通、生活、卫生和安全条件，并尽量避免对公众生产和生活造成干扰。

（4）物资和器材保障。根据需要，应准备必要的演练材料、物资和器材，并制作必要的模型设施，主要包括以下方面。

① 信息材料：包括应急预案和演练方案的纸质文本、演示文档、图表、地图、软件等。

② 物资设备：包括各种应急抢险物资、特种装备、办公设备、录音摄像设备、信息显示设备等。

③ 通信器材：包括固定电话、移动电话、对讲机、海事电话、传真机、计算机、无线局域网、视频通信器材等配套器材，尽可能利用已有的通信器材。

④ 演练情景模型：包括必要的模拟场景和设施。

（5）通信保障。在应急演练过程中，演练领导小组、总策划、控制组人员、参演人员、模拟人员等之间需要建立及时可靠的信息传递渠道。根据演练的需要，可以采用多种公用或专用通信系统，并在必要时组建演练专用的通信和信息网络，以确保演练控制信息的快速传递。

（6）安全保障。演练组织单位应高度重视演练组织和实施过程中的安全保障工作。对于大型或高风险的演练活动，应按照规定制定专门的应急预案，并采取预防措施，针对可能发生的突发事件进行有针对性的演练。根据需要，为演练人员提供个体防护装备，并购买商业保险。对可能影响公众生活、容易引起公众误解和恐慌的应急演练，应提前向社会发布公告，告知演练内容、时间、地点和组织单位，并制定应对方案，以避免产生负面影响。

在演练现场，应采取必要的安保措施，必要时对演练现场进行封闭或管制，以确保演练的安全进行。如果演练中出现意外情况，演练总指挥和其他领导小组成员应进行磋商后可以提前终止演练。

问372：应急预案演练应如何结束与终止？

演练结束时，由演练的总策划发出结束信号，总指挥宣布演练的结束。所有人员停止演练活动，按照预定方案集合进行现场总结讲评或者组织疏散。保障部负责组织人员对演练现场进行清理和恢复。

在演练实施过程中，可能会出现以下情况，经演练领导小组决定，由演练总指挥按照事先规定的程序和指令终止演练。

（1）出现真实突发事件，需要参演人员参与应急处置时，要终止演练，让参演人员迅速回到他们的工作岗位，履行应急处置的职责。

（2）出现特殊或意外情况，短时间内无法妥善处理或解决时，可以提前终止演练。

问373：应急预案演练应当如何进行演练评估？

演练评估是基于全面分析演练记录和相关资料的基础上，对比参演人员的表现与演练目标要求，对演练活动及其组织过程进行客观评价，并编写演练评估报告的过程。所有应急演练活动都应该进行演练评估。

演练结束后，可以通过组织评估会议、填写演练评价表和对参演人员进行访谈等方式进行评估。还可以要求参演单位提供自我评估总结材料，以进一步收集演练组织实施的情况。

演练评估报告的主要内容通常包括演练执行情况、预案的合理性和可操作性、应急指挥人员的指挥协调能力、参演人员的处置能力、演练所使用的设备装备的适用性、演练目标的实现情况、演练的成本效益分析以及对完善预案的建议等。

问374：应急预案演练的总结应包括哪些内容？

演练总结可分为现场总结与事后总结。

（1）现场总结。在演练的一个或所有阶段结束后，演练总指挥、总策划、专家评估组长等会在演练现场进行有针对性的讲评和总结。内容主要包括本阶段的演练目标、参演队伍及人员的表现、演练中出现的问题以及解决问题的方法等。

（2）事后总结。演练结束后，文案组根据演练记录、演练评估报告、应急预案、现场总结等材料进行系统而全面的总结，并形成演练总结报告。同时，演练参与单位也可以对本单位的演练情况进行总结。

演练总结报告的内容通常包括演练的目的、时间和地点、参演单位和人员、演练方案的概要、发现的问题与原因、经验和教训，以及改进相关工作的建议等。

问375： 如何运用应急预案演练的成果？

对演练暴露出来的问题，演练单位应及时采取措施予以改进，包括修改完善应急预案、有针对性地加强应急人员的教育和培训以及有计划地更新应急物资装备等，并建立改进任务表，根据规定时间对改进情况进行监督检查。

6.7　火灾事故原因调查

问376： 火灾事故原因调查的主体有哪些？

根据公安部火灾事故原因调查规定的有关规定，火灾事故调查由县级以上公安机关主管，并由本级消防救援机构实施；尚未设立县级消防救援机构的，由县级公安机关实施。消防救援机构接到火灾报警，应当及时派员赶赴现场，开展火灾事故调查工作。

公安派出所应当协助公安机关火灾事故调查部门维护火灾现场秩序，保护现场，进行现场调查，根据需要搜集、保全与火灾事故有关的证据，控制火灾肇事嫌疑人。

问377： 火灾事故原因调查如何进行？

火灾事故调查由火灾发生地消防救援机构按照下列分工进行。

（1）一次火灾死亡10人以上的，重伤20人以上或者死亡、重伤 20 人以上的，受灾 50 户以上的，由省、自治区人民政府消防救援机构负责组织调查。

（2）一次火灾死亡 1 人以上的，重伤 10 人以上的，受灾 30 户以上的，由设区的市或者相当于同级的人民政府消防救援机构负责组织调查。

（3）一次火灾重伤 10 人以下或者受灾 30 户以下的，由县级人民政府消防救援机构负责调查。

直辖市人民政府消防救援机构负责组织调查一次火灾死亡 3 人以上的，重伤 20 人以上或者死亡、重伤 20 人以上的，受灾 50 户以上的火灾事故，直辖市的区、县级人民政府消防救援机构负责调查其他火灾事故。

（4）仅有财产损失的火灾事故调查，由省级人民政府公安机关结合本地实际做出管辖规定，报公安部备案。

（5）跨行政区域的火灾，由最先起火地的消防救援机构负责调查，相关行政区域的消防救援机构予以协助。

对管辖权发生争议的，报请共同的上一级消防救援机构指定管辖。县级人民政府公安机关负责实施的火灾事故调查管辖权发生争议的，由共同的上一级主管公安机关指定。

（6）上级消防救援机构应当对下级消防救援机构火灾事故调查工作进行监督和指导。

上级消防救援机构认为必要时，可以调查下级消防救援机构管辖的火灾。

（7）消防救援机构接到火灾报警，应当及时派员赶赴现场，并指派火灾事故调查人员开展火灾事故调查工作。

问378：需要公安机关刑侦机构参与调查或立案侦查的火灾有哪些？

具有下列情形之一的，消防救援机构应当立即报告主管公安机关通知具有管辖权的公安机关刑侦部门，公安机关刑侦部门接到通知后应当立即派员赶赴现场参加调查；涉嫌放火罪的，公安机关刑侦部门应当依法立案侦查，消防救援机构予以协助。

（1）有人员死亡的火灾。

（2）国家机关、广播电台、电视台、学校、医院、养老院、托儿所、幼儿园、文物保护单位、邮政和通信、交通枢纽等部门和单位发生的社会影响大的火灾。

（3）具有放火嫌疑的火灾。

军事设施发生火灾需要消防救援机构协助调查的，由省级人民政府消防救援机构或者公安部消防局调派火灾事故调查专家协助。

问379：火灾事故原因调查的简易调查程序是怎样的？

同时具有下列情形的火灾，可以适用简易调查程序。

（1）没有人员伤亡的。

（2）直接财产损失轻微的。

（3）当事人对火灾事故事实没有异议的。

（4）没有放火嫌疑的。

其中（2）的具体标准由省级人民政府公安机关确定，报公安部备案。

适用简易调查程序的，可以由一名火灾事故调查人员调查，并按照下列程序实施。

（1）表明执法身份，说明调查依据。

（2）调查走访当事人、证人，了解火灾发生过程、火灾烧损的主要物品及建筑物受损等与火灾有关的情况。

（3）查看火灾现场并进行照相或者录像。

（4）告知当事人调查的火灾事故事实，听取当事人的意见，当事人提出的事实、理由或者证据成立的，应当采纳。

（5）当场制作火灾事故简易调查认定书，由火灾事故调查人员、当事人签字或者按指印后交付当事人。

火灾事故调查人员应当在2日内将火灾事故简易调查认定书报所属消防救援机构备案。

问380： 火灾事故原因调查如何实施？

消防救援机构应当根据调查需要，适时对现场勘验和调查询问收集到的证据、线索进行审查与分析，确定火灾事故的主要事实、调查工作重点和方向。

（1）调查询问。

① 火灾事故调查人员应当根据调查需要，对发现、扑救火灾人员，熟悉起火场所、部位和生产工艺人员，火灾肇事嫌疑人和被侵害人等知情人员进行询问。对火灾肇事嫌疑人可以依法传唤。必要时，可以要求被询问人到火灾现场进行指认。

② 询问应当制作笔录，由火灾事故调查人员和被询问人签名或者按指印。被询问人拒绝签名和按指印的，应当在笔录中注明。

③ 勘验火灾现场应当遵循火灾现场勘验规则，采取现场照相或者录像、录音，制作现场勘验笔录和绘制现场图等方法记录现场情况。

对有人员死亡的火灾现场进行勘验的，火灾事故调查人员应当对尸体表面进行观察并记录，对尸体在火灾现场的位置进行调查。

现场勘验笔录应当由火灾事故调查人员、证人或者当事人签字。证人、当事人拒绝签字或者无法签字的，应当在现场勘验笔录上注明。现场图应当由制图人、审核人签字。

（2）物证提取。现场提取痕迹、物品，应按照下列方法和步骤进行。

① 量取痕迹、物品的位置、尺寸，并进行照相或者录像。

② 填写火灾痕迹、物品提取清单，由提取人、证人或者当事人签字；证人、当事人拒绝签字或者无法签字的，应当在清单上注明。

③ 封装痕迹、物品，粘贴标签，标明火灾名称和封装痕迹、物品的名称、编号及其提取时间，由封装人、证人或者当事人签字；证人、当事人拒绝签字或者无法签字的，应当在标签上注明。

提取的痕迹、物品，应当妥善保管。

（3）现场试验。消防救援机构可以根据调查需要进行现场试验。现场试验应照相或者录像，制作现场试验报告，并由试验人员及见证人员签字。现场试验报告的内容包括试验的目的、时间、环境、地点，使用仪器或者物品、过程以及试验结果等。

（4）火灾检验与鉴定。现场提取的痕迹、物品需要进行专门性技术鉴定的，消防救援机构应当委托依法设立的鉴定机构进行，并与鉴定机构约定鉴定期限和鉴定检材的保管期限。

消防救援机构可以根据需要委托依法设立的价格鉴证机构对火灾直接财产损失进行鉴定。

有人员死亡的火灾，为了确定死因，消防救援机构应当立即通知本级公安机关刑事科学技术部门进行尸体检验。公安机关刑事科学技术部门应当出具尸体检验鉴定文书，确定死亡原因。

卫生行政主管部门许可的医疗机构具有执业资格的医生出具的诊断证明，可以作为消防救援机构认定人身伤害程度的依据。但是具有下列情形之一的，应当由法医进行伤情鉴定：

① 受伤程度较重，可能构成重伤的；

② 火灾受伤人员要求做鉴定的；

③ 当事人对伤害程度有争议的；

④ 其他应当进行鉴定的情形。

对受损单位和个人提供的由价格鉴证机构出具的鉴定意见，消防救援机构应当审查下列事项：

① 鉴证机构、鉴证人是否具有资质、资格；

② 鉴证机构、鉴证人是否盖章签名；

③ 鉴定意见依据是否充分；

④ 鉴定是否存在其他影响鉴定意见正确性的情形。

对符合规定的，可以作为证据使用；对不符合规定的，不予采信。

（5）火灾损失统计。受损单位和个人应当于火灾扑灭之日起7日内向火灾发生地的县级消防救援机构如实申报火灾直接财产损失，并附有效证明材料。

消防救援机构应当根据受损单位和个人的申报、依法设立的价格鉴证机构出具的火灾直接财产损失鉴定意见以及调查核实情况，按照有关规定，对火灾直接经济损失和人员伤亡如实进行统计。

问381：火灾事故原因的认定如何进行？

（1）消防救援机构应当根据现场勘验、调查询问和有关检验、鉴定意见等调查情况，及时做出起火原因的认定。

（2）对起火原因已经查清的，应当认定起火时间、起火部位、起火点和起火原因；对起火原因无法查清的，应当认定起火时间、起火点或者起火部位以及有证据能够排除和不能排除的起火原因。

（3）消防救援机构在做出火灾事故认定前，应当召集当事人到场，说明拟认定的起火原因，听取当事人意见；当事人不到场的，应当记录在案。

（4）消防救援机构应当制作火灾事故认定书，自做出之日起7日内送达当事人，并告知当事人申请复核的权利。无法送达的，可以在做出火灾事故认定之日起7日内公告送达。公告期为20日，公告期满即视为送达。

（5）对较大以上的火灾事故或者特殊的火灾事故，消防救援机构应当开展消防技术调查，形成消防技术调查报告，逐级上报至省级人民政府消防救援机构，重大以上的火灾事故调查报告报公安部消防局备案。调查报告应当包括下列内容：

① 起火场所概况；

② 起火经过和火灾扑救情况；

③ 火灾造成的人员伤亡、直接经济损失统计情况；

④ 起火原因和灾害成因分析；

⑤ 防范措施。

火灾事故等级的确定标准按照公安部的有关规定执行。

（6）消防救援机构做出火灾事故认定后，当事人可以申请查阅、复制、摘录火灾事故认定书、现场勘验笔录和检验、鉴定意见，消防救援机构应当自接到申请之日起7日内提供，但涉及国家秘密、商业秘密、个人隐私或者移交公安机关其他部门处理的依法不予提供，并说明理由。

问382： 火灾事故原因的复核如何进行？

（1）当事人对火灾事故认定有异议的，可以自火灾事故认定书送达之日起 15 日内，向上一级消防救援机构提出书面复核申请；对省级人民政府消防救援机构做出的火灾事故认定有异议的，向省级人民政府公安机关提出书面复核申请。

（2）复核申请应当载明申请人的基本情况，被申请人的名称，复核请求，申请复核的主要事实、理由和证据，申请人的签名或者盖章，申请复核的日期。

（3）复核机构应当自收到复核申请之日起 7 日内做出是否受理的决定并书面通知申请人。有下列情形之一的，不予受理：

① 非火灾当事人提出复核申请的；

② 超过复核申请期限的；

③ 复核机构维持原火灾事故认定或者直接做出火灾事故复核认定的；

④ 适用简易调查程序做出火灾事故认定的。

消防救援机构受理复核申请的，应当书面通知其他当事人，同时通知原认定机构。

（4）原认定机构应当自接到通知之日起 10 日内，向复核机构做出书面说明，并提交火灾事故调查案卷。

（5）复核机构应当对复核申请和原火灾事故认定进行书面审查，必要时，可以向有关人员进行调查；火灾现场尚存且未被破坏的，可以进行复核勘验。

复核审查期间，复核申请人撤回复核申请的，消防救援机构应当终止复核。

（6）复核机构应当自受理复核申请之日起 30 日内，做出复核决定，并按照《火灾事故调查规定》第三十二条规定的时限送达申请人、其他当事人和原认定机构。对需要向有关人员进行调查或者火灾现场复核勘验的，经复核机构负责人批准，复核期限可以延长30日。

原火灾事故认定主要事实清楚、证据确实充分、程序合法，起火原因认定正确的，复核机构应当维持原火灾事故认定。

原火灾事故认定具有下列情形之一的，复核机构应当直接做出火灾事故复核认定或者责令原认定机构重新做出火灾事故认定，并撤销原认定机构做出的火灾事故认定：

① 主要事实不清，或者证据不确实充分的；

② 违反法定程序，影响结果公正的；

③ 认定行为存在明显不当，或者起火原因认定错误的；

④ 超越或者滥用职权的。

（7）原认定机构接到重新做出火灾事故认定的复核决定后，应当重新调查，在 15 日内重新做出火灾事故认定。

复核机构直接做出火灾事故认定和原认定机构重新做出火灾事故认定前，应当向申请人、其他当事人说明重新认定情况；原认定机构重新做出的火灾事故认定书，应当按照《火灾事故调查规定》第三十二条规定的时限送达当事人，并报复核机构备案。

复核以一次为限。当事人对原认定机构重新做出的火灾事故认定，可以按照《火灾事故调查规定》第三十五条的规定申请复核。

问383： 火灾事故调查的责任处理如何进行？

（1）消防救援机构在火灾事故调查过程中，应当根据下列情况分别做出处理。

① 涉嫌失火罪、消防责任事故罪的，按照《公安机关办理刑事案件程序规定》立案侦查；涉嫌其他犯罪的，及时移送有关主管部门办理。

② 涉嫌消防安全违法行为的，按照《公安机关办理行政案件程序规定》调查处理；涉嫌其他违法行为的，及时移送有关主管部门调查处理。

③ 依照有关规定应当给予处分的，移交有关主管部门处理。

对经过调查不属于火灾事故的，消防救援机构应当告知当事人处理途径并记录在案。

（2）消防救援机构向有关主管部门移送案件的，应当在本级消防救援机构负责人批准后的 24h 内移送，并根据案件需要附下列材料：

① 案件移送通知书；

② 案件调查情况；

③ 涉案物品清单；

④ 询问笔录，现场勘验笔录，检验、鉴定意见以及照相、录像、录音等资料；

⑤ 其他相关材料。

构成放火罪需要移送公安机关刑侦部门处理的，火灾现场应当一并移交。

（3）公安机关其他部门应当自接受消防救援机构移送的涉嫌犯罪案件之日起 10 日内，进行审查并做出决定。依法决定立案的，应当书面通知移送案件的消防救援机构；依法不予立案的，应当说明理由，并书面通知移送案件的消防救援机构，退回案卷材料。

（4）消防救援机构及其工作人员有下列行为之一的，依照有关规定给予责任人员处分；构成犯罪的，依法追究刑事责任：

① 指使他人错误认定或者故意错误认定起火原因的；

② 瞒报火灾、火灾直接经济损失、人员伤亡情况的；

③ 利用职务上的便利，索取或者非法收受他人财物的；

④ 其他滥用职权、玩忽职守、徇私舞弊的行为。

问384： **火灾事故调查中失火单位应负责完成的工作有哪些？**

发生火灾事故后，失火单位应当积极协助消防救援机构调查火灾原因，并负责完成以下几项工作。

（1）保护好火灾现场。火灾现场是提取查证火灾原因痕迹物证的重要场所。保护火灾现场的目的，是为发现起火物及引火物，根据着火物质的燃烧特性、火势蔓延情况，研究火灾发展蔓延的过程，为确定起火点、搜集物证创造条件。所以，火灾现场一旦遭到破坏，就会直接影响现场勘查工作的顺利进行，影响获取火灾现场诸因素的客观资料，影响勘查工作的质量，同时也影响火灾调查人员的准确判断。因此，保护好火灾现场是做好火灾调查工作的前提。根据《消防法》第51条的规定，消防救援机构有权根据需要封闭火灾现场。火灾扑灭之后，发生火灾的单位及相关人员应当根据消防救援机构的要求保护现场，接受事故调查，如实提供与火灾有关的情况。

① 人人都有保护火灾现场的义务。火灾现场的保护工作应从发现起火时开始，不要等公安消防队或火灾调查人员到达后才开始。因此，能够最早到达火场和发现起火的义务消防员、专职消防队员、治保人员以及单位负责人等均有责任保护现场，广大的干部群众都有义务及权利协助保护好火灾现场。

火灾发生之后，受灾单位应保护火灾现场。火灾现场保护范围应当依据消防救援机构划定的警戒范围。尚未划定警戒范围时，应把火灾过火范围以及与发生火灾有关的部位划定为火灾现场保护的范围。未经消防救援机构允许，任何人不得擅自进入火灾现场保护范围内，不得擅自移动火场中的任何物品。未经消防救援机构同意，任何人不得擅自清理火灾现场。

② 火灾扑救中应注意保护火灾现场。扑火救灾的过程也应视为火灾现场保护的重要组成部分。无论是在单位自救时还是公安消防队到场之后，火场指挥人员在灭火行动中均应充分注意这一点。在火势被控制后扑灭残火时或者对火场进行检查时，不宜用直流水直射重点保护区，尽量防止破坏现场或移动物证。在检查火灾现场时，应尽量不移动室内物品和电器（开关及电闸）、机器设备，避免踩踏或破坏物品。对可能盛有危险品的容器不宜随便触摸和挪动，防止破坏上面可能留有的指纹痕迹。当灭火过程中所使用的动力设备（如链锯、便携式发动机以及手抬机动泵等）需要加油时，应当在火场以外的地点进行，以免溢出的汽油污染作为物证的危险

品。如在消防救援机构的火灾调查人员还未到达火场前火已被扑灭，失火单位应积极安排人员，将火灾场现场保护起来，待消防救援机构的火灾调查人员到场后，应将了解的情况向他们介绍，并将火灾现场保护工作移交给火灾调查组。

③ 正确划定火灾现场保护范围。火灾现场保护范围的划定，应依据着火物质的性质和燃烧特点等不同情况来决定。在确保能够查清火灾原因的条件下，应尽量将保护范围缩小到最低限度。如在建筑群中起火的建筑物只有一幢，那么需要保护的现场通常也只限于起火的那一幢。若着火的部位只是一个房间，则需要保护的火灾现场也应限定在起火的这个房间内。在通常情况下，建筑物火灾在被烧建筑物墙外 1m 内，露天火灾在被烧物质范围外 1m 之内都应划为现场保护区。但是，当起火部位不明显，对于起火点位置看法有分歧或初步认定的起火点与火场遗留痕迹不一致时，其保护范围还应当根据现场条件和勘查工作的需要扩大。当怀疑起火原因为电气设备故障所致时，凡属与火场用电设备有关的线路、电器（总配电盘、开关、插座、灯座）、设备（电机、机动设备）及其通过和安装的场所都应划入被保护的范围，若起火点与故障点不一致，甚至相距很远时，其保护范围还应当扩大到发生故障的那个场所。对于爆炸火灾的现场，除应将抛出物的着地点列入保护范围外，还应将爆炸破坏或影响波及的建筑物也列入保护的范围。

火灾现场保护的时间应从发现起火时起到失去保护价值时止。火灾现场保护的撤销，应由消防救援机构或者立案机关决定。

（2）组织安排好调查访问对象。火灾事故调查访问是通过和那些掌握有关起火原因、起火点以及火灾蔓延等第一手情况的人员交谈，尽可能准确地再现火灾过程，获得相关人员亲眼目睹到的火灾情况，为查明起火原因搜集证据材料。

① 调查访问的重要性。

a. 能为火灾事故调查人员提供采取紧急措施的依据。在刚发生火灾不久之后及时进行调查访问，当事人及群众记忆犹新，提供的情况比较详细、准确，这些情况往往是采取急救、灭火、排险或者消除障碍等紧急措施的重要依据。

b. 通过调查访问最早发现起火的人，可以准确地判断起火点提供有价值的情况，使勘查范围缩小，加快火灾调查的进程。

c. 通过调查访问可使实地勘验到的情况与调查了解到的情况互相印证，使火场勘查工作进一步深入细致。

d. 通过调查访问所获得的材料，能够配合实地勘验，认定火灾痕迹、物证和火灾的因果关系。通过调查访问还可帮助判断有关物证是否为原来现场所有，某物证是否变动了位置等。

e. 通过向当事人、有关的群众调查了解现场物品的种类、性质、数量以及位置情况，了解火场的生产设备、工艺条件及生产中的故障情况，了解火源、电源的使用和其他情况等，可以帮助发现哪些地方有哪些痕迹和物证，对分析火灾形成的原因十分有帮助。

f. 可帮助查找火灾肇事者和放火犯罪分子。借助调查访问，可以了解现场的人、物、事以及相互关系的详细情况，了解火灾发生时群众的所见所闻，同时还可找到火灾肇事者和放火犯罪分子直接的见证人，并可以更清楚地说明事情的原委。

② 需调查访问的主要人员。应接受访问的人员主要有：最先发现起火的人；起火前最后离开现场的人；最先到达火场和扑救的人；报火警或报案的人；起火时就在火灾现场的人；熟悉现场原有物资情况或生产工艺情况的人；受灾单位的有关领导或受灾户主、家人；熟悉起火部位周围或火场周围情况的人；火场上救出的受伤人员及其他人员等。这些人员都是与调查火灾事故原因有关的人员，在火灾事故原因调查期间不应当安排出差和远离单位的工作。如特别需要安排不太远的出差或者离开本单位工作时，应安排好通信联络，做到随叫随到，随时接受询问，以确保火灾原因调查访问的顺利进行。

（3）协助统计好火灾损失和伤亡情况。火灾发生之后，受灾单位还要协助消防救援机构统计好火灾造成的经济损失及人员伤亡情况。

① 火灾损失的统计范围。火灾损失的统计范围主要包括直接损失与间接损失。

a. 火灾直接经济损失指被烧毁、烧损、烟熏以及灭火中破拆、水渍以及因火灾引起的污染所造成的损失。如房屋、机器设备、运输工具、产畜以及役畜等固定资产，古建筑及文物，商品、购入货物等流动资产，生活用品、工艺品和农副产品等因火灾烧毁、烧损、烟熏以及灭火中破拆、水渍等所导致的损失都属于火灾直接经济损失统计的范围。

b. 火灾间接损失。指由于火灾而停工、停产以及停业所造成的损失，以及现场施救、善后处理的费用。

ⅰ. 因火灾导致的"三停"损失。主要包括：火灾发生单位的"三停"损失；由于使用火灾发生单位所供的能源、原材料以及中间产品等所造成的相关单位的"三停"损失；为扑救火灾所采取的停水、停电、停汽（气）及其他所必要的紧急措施而直接导致的有关单位的"三停"损失；其他相关原因所造成的"三停"损失。

ⅱ. 因火灾致人伤亡导致的经济损失。主要包括：因人员伤亡所支付的医疗费，死者生前的住院费、抢救费，死亡者直系亲属的抚恤金，死者家属的奔丧费、丧葬费以及其他相关费用等处置费，养伤期间的歇工工资（含护理人员），伤亡者伤亡之前从事的创造性劳动的间断或者终止工作所造成的经济损失（含护理人员），接替死亡者生前工作岗位的职工的培训费用等工作损失费。

ⅲ. 火灾现场施救及清理现场的费用。主要包括：各种消防车、船以及泵等消防器材和装备的损耗费用与燃料费用（含非消防部门）；各种类型的灭火剂与物资的损耗费用；清理火灾现场所需的全部人力、财力以及物力的损耗费用等施救和清理费用。

② 人员伤亡的统计范围。对在火灾发生后和扑救过程中因烧、摔、炸、砸、窒息、中毒、触电以及高温辐射等原因所致的人员伤亡，都应列为火灾伤亡的统计范围。

以上所列的各项经济损失及人员伤亡的统计，无论是直接的还是间接的，失火单位都应当按照要求认真清理，如实上报，绝不能由于怕追究责任而少报，也不能为求保险公司的赔偿而多报。

（4）全面分析事故的原因，研究制定改进对策。火灾事故发生之后，火灾发生单位应对事故发生的相关因素进行全面分析，找出问题的症结所在，研究制定出改进对策，以避免类似事故的再次发生。

① 全面分析火灾事故的意义。人的不安全行为可引起物的不安全状态，物的不安全状态也会导致人的不安全行为，两者是互相关联的。企业消防安全管理得好，可以使不安全行为和不安全状态减少、消除；反之，则可增加不安全行为和不安全状态。可见，火灾事故调查只简单地查出直接起火原因及直接肇事者或责任者还是不够的，这只是火灾事故调查的一个重要方面。许多火灾事故原因分析表明，若火灾原因调查只限于这一目的，那么造成事故的潜在危险因素——管理上的、安全设计方面的、物质本质上的以及设备缺陷方面的等因素，就会被"埋没"而不被重视，再次发生事故的危险因素也就不能消除。因此，应本着对事故"三不放过"的原则，既调查人的行为，又要调查物的状态（厂房建筑、装置、设备、物质性质等），还要调查安全管理方面的原因，这样才能将已发生事故的有关信息反馈到各个方面，以不断改进和完善安全系统，提高消防安全管理的质量，切实确保职工的人身安全和企业的财产安全。

所以，火灾事故原因调查的目的主要在于发现再次发生同类事故的那种更加隐蔽的不安全行为与不安全状态，包括防火安全管理在内，以进一步对它们进行分析研究，从而能够建立起相应的事故防范对策。

② 全面分析构成火灾事故的原因及方法。全面分析火灾事故原因的工作，应由主管消防安全工作的领导负责，组织有关人员参加。若直接原因与生产工艺有关，还应吸收设计、生产技术部门的有关工程技术人员参加，以便于能够科学地查明构成火灾事故直接原因的诱导因素——间接原因和基础原因。

a. 基础原因。是构成火灾事故最基本的原因，通常包括消防安全教育差、安全标准不明确、消防安全制度不落实以及劳动纪律不严格等，这些都是管理原因，从消防安全角度看，这是构成基础原因的主要部分。

b. 间接原因。是导致火灾事故的主要原因，主要有技术原因、教育原因、身体原因以及精神原因等几种。技术原因主要有机械装置设计不良、检查保全不充分、构造材质不适当、缺少能控制事故行为的措施等，教育原因主要包括不懂消防安全知识、轻视或不明白消防安全要求以及不能熟练地运用安全措施等，身体原因主要是有病、睡眠不足、身体条件不适合工作要求等，精神原因主要是态度不认真、工作马虎以及操作时注意力不集中等。

c. 直接原因。可分为物的原因与人的原因两种。物的原因主要有环境条件差、设备不良、安全装置有故障以及报警设备失灵等，人的原因主要有违反安全操作规程、操作准备不足、误操作、麻痹大意以及玩忽职守等。

对上述各种原因可以采用单个原因分析法和统计综合分析法进行认真的分析。单个原因分析法就是对造成火灾事故的每一个原因从微观上去分析，以提高对策的针对性与有效性，便于实施；统计综合分析法就是通过统计的方法对火灾原因进行综合的分析，对火灾原因进行宏观探索，进行多方面的对策研究。

③ 研究制定改进对策。在对发生火灾的原因进行分析后，应当从中找出导致火灾的主要原因，从而有针对性地研究制定出今后的改进措施与对策。

a. 关于设备原因的对策。要在设计、生产、技术以及科研等方面研究开发新技术，改善环境和防火、灭火设施。

b. 关于人的不安全行为的对策。要在安全操作规程、作业程序、监督控制以及教育训练等方面重新评定原有的规程要求，对其中不合理的部分进行修改，加强对操作工人的技术培训。

c. 管理方面原因的对策。在消防安全管理方面，应切实引起单位领导的重视，确保各项规章制度落实，建立健全消防安全组织，使各种火险隐患得到彻底整改。

总之，对分析出来的各种引起火灾的原因，都要逐条逐项研究，采取相应的对策和改进措施，切实避免类似火灾事故的再次发生。

（5）对需要单位处理的火灾责任者及时做出处理。在火灾原因查清后，为了教育火灾肇事者本人和职工群众，应根据消防救援机构出具的《火灾原因认定书》与《火灾事故责任书》对有关责任者进行追查处理。

对构成犯罪的和违反消防安全管理的，分别通过司法机关和消防救援机构依据有关法律进行处理。对那些尚不够追究刑事责任及消防管理处罚的责任者，应分别由监察机关、单位的上级主管部门和单位，按照干部与职工的管理权限，酌情给予警告、记过、记大过、降级、降职、撤职以及留用察看或开除处分。

（6）对认定不服的处理办法。火灾事故当事人对消防救援机构做出的火灾事故认定不服的，可以自收到火灾事故认定书之日起15日内向上一级消防救援机构申请复核，也可以依法向人民法院提起行政诉讼。

参考文献

［1］　建筑灭火器配置设计规范（GB 50140—2005）［S］. 北京：中国计划出版社，2005.

［2］　建筑防雷设计规范（GB 50057—2010）［S］. 北京：中国计划出版社，2011.

［3］　建筑设计防火规范（GB 50016—2014）（2018版）［S］. 北京：中国计划出版社，2015.

［4］　建筑防火通用规范（GB 55037—2022）［S］. 北京：中国计划出版社，2022.

［5］　消防设施通用规范（GB 55036—2022）［S］. 北京：中国计划出版社，2022.

［6］　徐晶，顾作为，李广龙. 消防安全管理与监督［M］. 延吉：延边大学出版社，2022.

［7］　黄郑华，李健华. 消防安全知识［M］. 2版. 北京：中国劳动社会保障出版社，2013.

［8］　郭海涛. 消防安全管理技术［M］. 北京：化学工业出版社，2016.

［9］　《岗位安全操作守则图解丛书》编委会. 消防安全必知30条［M］. 北京：中国劳动社会保障出版社，2015.

［10］　国家安监总局信息院. 消防安全常识［M］. 北京：煤炭工业出版社，2015.